降雨诱发红层滑坡研究
——以四川盆地为例

许 强 唐 然 等著

科学出版社

北 京

内 容 简 介

红层是典型的易滑地层,红层滑坡给人民生命财产安全和重大工程建设与运营造成严重威胁。本书以四川盆地为主要研究对象,阐述红层滑坡的孕灾环境、主要类型与特征、形成条件、成因机理和失稳破坏模式的理论研究成果,介绍红层滑坡分析评价、早期识别、监测预警和防治利用的技术方法。

本书可供工程地质方向科研、教学工作者,水文地质、工程地质、环境地质方向专业技术人员,自然资源管理、地质环境保护等相关行政部门工作者参考使用。

审图号:GS(2020)5321号

图书在版编目(CIP)数据

降雨诱发红层滑坡研究:以四川盆地为例/许强等著.—北京:科学出版社,2020.10
 ISBN 978-7-03-066098-5

Ⅰ.①降⋯ Ⅱ.①许⋯ Ⅲ.①红层-滑坡-研究-四川 Ⅳ.①P588.24

中国版本图书馆 CIP 数据核字(2020)第 174114 号

责任编辑:罗 莉/责任校对:彭 映
责任印制:罗 科/封面设计:墨创文化

科 学 出 版 社 出版
北京东黄城根北街16号
邮政编码:100717
http://www.sciencep.com

四川煤田地质制图印刷厂 印刷
科学出版社发行 各地新华书店经销

*

2020年10月第 一 版 开本:787×1092 1/16
2020年10月第一次印刷 印张:18
字数:431 000
定价:268.00元
(如有印装质量问题,我社负责调换)

前 言

红层是指在侏罗纪、白垩纪、三叠纪和古近纪形成的，主色调为红色的泥岩、粉砂岩、砂岩等岩性的一套陆相、湖相及河湖交替相碎屑岩，在我国各地区都有广泛分布。红层中的泥岩、粉砂岩具有水敏性和弱膨胀性，遇水易崩解风化甚至泥化，是一类典型的易滑地层。在红层地区，尤其是由砂泥岩互层组成的红层地区，即使是岩层很平缓（倾角和坡度小于 20°）甚至近水平，一场强降雨也往往能诱发成千上万处滑坡，其中不乏大型、特大型深层滑坡，不仅对相关区域人民生命财产安全构成严重威胁，而且对公路、铁路、水利水电等重大工程建设与运营造成巨大影响。红层滑坡具有较高的隐蔽性、较强的突发性、显著的群发性和巨大的危害性等，其成因机理及防范措施值得深入系统地研究。

20 世纪 80 年代以来，成都理工大学以张倬元、王兰生为首的专家教授就对红层滑坡给予高度关注，在大量现场调查的基础上提出了"平推式"滑坡的成因模式，并给出了临界起动判据。近年来，我们团队以四川盆地为主要研究对象，在大量的野外现场调查和室内试验基础上，从内外动力耦合的角度和高度，对红层滑坡的孕灾环境、形成条件、成因机理、失稳破坏模式、监测预警方法以及防治利用措施等开展了深入系统的研究，初步形成了一整套红层滑坡的分析评价、早期识别、监测预警与防治的理论和技术方法，先后成功应用于四川达州天台乡滑坡、青宁乡滑坡、南阳碥滑坡、巴中石板沟滑坡、断渠滑坡、兴马中学滑坡、中江垮梁子滑坡等数十处滑坡的防灾减灾与监测预警，并为多处红层山区城镇规划与建设提供了科学支撑，指导了降雨诱发红层地区群发性滑坡的调查评价，取得了良好的社会效益和经济效益。具体包括以下几个方面的研究成果：

(1) 研究揭示了四川盆地红层滑坡的孕灾地质环境特征，包括四川盆地的内外动力地质作用、四川盆地红层的形成演化以及红层的基本特性。

(2) 从四川盆地红层的沉积建造、岩体结构的形成与改造、斜坡形态与临空面的形成与改造、应力场对水文系统的控制与影响 5 个方面深入分析了内、外动力地质作用如何孕育滑坡。

(3) 建立了四川盆地红层滑坡的分类体系，重点分析总结了平缓浅层土质滑坡和平缓岩层滑坡的基本特征、形成条件和成因机理。从大气影响深度的角度研究揭示浅层土质斜坡的降雨入渗特征与致灾机理。通过力学分析和物理模拟试验揭示了近水平岩层平推式滑坡机理，并提出多级平推式滑坡成因机理。基于大量的现场观察、原位测试和室内试验，建立了有砂泥岩互层组成的平缓岩层斜坡渗流模型，揭示了滑带泥化与软化的过程与内在机理，提出了平推式滑坡滑动距离估算方法和平推式滑坡的再次复活模式。

(4) 建立了红层地区平缓岩层滑坡和浅层土质滑坡的早期识别方法，构建了基于地形及降雨因子的群发性滑坡的预警模型，提出了 3 类大型单体滑坡的监测预警方法。

(5)提出了红层滑坡的防治对策与主要工程措施，总结了大型红层滑坡防治利用的经验教训。

本书共 10 章，第 1 章至第 4 章主要介绍了四川盆地红层的形成演化及其特性，内、外动力地质作用特征；第 5 章阐述了内、外动力地质作用对红层滑坡形成演化的影响；第 6 章至第 8 章阐述了红层滑坡的主要类型与特征、形成条件和成因机理；第 9 章介绍了红层滑坡的早期识别和监测预警方法；第 10 章介绍了红层滑坡的防治对策及大型滑坡防治与综合利用的典型实例。

本书第 1 章、第 2 章、第 3 章和第 4 章由许强和唐然执笔撰写；第 5 章由许强和唐然执笔撰写，王一超、王森、刘文德和张先林参与了研究工作；第 6 章由许强和唐然执笔撰写，胡泽铭、李江、张群、王一超、王森、刘文德和周小棚参与了研究工作；第 7 章由张群和许强执笔撰写；第 8 章由许强、唐然、胡泽铭、王森和范宣梅执笔撰写，翟国军、李文辉、陈思娇、孙徐、刘文德、周小棚参与了部分研究工作。第 9 章由许强、余斌、胡泽铭、易靖松和冉佳鑫执笔撰写，刘汉香和李文辉参与了部分研究工作。第 10 章由唐然执笔、许强和范宣梅执笔撰写，贵州有色地质工程勘察公司提供了基础资料，王森、王一超、周小棚、王亮、巨袁臻、刘文德、郭晨、董远峰、张一希、郑光、张成强和王崔林参与了部分研究工作。最后由许强和唐然统稿。

在本书撰写过程中，王维早、王鸿、袁丁、李园、左昌虎、孙徐、李嘉雨、卢远航、熊然、陶叶青等多名硕士和博士研究生参与了相关研究和现场调查工作，并得到了相关部门和单位的大力支持与帮助。在此，向他们表示衷心的感谢。

限于作者的知识面和学术水平，书中难免出现疏漏之处，敬请读者朋友批评指正。

目　　录

第1章　红层与红层滑坡 ·· 1

第2章　四川盆地的内动力地质作用 ·· 5

2.1　四川盆地大地构造环境 ·· 5

2.2　四川盆地地质构造特征及其演化 ·· 6

　2.2.1　基底与盖层构造 ·· 6

　2.2.2　构造格架及构造演化过程 ·· 8

2.3　四川盆地应力场特征及其演化 ·· 11

　2.3.1　中生代构造应力场 ·· 11

　2.3.2　新构造应力场 ·· 12

　2.3.3　四川盆地现今构造应力场 ··· 14

第3章　四川盆地红层形成演化及其特性 ··· 17

3.1　四川盆地红层基本概况 ··· 17

3.2　四川盆地红层沉积迁移、沉积相与岩性组合 ·· 18

　3.2.1　四川盆地红层沉积迁移 ·· 18

　3.2.2　地层岩组及其分布 ·· 20

　3.2.3　沉积相与岩性组合 ·· 21

3.3　红层岩石物质组成与结构特征 ·· 22

　3.3.1　红层泥质类岩石矿物成分 ··· 23

　3.3.2　红层泥质类岩石化学成分 ··· 25

　3.3.3　红层岩石颗粒特征 ·· 25

　3.3.4　红层岩石胶结类型 ·· 25

3.4　红层岩石物理力学性质 ··· 26

第4章　四川盆地外动力作用 ··· 29

4.1　四川盆地现今地形地貌 ··· 29

　4.1.1　川中宽缓丘陵地貌 ·· 29

　4.1.2　深丘、低山地貌 ··· 30

　4.1.3　桌状山地貌 ··· 31

　4.1.4　单面山地貌 ··· 32

　4.1.5　微地貌特征 ··· 33

4.2　四川盆地外动力剥蚀作用 ·· 34

iii

4.3 四川盆地地表水系的侵蚀切割作用···36
  4.3.1 构造应力场对水系发育的影响···36
  4.3.2 流水侵蚀形成滑坡有效临空面···38
4.4 其他外动力作用对斜坡岩土体的影响···39
  4.4.1 卸荷作用···39
  4.4.2 风化作用···39
  4.4.3 岩土体蠕变与非协调变形···41

第5章 红层地区内外动力共同作用对滑坡形成的影响···43
5.1 沉积建造奠定滑坡的物质基础···43
  5.1.1 岩性组合总体特征···43
  5.1.2 沉积相与岩性组合变化总体规律···45
  5.1.3 四川盆地红层滑坡岩性组合分类···47
5.2 地质构造对岩体结构的控制作用···51
  5.2.1 地质构造对构造节理形成及改造的作用···51
  5.2.2 地质构造对软弱层的剪切破碎作用···59
5.3 风化卸荷作用对斜坡岩体结构的改变···64
  5.3.1 应力分异破裂···65
  5.3.2 差异回弹破裂···66
  5.3.3 区域性剥蚀垂向卸荷···67
  5.3.4 平缓岩层斜坡水文特征···67
5.4 地表侵蚀作用对斜坡地形和临空条件的形成与改造···72
  5.4.1 中丘、浅丘地貌区···73
  5.4.2 方山深丘、桌状山地貌区···73
  5.4.3 单斜构造地貌区···74
5.5 现今构造应力场对坡体水文系统的控制与影响···76

第6章 四川盆地红层滑坡基本特征及其形成条件···81
6.1 四川盆地红层滑坡的主要类型···81
6.2 四川盆地红层滑坡特征与形成条件···83
  6.2.1 四川盆地红层滑坡特征···83
  6.2.2 平缓岩层滑坡形成条件···90
  6.2.3 平缓浅层土质滑坡基本特征与形成条件···99

第7章 四川盆地红层浅层土质滑坡成因机理研究···103
7.1 四川盆地红层地区覆盖层降雨入渗深度研究···103
  7.1.1 降雨入渗深度的土柱试验研究···103
  7.1.2 利用改进的 G-A 降雨入渗模型计算降雨入渗深度···104

7.1.3 考虑大气环境影响的降雨入渗深度分析 ················· 109
7.1.4 平缓浅层土质斜坡入渗模式与滑坡成因分析 ··············· 115
7.2 四川盆地红层平缓浅层土质滑坡成因机理 ·················· 115
7.2.1 基于非饱和土强度理论的分析方法 ·················· 115
7.2.2 浅层土质滑坡沿基覆界面滑动的成因分析 ··············· 117

第8章 四川盆地红层平缓岩层滑坡成因机理研究 ················ 120
8.1 岩层平推式滑坡机理 ·························· 120
8.1.1 力学模型 ···························· 120
8.1.2 平推式滑坡的物理模拟试验 ···················· 126
8.2 多级平推式滑坡成因机理 ························ 137
8.3 缓倾岩层滑坡成因机理 ························ 140
8.4 红层地区平缓岩层斜坡渗流模型 ····················· 142
8.4.1 近水平层状结构平缓斜坡渗流模型 ·················· 142
8.4.2 巨厚层砂岩为主的斜坡渗流模型 ··················· 144
8.4.3 块状结构斜坡渗流模型 ······················ 146
8.4.4 缓倾互层结构斜坡渗流模型 ···················· 147
8.5 红层地区滑带泥化与软化特性及机理 ··················· 147
8.5.1 红层软岩泥化机理 ························ 148
8.5.2 红层岩土遇水软化特征及机理 ···················· 167
8.5.3 红层软岩遇水软化机理 ······················ 175
8.6 平推式滑坡滑动距离估算 ······················· 178
8.6.1 理论公式推导 ·························· 178
8.6.2 理论公式的物理模拟试验校验 ···················· 180
8.6.3 典型案例验算 ·························· 186
8.7 平推式滑坡的复活 ··························· 189
8.7.1 平推式滑坡复活的危害 ······················ 189
8.7.2 整体蠕滑变形 ·························· 190
8.7.3 整体平推式滑动 ························· 194
8.7.4 古滑坡局部复活 ························· 195

第9章 红层滑坡隐患早期识别与监测预警 ··················· 196
9.1 红层地区滑坡隐患早期识别 ······················ 196
9.1.1 平缓岩层滑坡的早期识别 ····················· 196
9.1.2 平缓浅层土质滑坡的早期识别 ··················· 212
9.2 基于地形和降雨因子的区域群发性滑坡预警 ················ 217
9.2.1 基于地形及降雨因子的红层岩质滑坡预警模型 ············· 217

  9.2.2 基于地形及降雨因子的浅层土质滑坡预警模型 ········· 221
 9.3 大型单体滑坡预警 ········· 228
  9.3.1 基于实际监测结果的滑坡预警 ········· 228
  9.3.2 基于雨量站观测结果的岩质滑坡预警 ········· 231
  9.3.3 降雨诱发土质滑坡预警 ········· 235

第10章 红层滑坡防治与利用 ········· 240
 10.1 防治基本原则 ········· 240
 10.2 红层滑坡防治对策 ········· 240
  10.2.1 板梁状平推式滑坡防治对策 ········· 240
  10.2.2 单级、多级平推式滑坡防治对策 ········· 242
  10.2.3 早期防治措施 ········· 244
 10.3 大型红层滑坡防治与利用案例 ········· 247
  10.3.1 四川省宣汉县天台乡滑坡防治与利用 ········· 247
  10.3.2 四川省南江县断渠滑坡规划利用 ········· 253
  10.3.3 贵州省贵阳市南明区红岩地块滑坡分析与规划利用 ········· 261

参考文献 ········· 277

第1章 红层与红层滑坡

红层在我国主要是指在侏罗纪、白垩纪、三叠纪和古近纪形成的，已经成岩的，主色调为红色的，岩性为泥岩、粉砂岩、砂岩等的一套陆相、湖相及河湖交替相碎屑岩。红层在我国西南地区、西北地区、华东地区、中南地区、华北地区、东北地区均有出露，如图 1-1 所示。

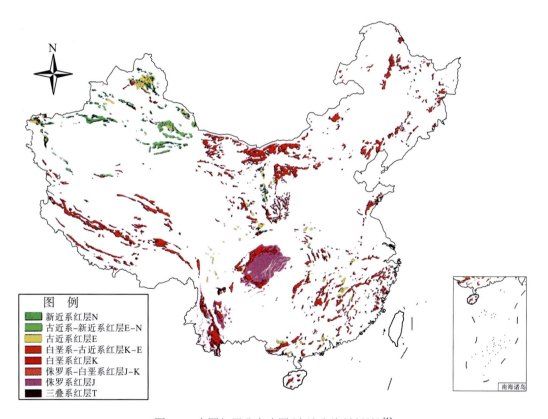

图 1-1　中国红层分布略图(台湾省资料暂缺)[1]

我国红层的地区分布与基本特征统计见表 1-1。红层在我国西南地区分布最为广泛，云贵川渝地区红层总面积约为 27.4 万 km^2，约占全国陆地面积的 2.853%，是我国红层分布最多的地区。其中，四川盆地及盆地边缘分布红层总面积约为 16.5 万 km^2，因此四川盆地又被称为"红色盆地"。在华中地区、华南地区，红层多分布在一些山间中小盆地中，如湖南的衡阳盆地、江西的赣州盆地、广东的河源盆地和丹霞盆地等。中南五省红层面积占全区面积的 1/5 以上。广东红层面积占全省面积的 16%，红层盆地达 108 个之多。

表 1-1　中国红层的地区分布与基本特征[1]

地区	基本特征	地层时代	形成背景	总面积/km²
西南地区	红层集中分布于四川、重庆和云南,贵州红层分布于川黔、滇黔交界地带,西藏零星分布	以侏罗系和白垩系为主,有少量古近系	古川滇湖区河湖相沉积	273904
西北地区	主要分布在甘肃、宁夏、陕西、青海	侏罗系、白垩系、古近系	河湖相和山麓相沉积	19125
华东地区	分布较少,上海、江苏、安徽多为上覆地层所覆盖		山间盆地的河湖相和山麓相沉积	97881
中南地区	分布不集中,多分散分布于各种类型的中小型沉积盆地中,如湖南衡阳盆地、沉麻盆地等	白垩系、古近系	山间盆地的河湖相和山麓相沉积	125534
华北地区	集中分布于内蒙古、山西、河北三省(自治区),北京、天津分布较少,多为第四系覆盖	侏罗系、白垩系、古近系	山间盆地的河湖相和山麓相沉积	99181
东北地区	分布面积较小,集中分布于该区中部的条形地带,多为第四系覆盖		山间盆地的河湖相和山麓相沉积	38639

　　红层的最大特点是岩性和岩相复杂多变,经历的地壳运动不剧烈,形成的地质年代较短。岩性以软岩(砾岩、黏土岩、泥岩、页岩)和硬岩(砂岩、粉砂岩)为主,其中红层软岩具有胶结程度差、强度较低、易风化、水理性差、变形大的特点,加之红层斜坡岩体内不同程度地发育有层间错动带、泥化层等软弱夹层,导致红层斜坡极易出现变形、破坏,给人民的生命财产和工程建设造成重大损失。

　　以四川盆地为例,仅 20 世纪 80 年代以来,四川盆地红层地区所发生的一次性死亡数十人以上的灾难性滑坡事件就有十余起,伤亡千余人(表 1-2)。

表 1-2　四川盆地红层地区重大滑坡灾害事件

滑坡名称	发生日期	数量/体积	灾情	斜坡类型	诱发因素
四川盆地西部暴雨滑坡	1981.7.9	数百处中、小型滑坡	约 10 人死亡	多种类型状体斜坡	暴雨,降雨强度大于 200mm/d
四川盆地东部滑坡	1989.7.8~1989.7.10	共发生滑坡几万处,规模在万立方米以上的滑坡有三百余处	约 16 人死亡	倾外平缓层状斜坡	日平均降雨量大于 200mm,其中武胜县降雨量为千年一遇
天台乡滑坡(四川宣汉县)	2004.9.5 15 时至 23 时	2500 万 m³	1000 余人受灾	缓倾外层状体斜坡	特大暴雨
四川盆地东部达州群发性滑坡	2007.6.18、2007.7.5、2007.7.18	129 处滑坡,典型的为青宁乡岩门村滑坡,体积为 1100 万 m³	造成 1933 间房屋垮塌,危房 1199 间,损毁田地 3855 亩	缓倾外层状体斜坡	强降雨
四川省南江县群发性滑坡	2011.9.16	共发生 1860 处滑坡,体积在百万立方米以上的大型滑坡达十余处	造成 9 人失踪,上万人受灾	缓倾坡外层状斜坡	特大暴雨,日均降雨量为 210mm
四川省都江堰市三溪村五里坡滑坡	2013.7.10	约 264 万 m³	44 人死亡,117 人失踪	缓倾层状斜坡	特大暴雨,最大日降雨量超过 500mm
四川盆地东北地区滑坡	2014.8.31~2014.9.1	云阳、奉节、巫山、巫溪、开州 5 区县发生 2340 起地质灾害,超过 500 万 m³ 的大型滑坡有 55 起	威胁 100 人以上的滑坡 397 处	岩性以 J-T 碎屑岩层状斜坡为主	50 年一遇特大暴雨,最大降雨强度超过 400mm/d

　　四川盆地红层大多区域地层倾角小于 20°,甚至小于 10°,岩层和斜坡都很平缓,按照传统观念和基本力学原理,此类斜坡稳定性应很好,但四川盆地一场特大暴雨往往诱发

成千上万处滑坡,表现出明显的群发性,其中不乏大型、特大型深层岩质滑坡(表 1-3),其成因机理至今仍然存在较大争议。

表 1-3　四川盆地红层地区大型、特大型深层岩质滑坡统计

滑坡名称	发育地层	发生日期	体积/万 m³	岩层倾角/(°)
达州市宣汉县天台乡滑坡	J_3s	2004.9.5	2500	5~8
达州市达川区青宁乡滑坡	J_3p^2	2007.7.7	1100	8~15
德阳市中江县垮梁子滑坡	J_3p^2	1949	2550	3~5
巴中市南江县牛马场滑坡	K_1c	2010.7.17	430	14
巴中市南江县石板沟滑坡	Kj	2011.9.18	400	12
巴中市南江县窑厂坪滑坡	Kj	2011.9.18	300	12
巴中市南江县断渠滑坡	J_2s	古老滑坡	904	14~16
都江堰市三溪村五里坡滑坡	K_2g	2013.7.10	264	16
重庆市云阳县老药铺滑坡	J_2s	2014.9.1	1200	10
奉节县青莲镇白果寨滑坡	J_2xs	2014.8.31~2014.9.1	1100	12~20

大量滑坡实例表明,四川盆地平缓红层地区普遍发育一些隐蔽性高、突发性强、成因机理复杂、灾害隐患极大的滑坡,主要包括近水平岩层(<10°)滑坡、缓倾顺层(10°~20°)岩质滑坡及浅层土质滑坡。其中,在防灾减灾工作中尤其值得关注和容易被忽略的为近水平岩层滑坡。

近水平岩层滑坡多发育于近水平砂岩、泥岩互层的层状斜坡中,岩层倾角一般仅为 3°~5°,甚至在反倾 3°~5°的岩层中也发生滑坡。我们所在团队通过资料收集和现场调查复核,已在四川盆地发现数百处近水平岩层滑坡,如图 1-2 所示。

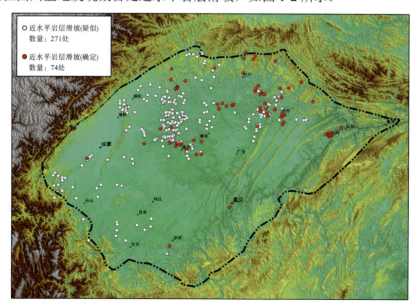

图 1-2　已调查发现的四川盆地近水平岩层(<10°)滑坡分布图

缓倾岩层滑坡和平缓浅层土质滑坡主要发育在岩层倾角为 10°～20°的层状斜坡中。前者为强降雨诱发的基岩滑坡，后者为覆盖层滑坡。2011 年 9 月 16 日，强降雨导致四川省巴中市南江县境内发生的上千处滑坡(图 1-3)多属于这两类。

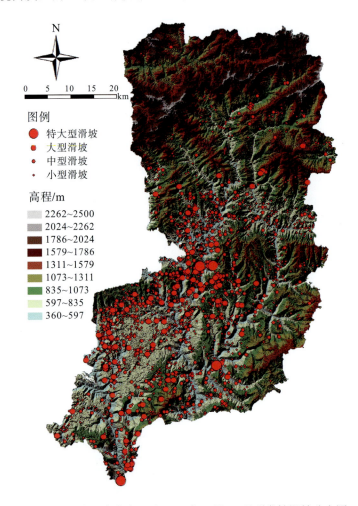

图 1-3　四川省巴中市南江县 2011 年 9 月 16 日群发性滑坡分布图

2014 年 8 月 31 日晚至 2014 年 9 月 1 日，四川盆地东北部地区遭受 50 年一遇的特大暴雨，局部地区日最大降雨量超过 400mm。特大暴雨导致云阳、奉节、巫山、巫溪、开州 5 区县发生 2340 起地质灾害，超过 500 万 m^3 的大型滑坡有 55 处，威胁 100 人以上的滑坡有 397 处[2]。滑坡发育地层以侏罗系、三叠系红层为主，其中大量滑坡岩层倾角小于 20°。

在强降雨条件下，由砂泥岩互层构成的红层地区，尤其是岩层倾角小于 20°甚至 10°的平缓和近水平岩层地区，都会发生群发性滑坡或大型岩质滑坡，其成因机理和形成条件是什么？如何科学有效地防范？本书以四川盆地红层滑坡为主要研究对象，从内外动力综合作用的角度开展深入系统的研究，试图对这些问题作出回答。

第 2 章 四川盆地的内动力地质作用

2.1 四川盆地大地构造环境

四川盆地是中国四大盆地之一,位于扬子准地台的西北部,属于扬子准地台上的一个次一级构造单元,是上扬子准地台内通过北东向及北西向交叉的深断裂活动形成的菱形构造-沉积盆地,印支期具有雏形,经过喜马拉雅期强烈的构造活动形成现代盆地的构造面貌。四川盆地的北面以秦岭—米仓山—大巴山推覆造山带为界与华北板块相接;东南面以武陵山—雪峰山造山带为界与"江南古隆起"相邻;西面则以龙门山构造带为界,紧邻青藏高原地块(图 2-1)。

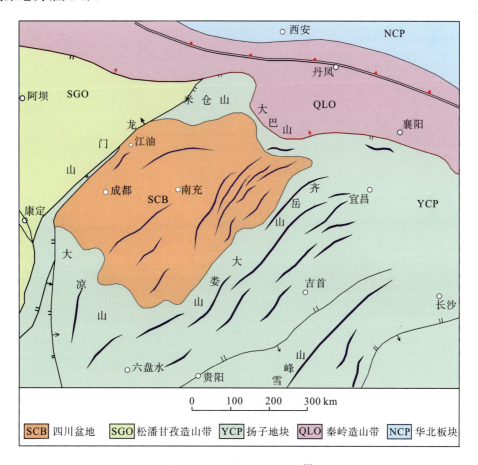

图 2-1 四川盆地大地构造[3]

2.2 四川盆地地质构造特征及其演化

2.2.1 基底与盖层构造

四川盆地是由海盆和陆盆叠置而成的，从成盆机制看，四川盆地为陆壳内挤压应力作用下形成的沉积盆地[4]，是多成盆期盆地叠置的产物[5]，也是一个多因素耦合形成的大型构造盆地[6]。

四川盆地构造总体上分为基底构造和沉积盖层构造，褶皱基底形成于龙川—晋宁期[3]。较古老的基底由太古界—早元古界变质作用形成的混合片麻岩系组成；较新基底由中-上元古界一套浅成变质绿片岩系组成，岩性为绿片岩相云母片岩、石英片岩、千枚岩、变粒岩、大理岩等。在平面上，盆地内部基底可分为三大区，俗称"暗三块"，川西地区为中元古界的褶皱基底层，川中地区为太古界至下元古界结晶基底，川东地区为板溪群，如图2-2所示。宋文海[7]认为川中隆起基底为刚性，而川西、川东为塑性。基底结构和能干性的差异对后期沉积盖层发育和红层表层的构造变形具有明显控制作用。

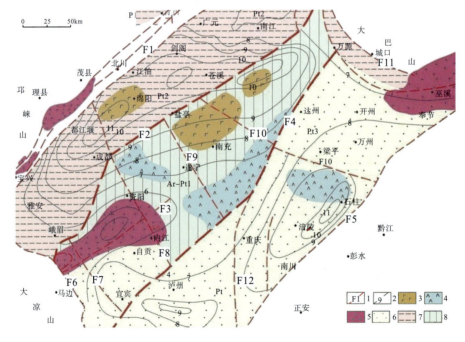

图2-2 四川盆地前震旦系基底构造图[8]

1.推测大断裂；2.基岩埋深等高线(m)；3.基性杂岩；4.中基性火山岩；5.花岗岩；6.上元古界板溪群；7.中元古界黄水河群；8.太古界—下元古界康定群；F1.龙门山断裂带；F2.龙泉山—三台—巴中—镇巴断裂带；F3.犍为—安岳断裂带；F4.华蓥山断裂带；F5.齐岳山断裂带；F6.荥经—沐川断裂带；F7.乐山—宜宾断裂带；F8.什邡—简阳—隆昌断裂带；F9.绵阳—三台—潼南断裂带；F10.南部—中显断裂带；F11.城口断裂带；F12.南川—遵义断裂带

第 2 章 四川盆地的内动力地质作用

沉积盖层由上元古界震旦系、古生界至中生界、新生界各时代沉积岩层组成。其中，震旦系至下三叠统（Z-T_1）由全套海相、浅海相碳酸盐岩和碎屑沉积岩组成；中三叠统至白垩系（T_3^2—Q）由全套陆相碎屑沉积岩系组成。

四川盆地在构造及沉积演化上具有多旋回的特点，根据已有研究成果，四川盆地地质演化历程可概括如下（图 2-3）：①加里东-海西旋回（Z-P），构造运动主要表现为大隆、大拗的地壳升降运动，主要接受的是一套巨厚的海相沉积，其隆起是在一种整体下沉背景上的相对局部隆升；②印支-燕山早期旋回（T-J），构造运动除表现为升降运动外，主要接受了一套巨厚海陆交互相沉积，到晚期可能已出现了部分褶皱回返，侏罗系上部地层遭受剥蚀；③燕山晚期-喜马拉雅旋回（K 以后），构造运动主要表现为沉积盖层的强烈褶皱回返及剥蚀，仅在龙门山前缘接受了少部分白垩系、古近系、新近系和第四系的前陆盆地沉积。

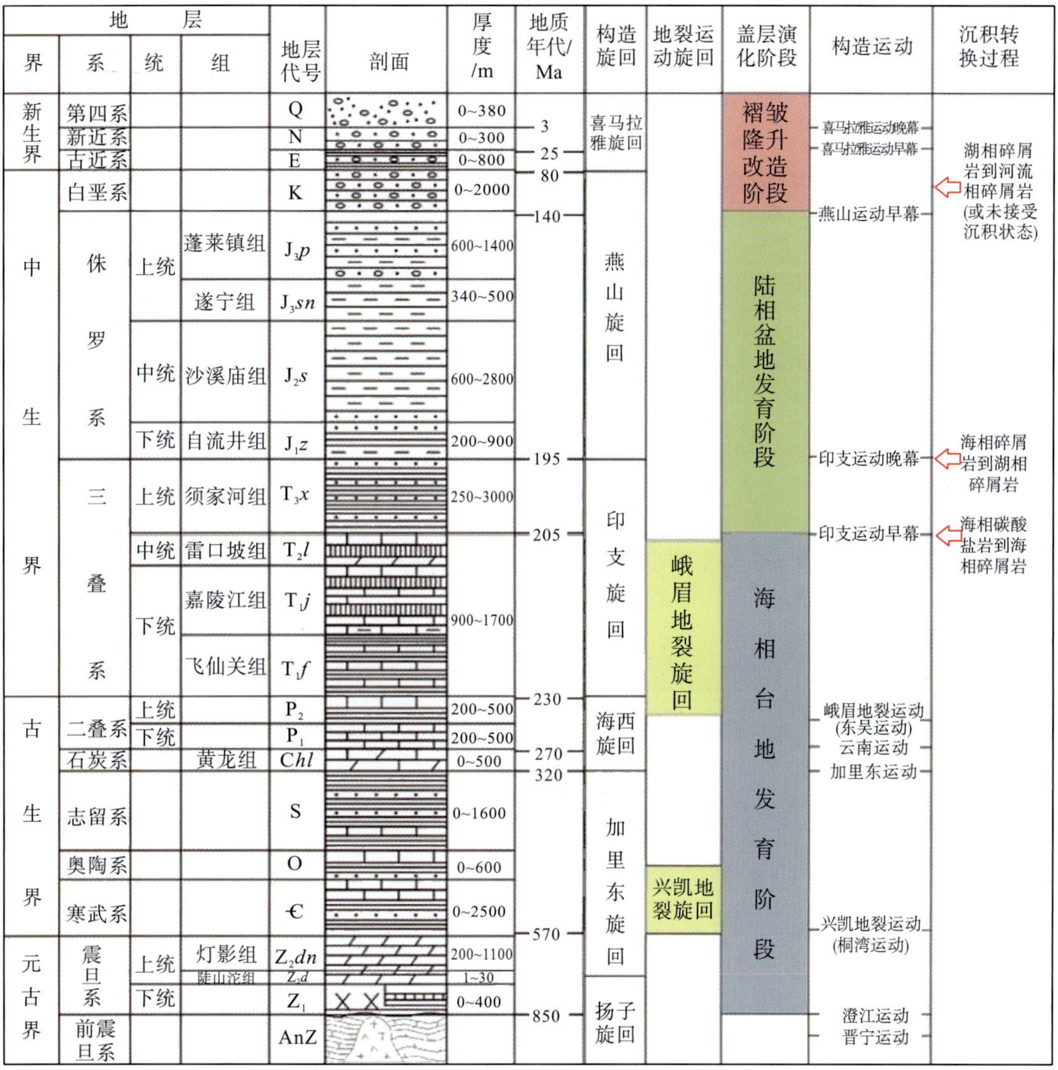

界	系	统	组	地层代号	剖面	厚度/m	地质年代/Ma	构造旋回	地裂运动旋回	盖层演化阶段	构造运动	沉积转换过程
新生界	第四系			Q		0~380	3	喜马拉雅旋回		褶皱隆升改造阶段	喜马拉雅运动晚幕	湖相碎屑岩到河流相碎屑岩（或未接受沉积状态）
	新近系			N		0~300	25				喜马拉雅运动早幕	
	古近系			E		0~800	80					
	白垩系			K		0~2000	140	燕山旋回			燕山运动早幕	
中生界	侏罗系	上统	蓬莱镇组	J_3p		600~1400				陆相盆地发育阶段		
			遂宁组	J_3sn		340~500						
		中统	沙溪庙组	J_2s		600~2800						
		下统	自流井组	J_1z		200~900	195				印支运动晚幕	海相碎屑岩到湖相碎屑岩
	三叠系	上统	须家河组	T_3x		250~3000	205	印支旋回	峨眉地裂旋回		印支运动早幕	海相碳酸盐岩到海相碎屑岩
		中统	雷口坡组	T_2l						海相台地发育阶段		
		下统	嘉陵江组	T_1j		900~1700						
			飞仙关组	T_1f			230					
古生界	二叠系	上统		P_2		200~500	270	海西旋回			峨眉地裂运动（东吴运动）	
		下统		P_1		200~500					云南运动	
	石炭系		黄龙组	$C h l$		0~500	320				加里东运动	
	志留系			S		0~1600		加里东旋回	兴凯地裂旋回			
	奥陶系			O		0~600						
	寒武系			$\in$		0~2500	570				兴凯地裂运动（桐湾运动）	
元古界	震旦系	上统	灯影组	Z_2dn		200~1100		扬子旋回				
			陡山沱组	Z_2d		1~30	850				澄江运动	
		下统		Z_1		0~400					晋宁运动	
	前震旦系			AnZ								

图 2-3 四川盆地构造及沉积盖层纵向演化[9]

2.2.2 构造格架及构造演化过程

2.2.2.1 四川盆地边缘造山带及其活动时序

四川盆地平面上形似菱形，四周山系组成盆地的边框(图 2-4)。根据四川盆地边缘构造带的形成和演化特点将其分为两种不同类型。一类边框为冲断推覆构造组成的盆缘山系，包括盆地西缘龙门山断裂带和东北缘大巴山推覆构造带。其发展与演化受特提斯构造域的制约和控制。它们在长期的、有阶段性的挤压应力(为主)的作用下，于上地壳内多层滑脱、褶皱、冲断、推覆，向陆相沉积盆地递进侵位，最后组成冲断推覆构造山系。另一类边框是由沉积盖层内部褶皱组成，包括盆地西南缘和东南缘以大凉山块断带和大娄山、齐岳山断阶带组成的山系。

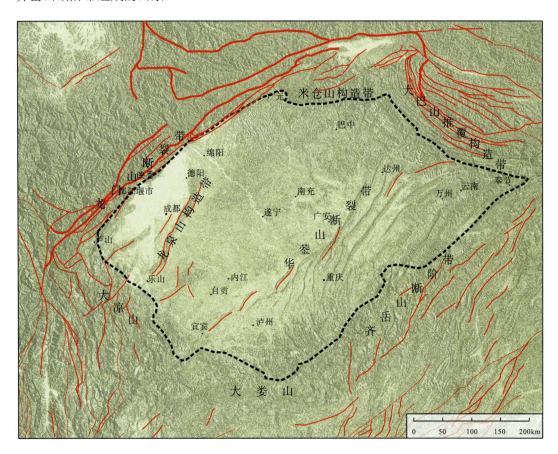

图 2-4 四川盆地及边缘构造带分布

根据已有研究成果，四川盆地及其边缘各造山带活动时序见表 2-1。可见，四川盆地红层地区浅表层受盆地边缘构造带多向、多期构造运动的影响，呈多期、多组结构构造相互复合-联合的复杂格局。

表2-1 四川盆地及其边缘各造山带活动时序及盆山演化表[10]

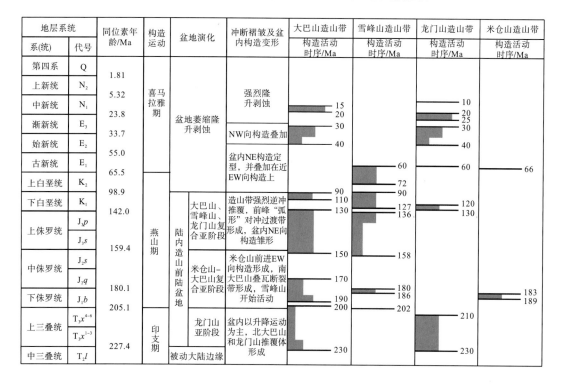

2.2.2.2 四川盆地红层地表构造形迹演化过程

综合前人的研究成果,对四川盆地红层地表构造形迹形成期次进行分期,燕山期中晚期盆缘构造带除龙门山构造带南段以外都已基本形成。四川盆地红层地表构造形迹现状及分区如图2-5所示。将四川盆地分为6个构造区:川西南区(Ⅰ区)、川西北区(Ⅱ区)、川北地区(Ⅲ区)、川东北地区(Ⅳ区)、川东地区(Ⅴ区)、川中地区(Ⅵ区)。四川盆地红层地表构造形迹特征见表2-2。

盆内构造形迹演化分期如下。

(1) 第一期构造:受控于基底断裂的龙泉山断裂带和华蓥山断裂带开始逐渐形成。

(2) 第二期构造:南大巴山构造带与川东构造带东带组成的"双弧构造"形态基本定型,川西北龙门山北段及米仓山山前梓潼-通江大向斜形成。

(3) 第三期构造:华蓥山构造带以东的川东构造带、龙门山北段及米仓山山前的北东向构造形迹基本定型。

(4) 第四期构造:自贡、内江一带北东向构造系及广安附近的龙女寺环状构造系形成。

(5) 第五期构造:受大巴山构造带及龙门山构造带北段向盆地内部挤压作用影响,形成川中北部的大量旋扭构造系,川中地区中部南充、遂宁东西走向构造系。

(6) 第六期构造:受龙门山构造带南段剧烈活动影响形成川西凹陷、熊坡—龙泉构造带。

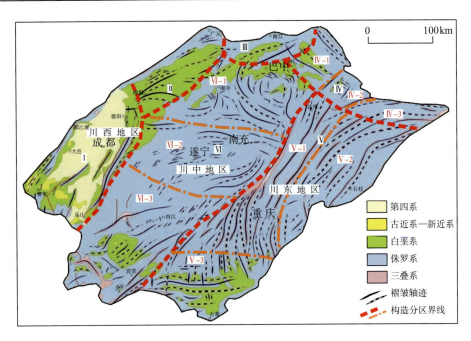

图 2-5　四川盆地红层地表构造形迹与分区

表 2-2　四川盆地红层地表构造形迹特征

构造区	亚区	分布范围	地表构造形迹特征	构造变形主要力源
川西南区（Ⅰ区）		龙门山构造带中、南段与龙泉山构造带之间	成都凹陷东部及南部形成龙泉—熊坡NE-SW走向褶断带	龙门山构造带中、南段
川西北区（Ⅱ区）		龙门山构造带北段以东，中江—三台—苍溪—旺苍一线以西	构造形迹以NE-SW向为主。绵阳附近形成凸向NNW-NNE的绵阳环状构造	龙门山构造带北段、米仓山构造带
川北地区（Ⅲ区）		北以米仓山构造带为界，西以米仓山龙门山接触带为界，东以米仓山大巴山接触带为界，南以巴中、阆中为界	构造形迹主要为NEE向。区域内褶皱平缓，北部以倾向南东的单斜形态为构造特征	龙门山构造带北段、米仓山构造带、大巴山构造带
川东北地区（Ⅳ区）	Ⅳ-1区	通江、万源一带，东南以黄金口隐伏断裂为界	构造形迹以NW-SE向为主	大巴山构造带
	Ⅳ-2区	西北以黄金口隐伏断裂带为界，东南以正坝—温泉冲背斜/杨柳关断裂带为界	"五宝场盆地"，主要为NW-SE向及NE-SW向构造形迹叠加	大巴山构造带、川东构造带
	Ⅳ-3区	西北以正坝—温泉冲背斜/杨柳关断裂带为界，南以开江—万州一线为界	构造形迹以NEE-SWW向及近EW向为主	川东构造带、大巴山构造带
川东地区（Ⅴ区）	Ⅴ-1区	西以华蓥山构造带为界，东以南川—遵义断裂带为界	华蓥山帚状褶皱带，华蓥山断构褶带为主。构造形迹总体为NE-SW向	川东构造带
	Ⅴ-2区	西以南川—遵义断裂带为界，东以齐岳山褶断带为界	万州褶皱带。主体上由方斗山复背斜和万州复背斜组成，构造形迹总体为NE-SW～NEE-SWW向	川东构造带、大巴山构造带
	Ⅴ-3区	东以齐岳山褶断带为界，北至泸州，南至叙永—古蔺—习水，西以华蓥山构造带为界	区内总体为NS向及EW向构造复合叠加区，习水一带为NE向构造，叙永—珙县一带属于NW向构造	川东构造带、大娄山构造带
川中地区（Ⅵ区）	Ⅵ-1区	东以华蓥山断裂带为界，西至盐亭—阆中一线，北至巴中、平昌一带，南至射洪—西充—蓬安一	由一系列呈弧状弯曲的旋扭状褶皱（仪陇—平昌莲花状构造、天仙寺涡轮状构造、中台山半环状构造）及少量东	龙门山构造带北段、米仓山构造带、大巴山构造带、川东构造带

续表

构造区	亚区	分布范围	地表构造形迹特征	构造变形主要力源
川中地区(VI区)	VI-2区	线 东以华蓥山为界，西以龙泉山为界	西向构造所组成 构造形迹以东西向为主，西南受威远辐射状构造影响，东南构造形迹受华蓥山构造带影响	龙泉山构造带、华蓥山构造带、大巴山构造带、米仓山构造带
	VI-3区	东以华蓥山为界，西以龙泉山为界，西南以大凉山为界，北以简阳—安岳一线为界	构造形迹以NE-SW向为主，NW侧受龙泉山影响，SE侧受华蓥山影响	龙泉山构造带、华蓥山构造带

2.3 四川盆地应力场特征及其演化

2.3.1 中生代构造应力场

根据四川盆地主要构造形迹展布与联合-复合的关系，以基底断裂和深层断裂为分区边界，恢复了四川盆地中新生代的总体构造应力场，如图2-6所示。该图反映了主要构造形迹定型时的应力场状态，体现的是构造形迹定型时期盆地边缘活动构造带对盆地施加的应力与历史残余构造应力叠加后的状态。

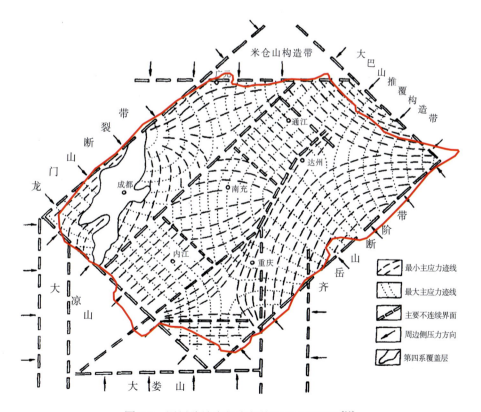

图2-6 四川盆地中新生代构造应力场略图[11]

2.3.2 新构造应力场

采用基于 GIS 技术改进的 A. E Scheidegger 法[12]，利用四川盆地不同区域水系反演新构造应力场，如图 2-7 所示。各区域水系玫瑰花图及新构造主应力方向见表 2-3。

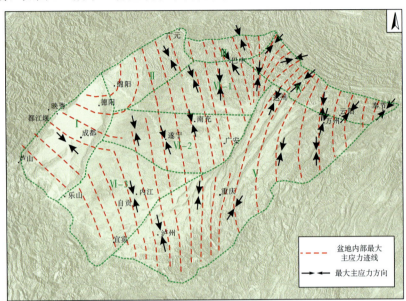

图 2-7 四川盆地新构造运动应力场略图

表 2-3 四川盆地水系玫瑰花图及新构造主应力方向

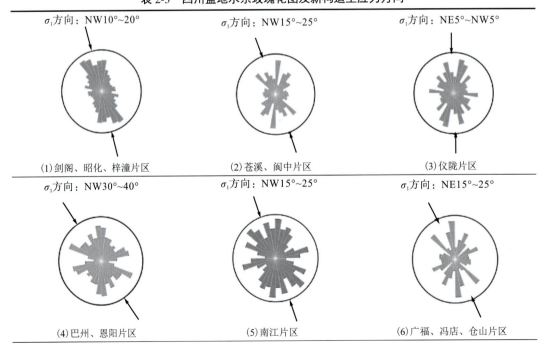

续表

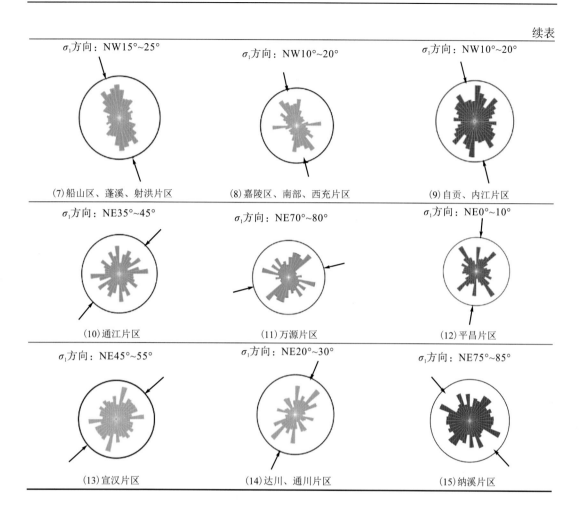

在继承上一演化阶段应力场分布特征的基础上,根据表 2-3 中不同区域的主应力方向绘制了最大主应力迹线分布图。新构造运动期间应力场与构造定型时期的应力场相比有如下特征。

(1) 川西南地区(Ⅰ区)及川西北地区(Ⅱ区)变化较小。

(2) 川北地区(Ⅲ区)主应力方向略有偏转,从上一阶段的近 NS 向偏转为 NNW 向。

(3) 川东北地区(Ⅳ区)主应力方向变化不大,仍然与大巴山构造带展布方向近于垂直。

(4) 川东地区(Ⅴ区)产生了明显变化,推测可能是由于喜马拉雅期中期以后川东构造带构造挤压残余应力缓慢消散而使大巴山构造带的 NE 向应力占主导。

(5) 川中地区北部(Ⅵ-1 区)应力场发生了明显变化,从上一阶段与大巴山构造带近于垂直的 NE 向变化为大部分为 NNW 向,北东侧仍然受大巴山构造带残余构造应力的影响,为 NNE-NE 向。川中地区中部(Ⅵ-2 区)与川中地区南部(Ⅵ-3 区)略有偏转,主应力方向变为 NNW 向。

2.3.3 四川盆地现今构造应力场

2.3.3.1 我国现今地壳运动特征及构造应力环境

从中国及邻区水平最大主应力迹线[图 2-8(a)]来看，总体上主应力迹线从我国大陆西部为近 NS 向至 NNE 向，向东呈扇形撒开，东北为近 NE 向，华北为 NEE 向至 EW 向，华南为 SEE 向至 SE。对比[图 2-8(b)]说明构造应力场的压应力分布与地壳运动方向基本相符，反映出了我国现今构造运动的特征，印度板块向北俯冲强烈推挤，使青藏高原东部块体被挤出向 NE 向至 SE 向推移，推动我国东部地壳运动。

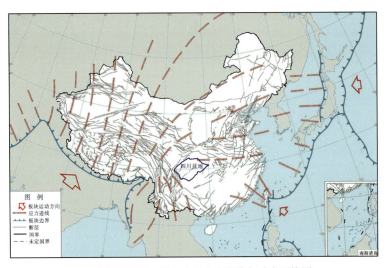

(a) 中国及邻区水平最大主应力迹线与动力环境图
(据中国地震局地壳应力研究所，2015年修改)

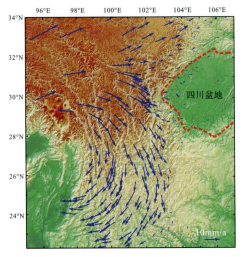

(b) 青藏高原东缘GPS水平速度场，相对于华北–华南地块[13]

图 2-8 我国现今地壳运动特征及构造应力环境

我国现今地壳运动具有水平和垂直运动两种方式，以水平运动较为突出，相关研究成果显示，1999~2007 年在青藏高原地区总体自南向北运动，运动速度在喜马拉雅山前最大，平均可达 40~42mm/a，往北运动速度逐渐减小，到准噶尔盆地南缘为 10~12mm/a。

由图 2-8(b)可知，青藏高原东缘河西走廊一带位移方向为 NE 向，在靠近龙门山南段为近 SE 向，龙门山中段为近 EW 向，龙门山北段偏转至 NEE 向，向南至云南顺时针偏转为 SSE 向，至云南西南为近 NS 向。

2.3.3.2 四川盆地现今构造应力环境

根据中国地震局中国大陆地壳应力环境基础数据库绘制四川盆地及邻区现代构造应力场图，如图 2-9 所示，共有 5 类数据：震源机制解、断层滑动、钻孔崩落、水压致裂、应力解除。其中，以震源机制解数据量最大。盆地内部应力分布特征如下：盆地内部数据显示龙泉山中部明显呈 NWW 向，与前两个阶段主应力方向接近，绵阳、德阳一带从龙门山构造带的数据推测仍然呈环状；剑阁县的数据显示主应力方向为 NNW 向，与邻近龙门山构造带的主应力方向一致；Ⅰ区及Ⅱ区与新构造应力场相比变化较小，Ⅲ区内目前无测试数据，推测仍为 NNW 向。

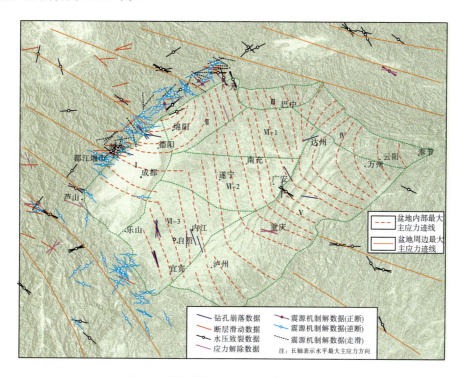

图 2-9 四川盆地及邻区现代构造应力场图

(数据来源：中国地震局中国大陆地壳应力环境基础数据库)

川中地区测试数据较少，Ⅵ-3 区自贡、内江一带为 NNW 向，Ⅵ-2 区广安附近同样为 NNW 向，推测川中地区整体为 NNW 向，与新构造运动期间一致。

Ⅳ区无测试数据，川东北地区达州附近数据显示该地仍然受大巴山构造带影响呈 NE 向，由此推测Ⅳ区内主应力方向与新构造运动期间相比变化不大。达川区、平昌、宣汉一带应力场仍然受到大巴山构造带的应力叠加干扰，主应力方向推测为 NNE-NE 向。可能在仪陇、巴州区、平昌交界区域主应力方向过渡为 NNW 向。

华蓥山构造带测试数据和临近川中地区测试数据相比出现突变，显示了断裂边界的控制作用。主应力方向从 NNW 向偏转为 NW 向，与川东构造区（Ⅴ区）内测试数据相对应，该区主应力方位为 NWW 向，同时也与东侧边界外齐岳山构造带测试数据对应性良好。

总体上看，四川盆地的现今构造应力场与区域 SE 向挤压环境相符，局部主应力方向受深部断裂控制和历史残余构造应力的叠加干扰。

第 3 章 四川盆地红层形成演化及其特性

3.1 四川盆地红层基本概况

四川盆地内除成都平原、华蓥山等地区外，全部为红层出露区。四川盆地红层以侏罗系和白垩系为主，有少量的古近系、新近系地层。四川盆地红层各地层分布如图 3-1 所示。侏罗系及白垩系地层厚度为 3000~4000m，最大厚度达 6738m，分布面积约为 20 万 km²。

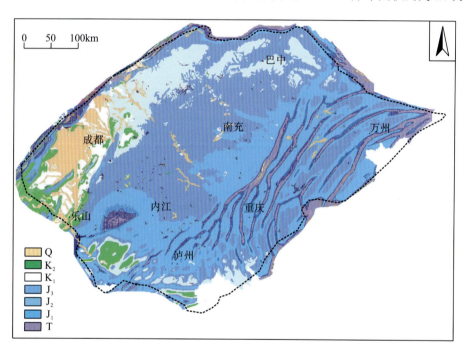

图 3-1　四川盆地红层地层分布图

侏罗系地层主要分布在龙泉山及其以东地区，盆地边缘少量出露。侏罗系为以湖泊三角洲—扇三角洲—湖泊沉积为主的典型陆源碎屑岩。下部与晚三叠世须家河组平行不整合接触，盆缘多呈角度不整合，上部与白垩系呈假整合接触。侏罗系地层划分为下侏罗统自流井组(白田坝组)，中侏罗统千佛崖组(新田沟组)，上、下沙溪庙组，上侏罗统遂宁组和蓬莱镇组(莲花口组)。

白垩系地层以巨厚的陆相红色碎屑岩为特征，主要分布在龙泉山及其以西地区、川北及川南缘地区。西侧盆缘多以冲积成因的粗碎屑岩为主，向盆地内粒度逐步变细。南侧盆缘多以风成成因的细、粗碎屑岩交互出现。白垩系地层划分为城墙岩群(剑门关组、汉阳铺组、剑阁组)、苍溪组、白龙组、七曲寺组(七曲寺组+古店组)、蒙山群(天马山组、夹关组、灌口组、名山组、芦山组)、嘉定群(窝头山组、三合组、柳嘉组)和正阳组。

3.2 四川盆地红层沉积迁移、沉积相与岩性组合

3.2.1 四川盆地红层沉积迁移

沉积建造奠定了红层滑坡产生的物质基础，四川盆地古气候特征、区域构造、沉积物质和后生作用直接控制着地层岩性及其物理力学性质，形成了软硬互层的地层结构，四川盆地大量红层滑坡都发育在这类地层结构的斜坡中。沉积形成演化的过程大概可以分为母岩的风化-沉积物质的搬运和沉积-沉积物埋藏后的成岩及后生变化几个阶段。这个过程需要内、外动力联合作用，内动力作用主要影响沉积物源区分区及沉积模式的变化，外动力对物源区产生风化、剥蚀、搬运、沉积及固结等作用。地层沉积时的古气候特征、区域构造、沉积物质和后生作用等控制着地层岩性。

四川盆地周缘各造山带的逆冲推覆构造活动与盆内的沉积特征及其碎屑成分变化具有较好的吻合性，盆地周缘各山带的多期次逆冲推覆、递进挤压作用控制了盆地的沉积迁移，也控制了盆地的形成、改造和局部构造的发育[10]。

在内动力作用下，从早侏罗世到晚白垩世，四川盆地沉积中心产生了多次迁移，湖盆面积大幅萎缩，湖相沉积逐渐减少直至几乎消失，河流相沉积比例大幅上升，见表3-1及图3-2。按照四川盆地红层(J—K)的形成历史，四川盆地演化过程又可分为陆内拗陷盆地沉积期[图3-2(a)]、山前拗陷盆地沉积期[图3-2(b)至图3-2(c)]、陆内盆地萎缩期[图3-2(d)至图3-2(e)]。

表3-1 四川盆地红层沉积中心及沉积岩相

时代	沉积中心	沉积岩相与岩性
J_1	广安、南充一带	湖相沉积为主，浅湖亚相居多，少量河流相沉积，龙门山山前分布冲洪积扇相
J_2s^1	盆地中部	河流相沉积为主，大量缺失湖相沉积，以河流相砂岩及紫红色泥岩为主。末期出现分布不均的浅湖相泥页岩
J_2s^2	南江、万源、万州一带；川中	河流相砂岩和暗紫色泥岩互层
		盆地中部主要为河湖交替相，沉积十余个砂、泥岩互层韵律层
		河流相、洪泛盆地，由2~4个砂泥岩不等厚韵律层组成
J_3s	平昌、遂宁	曲流河、三角洲相交替，紫红色泥岩为主夹少量粉砂岩及细砂岩
		滨浅湖相上部紫红色泥岩夹少量粉砂岩及细砂岩为主，下部2~4套厚层砂岩
J_3p	川中	山前冲积扇相，砾岩、河流相砂砾岩、砂泥岩
		河流相砂泥岩
		三角洲相、湖相交替，灰白色砂岩、紫红色泥质岩组成频繁韵律层，"景福院页岩""仓山页岩"作为内部层序划分标志

续表

时代	沉积中心	沉积岩相与岩性
K₁	南江—中江一线到龙门山前之间迁移	冲积扇相砾岩、河流相的含砾砂岩、砂岩、粉砂岩及泥岩组成的韵律层
		河流相间夹湖相沉积，岩性为砂岩、泥岩互层
		冲积扇相砾岩
		风成砂岩夹少量泥页岩和盐岩
K₂	雅安以东—宜宾以西	夹关组：棕红色、黄棕色块状砾岩、砂岩夹泥岩；灌口组：棕红色、紫红色含泥质粉砂岩及蓝灰色、灰黑色薄层泥灰岩

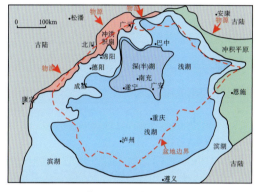

(a) 早侏罗世岩相古地理示意图

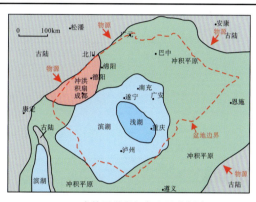

(b) 中侏罗世岩相古地理示意图

(c) 晚侏罗世岩相古地理示意图

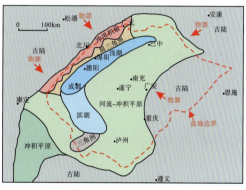

(d) 早白垩世岩相古地理示意图

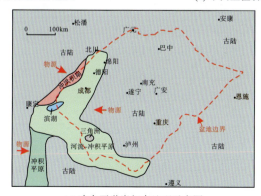

(e) 晚白垩世岩相古地理示意图

图 3-2　侏罗世—白垩世岩相古地理演化示意图（据文献[4，14-16]修改）

3.2.2 地层岩组及其分布

四川盆地红层岩性以砂岩、泥岩为主,组成频繁韵律互层,并含有丰富的陆生生物群。各地层岩组、分布范围及岩性特征见表 3-2。

表 3-2 四川红层地层岩组分布范围及岩性特征

系	统	组	地层代号	分布地区	岩性描述
白垩系	上统	三合组	K_2s	分布在宜宾周边	砖红色薄至中厚层状不等粒泥质岩屑、长石砂岩与砖红、紫红色泥岩不等厚韵律互层,含介形类化石
		灌口组	K_2g	分布于雅安至成都,以都江堰、芦山宝盛、天全老场为中心	以棕红色粉砂岩与砂质泥岩为主,组成不等厚韵律互层,时夹泥灰岩、细砂岩及含细砾岩、石膏及钙芒硝
		夹关组	K_2j	分布于成都、雅安一带	以棕红、紫红色厚层-块状细-中粒长石砂岩、长石石英砂岩为主,夹少量同色泥岩及泥质粉砂岩
	下统	窝头山组	K_1w	分布在宜宾周边	以砖红色厚层-块状含铁、泥质不等粒长石石英砂岩、长石砂岩为主,夹少量粉砂岩及泥岩,偶夹微晶灰岩凸镜体
		天马山组	K_1t	分布于双流、金堂、简阳一带	以棕红、砖红色泥岩、砂质泥岩为主,夹同色含长石石英砂岩或钙质砂岩,局部具底砾岩,含以介形类为主的化石
		七曲寺组	K_1q	分布于中江、罗江一带	以砖红、紫红色泥岩、黏土岩为主,夹粉砂岩及细-中粒砂岩,组成向上变细的韵律互层,偶夹钙质砾岩条带及凸镜体,含丰富的介形类化石
		白龙组	K_1b	分布于通江、巴中、梓潼、江油、三台、中江、万源一带,以砂岩为主,往西砂岩比例下降	紫红、砖红色泥岩(黏土岩)、砂质泥岩及粉砂岩为主,夹灰白、紫红色细中粒岩屑长石砂岩,偶夹凸镜状钙质砾岩,含介形类为主的化石
		苍溪组	K_1c	主要分布于苍溪、巴中、通江、梓潼、江油、德阳、盐亭、三台、简阳、中江一带,厚度呈西南薄、东北厚的变化趋势	紫灰、砖红色岩屑、长石石英砂岩、粉砂岩与泥岩不等厚韵律互层,时夹少量砾岩条带及凸镜体
		剑阁组	K_1jg	主要分布于剑阁县附近	以紫红、粉红色中-厚层状长石石英砂岩、细砂岩为主,夹粉砂岩及粉砂质泥岩,时夹石英细砾岩及含砾粗砂岩,含少量介形类化石
		汉阳铺组	K_1h	主要分布于绵阳、广元一带	以紫红色薄-中厚层粉-细粒砂岩与同色泥岩韵律互层为主,底部及层间夹多层砾岩,上部时夹灰白色长石石英砂岩,含少量介形类化石
		剑门关组	K_1j	分布于龙门山山前带	下部以块状砾岩为主,夹砂岩、泥岩凸镜体,中上部以紫红色长石石英砂岩与同色粉砂岩、泥岩不等厚互层,夹石英质砾岩,含少量介形类化石残片
侏罗系	上统	莲花口组	J_3l	分布于广元—彭州—芦山一线以西的龙门山前缘	下部以砖红色厚层块状砾岩为主,夹杂色砂岩,砾石以灰岩或石英岩为主;上部以砖红色砂岩、泥质砂岩为主,夹含砾粗砂岩及砂质泥岩
		蓬莱镇组	J_3p	主要分布于简阳—蓬溪—平昌一带,盆缘有少量出露	以紫灰色长石石英砂岩与紫红色泥(页)岩不等厚互层为主,夹黄绿色页岩及生物碎屑灰岩条带
		遂宁组	J_3s	分布在二十多个区市县,其中以资阳、安岳、资中、内江、大足、潼南、遂宁、蓬溪、南充等地分布最广	以红、鲜紫红、砖红色泥(页)岩为主,夹同色岩屑长石砂岩、粉砂岩

续表

系	统	组	地层代号	分布地区	岩性描述
侏罗系		沙溪庙组	J_2s^2	大致分布在达州—重庆—泸州—自贡—威远一带	黄灰、紫灰色长石石英砂岩与紫红、紫灰色泥岩不等厚韵律互层,但砂岩层不稳定
			J_2s^1		以紫红色为主,夹有一层黄绿色块状砂岩,质地坚硬,斜层理发育,本组中上部夹多层灰白色含云母石英砂岩,胶结疏松
		新田沟组	J_2x	在盆地东北缘通江一带及川东地区出露	深灰色砂岩与页岩互层
		千佛崖组	J_2q	在盆地西北至东北盆缘及川东地区出露	黄绿、灰绿、紫红、黑色泥岩及灰色砂岩,中下部夹少量砂岩
		自流井组	$J_{1-2}z$	在盆地边缘变化较大,东部奉节、巫山一带,砂岩增多,并夹较多紫红色泥岩,以重庆、渠县一带较厚	紫红色泥岩、灰黑色页岩夹淡水灰岩及砂岩
		白田坝组	J_1b	主要分布于盆地北部江油—巴中—万源罗文坝以北	黄绿色页岩与灰白色石英砂岩、硬砂岩,偶夹砾岩夹薄煤层

3.2.3 沉积相与岩性组合

四川盆地侏罗系—白垩系共发育 9 种沉积相类型：冲积扇相、辫状河相、曲流河相、湖泊相、湖底扇相、风成沙漠相、扇三角洲相、辫状河三角洲相和曲流河三角洲相，四川盆地红层的沉积相划分与岩性组合见表 3-3。

表 3-3　四川盆地红层沉积相划分与岩性组合(据文献[14]修改)

沉积相	亚相	微相	岩性组合	代表性地层及出露位置
冲积扇相	扇根	泥石流、河道充填	混杂砾岩、砂砾岩	剑阁：J_3l 下部、K_1j 下部；崇州：K_1t、K_2j 下部、K_2g；大邑：K_1t、J_3l
	扇中	辫状河道、漫流沉积	砂岩、含砾砂岩和砾岩	
	扇端		砂岩和含砾砂岩夹少量的泥质沉积	
辫状河相	河床	河床滞留沉积、心滩	巨厚的中粗粒砂岩为主,之上发育薄层细砂岩,向上夹薄层泥质岩	南江：K_1j；川中地区 K_1j；邛崃：K_2j；崇州：K_2j；大邑：K_2j；雅安：K_2j；宜宾：K_2sj；梓潼—巴中：K_1c、K_1g、K_1q
	溢岸	天然堤、决口扇、泛滥平原	泥岩、砂质泥岩、泥质粉砂岩与细粒砂岩的互层薄层	
曲流河相	河床	河床滞留沉积、边滩	含砾砂岩、中-细砂岩及粉砂岩	云阳：J_3s、J_3p；达州：J_3p 上部；南江：J_3s、J_3p、K_1j、K_1h；平昌：J_3p 下部；川中：J_3p 上部；剑阁：J_2s；梓潼—巴中：K_1c
	溢岸	天然堤、决口扇、泛滥平原、泛滥平原沼泽	薄层粉砂岩、泥质粉砂岩和泥岩呈薄互层状;以细砂岩、粉砂岩为主;以厚层紫红色、棕红色粉砂质泥岩、泥岩为主,夹中-薄层透镜状泥质粉砂岩,粉砂岩	
湖泊相	滨湖	滨湖砂坝、泥坪、湖湾沼泽	砾岩、砂岩、泥岩,以砂岩为主；厚层的暗色泥岩夹薄层的细粒砂岩	剑阁：J_3s、J_3l 上部；达州：J_3s、J_3p 下部；南江：J_3p 中部；蓬溪—船山—中江：J_3s、J_3p；平昌：J_3p 上部；荣县：J_3s、J_3p 下部；雅安：K_2g；大邑：K_2g；梓潼—巴中：K_1c、K_1q
	浅湖		薄层砂岩与泥岩的互层	
	半深湖—深湖		以质纯的泥岩、泥页岩为主	

续表

沉积相	亚相	微相	岩性组合	代表性地层及出露位置
湖底扇相	供给水道	水道充填	砾岩、砂砾岩及含砾砂岩	剑阁：J_3l 中段、上段
	内扇	深水道、天然堤	砂砾岩、含砾砂岩、砂岩	
	中扇	辫状沟道	含砾砂岩、砂岩至泥质粉砂岩	
	外扇		粉砂岩、泥岩	
风成沙漠相	风成砂	沙丘	砖红色巨厚层含铁不等粒长石石英砂岩、长石砂岩为主夹少量粉砂岩和泥岩	宜宾：K_1w
	沙漠湖		微晶灰岩透镜体	
扇三角洲相	扇三角洲平原	砾质辫状河道、河道间湾	厚至巨厚层状的砾岩、砂砾岩、含砾粗砂岩	剑阁：J_3l 中部、K_1j 上部
	扇三角洲前缘	水下分流河道、分流河道间、河口坝、远砂坝	砾砂岩、砂岩夹泥岩和粉砂岩	
	前扇三角洲		粉砂岩与泥岩	
辫状河三角洲相	辫状河三角洲平原	分流河道、冲积平原、分流间湾	大型板状和槽状交错层理、平行层理的砾岩、砂岩及块状砾岩；砂砾质岩；棕红、棕褐色泥岩、泥质粉砂岩	双流：K_1t；邛崃：K_2g
	辫状河三角洲前缘	水下分流河道、水下分流河道间、河口坝、远砂坝、席状砂	细砾岩、含砾砂岩及中-厚层砂岩、粉砂岩；细砾岩和粉砂岩；粒度较细的砂岩、粉砂岩与泥岩互层；暗色泥岩、含粉砂泥岩及含粉砂岩	
	前辫状河三角洲		泥岩、泥页岩和粉砂岩质、砂质泥岩沉积，颜色较暗，可为紫灰色、暗灰色	
曲流河三角洲相	三角洲平原	分流河道、分流间泛滥平原、天然堤、决口扇、岸后沼泽	交错层理的砂岩、波纹层理的细砂和粉砂岩；泥岩、粉砂质岩、泥质粉砂岩；粉砂和粉砂质泥岩；细砂岩和粉砂岩	云阳：J_3s；南江：K_1h 上部；蓬溪—中江：J_3p；平昌：J_3s；荣县：J_3p 下段
	三角洲前缘	水下分流河道、分流间湾、水下天然堤、河口坝、远砂坝、席状砂	细砂岩、粉砂岩伴生小型的交错层理、波状层理和水平层理	
	前三角洲		颜色偏暗的泥岩和粉砂质泥岩，含少量的极细砂岩	

3.3 红层岩石物质组成与结构特征

四川红层是在特殊地质历史环境和气候条件下形成的，基本特点是岩相变化大、成岩作用差、强度较低。泥岩、页岩、粉砂质泥岩为红层中的软岩，具有透水性弱、亲水性强，遇水易软化、膨胀，失水易崩解或收缩，强度低的特点。软岩在红层中占有较大的比重，软岩分布的空间形态和性质在很大程度上控制斜坡的变形和破坏模式。红层岩性主要有黏土岩、泥岩、砂岩(包括粗砂岩、中砂岩、细砂岩和粉砂岩等)、页岩和砾岩等碎屑沉积岩，岩性呈现多样性和不均匀性，总体上可以分为碎屑岩和泥质岩两大类。红层的岩性特征主要包括物质组成、结构与构造。其中，物质组成不但决定了岩石的类别，同时也决定了岩石的物理力学特征；构造特征则在成岩建造方面决定了岩体结构的基础。

碎屑岩和泥质岩之间的抗压强度、抗剪强度、弹性模量、软化系数等力学性质相差很大，说明岩性种类是控制岩石物理力学性质的重要因素。对于同类岩石，胶结物类型和胶结方式的不同，决定了其物理力学性质、水理性质的不同。红层泥质类岩石的性质从很大程度上决定了红层滑坡的发育。

3.3.1 红层泥质类岩石矿物成分

泥质类岩石的许多特性都受控于其粒度和物质成分两个方面的特性，泥质岩主要由小于0.063mm的颗粒组成，且含有大量疏松状或固结状黏土矿物的岩石[17]。红层泥质类岩石的矿物成分以黏土矿物(伊利石、蒙脱石、高岭石、绿泥石等)和碎屑物质(石英、长石、云母、方解石、石膏等)为主。红层泥质类岩石抗风化能力较弱，长石、云母等容易被溶蚀形成粒间孔隙，蒙脱石和伊利石等黏土矿物亲水性较强，遇水膨胀，直接影响着红层的工程性质。

一般来说，岩石中硬度大的粒状和柱状矿物，如石英、长石、角闪石、辉石和橄榄石越多，岩石的弹性越明显，强度越高。而红层泥质类岩石的矿物成分中绝大部分为硬度不大的黏土矿物和云母。方解石、石英和长石等硬度比较大的矿物含量相对较少。因此在外力的作用下泥质类岩石相对更易产生塑性变形。

四川盆地红层地区泥质类岩石矿物成分统计表如表3-4所示。

表3-4 四川盆地红层地区泥质类岩石矿物成分统计表

数据来源	岩性描述	矿物成分含量/%								
		蒙脱石/伊利石	蒙脱石	伊利石	高岭石	绿泥石	石英	方解石	长石	赤铁矿
南江县将营村滑坡	泥岩		8	29	15		26	7	8	
南江县跃进村砖厂滑坡	黄色泥质粉砂岩		31	5	4		43		16	
	紫红色泥岩		3	17	12		45	15	8	
南江县断渠滑坡	层间剪切带		12	8.6	25.25		44		29	
南江县小榜上滑坡	泥岩		6.34	7.12	10.98	5.42	43.84			
中江县垮梁子滑坡	青灰色泥岩		8	31	12		30	11	9	
雅安市雨城水电站[17]	泥岩	22		59	14	4		<1	<1	
	钙质泥岩			75	17	6		<1	1	
	泥岩	37		41	13	2			<1	

续表

数据来源	岩性描述	蒙脱石/伊利石	蒙脱石	伊利石	高岭石	绿泥石	石英	方解石	长石	赤铁矿
林岳庙隧洞[17]	泥岩			34		19	25	15	7	
	泥岩			31		16	28	17	8	
右总干渠左分干渠[17]	粉砂质泥岩			46		17	17	10	10	
	粉砂质泥岩			45		16	17	12	10	
文献[18]	泥岩				1~10	1~2	10~52	9~20.3	3~6	
	粉砂质泥岩				1~4		5~40	3~20	1~3	
	粉砂岩				1~2	少	30~90	3~30	0~50	
	细砂岩					2~5	20~70	5~35	1~15	
	砂岩					2~3	50~79	8~15	1~25	
侏罗系[19]	粉砂质泥岩(钙质)						25~40	3~10	1~3	
	粉砂质泥岩						35~50		5~50	
	粉砂质泥岩(泥质)						5~20	15~20	3	
	泥岩						40			
白垩系[19]	粉砂质泥岩						20~60	8~15	2~8	
	泥岩						10		0~20	
成都—雅安[20]	蓬莱镇组泥岩			33~62	9~17	28~50				
	天马山组泥岩			59~62	12~13	25~26				
	夹关组泥岩		20~31	41~49	5~10	17~26				
	灌口组泥岩		3~63	31~61						
剑阁[20]	下沙溪庙组泥岩		36	30	24~30					
	上沙溪庙组泥岩		22	31	32	14				
	上沙溪庙组泥岩		2	67~69	11~14	17~20				
梓潼—巴中[20]	苍溪组泥岩		32~48							
	白龙组泥岩		16~40	52~63		4~13				
	七曲寺泥岩		45	36	8					
宜宾[20]	蓬莱镇组泥岩			57~72		18~26				
	三合组泥岩		31	61						
重庆石宝镇[21]	紫色泥岩		15	12.3		7.3	26.3		33	3.3
重庆虎溪镇[21]	紫色泥岩		9.3	14.8		11.5	3		28.8	3.5
重庆北碚、合川等地[22]	蓬莱镇组泥岩			13	15					
	遂宁组泥岩			12.5	12.8					
	沙溪庙组泥岩			9.7	9.7					
	自流井组泥岩			9.8	10					

续表

数据来源	岩性描述	蒙脱石/伊利石	蒙脱石	伊利石	高岭石	绿泥石	石英	方解石	长石	赤铁矿
遂宁[23]	遂宁组泥岩				4	1.7	21.7		3.3	
万州[24]	侏罗系泥岩		40	5		7	20		28	
	侏罗系泥岩		65	5		10	10		10	
巴东组[25]	青灰色泥岩					40	25	5	5	
	粉砂质泥岩					30	37	10		3

3.3.2 红层泥质类岩石化学成分

四川红层泥质类的岩石化学成分主要有硅、铝、铁、钙、镁、钾、铁的氧化物。红层的化学成分主要为 SiO_2、Al_2O_3、Fe_2O_3 及 CaO（表3-5）。红层中 SiO_2 及 Al_2O_3 相对大量富集，K、Na 等组分相对含量较少，反映了红层沉积形成前经历了强烈的风化作用，硅质、铁质及钙质在红层沉积过程中作为胶结物，其含量在一定程度上能反映红层的强度特征，FeO 及其水合物的积聚使得红层呈现出红色。

表 3-5 四川盆地红层地区泥质类岩石化学成分统计表（%）

岩性	SiO_2	Al_2O_3	Fe_2O_3	FeO	CaO	MgO
泥岩	24~64	13~23	3.8~7	1~1.4	4~9.6	2.1~5.5
粉砂质泥岩	31~62	6.5~16.7	2~8	1~1.3	0.07~34	0.07~10

3.3.3 红层岩石颗粒特征

红层各类岩石颗粒的特征如下。

砾岩：胶结强度、物质成分比例、重度、粒径等参数差别很大，碳酸盐含量为5%~45%。

砂岩：砂砾（2~0.05mm）含量在50%以上，泥粒、粉粒次之，含少量砾石，碳酸盐含量为20%~50%。

粉砂岩：粉粒（0.05~0.005mm）含量为50%~70%，黏粒（<0.005mm）含量普遍大于15%。常含钙层或方解石脉，碳酸盐含量为40%~60%。

泥质类岩石：粉粒和黏粒含量一般在80%以上，碳酸盐含量为40%~60%。黏土矿物含量相对较高，易于软化、崩解、泥化。

3.3.4 红层岩石胶结类型

红层岩石的物理力学性质与胶结类型有较强联系，碎屑颗粒、基质、胶结物的含量与颗粒之间的接触关系对红层岩石的强度起到决定性的作用。

红层岩石胶结物种类及其代表物质见表 3-6。盆地边缘硅质、铁质胶结的岩石大量分布；盆地内部以泥质、钙泥质、泥钙质或钙质胶结为主；盆地中心沉积泥质、钙泥质胶结较多。

表 3-6　胶结物种类及其代表物质

胶结物种类	代表物质
黏土类	水云母、高岭石、蒙脱石等
碳酸盐类	方解石、白云石等
硫酸盐类	石膏、硬石膏、重晶石等
硅质胶结物	氧化硅、石英等
其他类胶结物	褐铁矿等

3.4　红层岩石物理力学性质

岩石的物理力学性质是代表岩石工程地质性能的主要基础参数。物理特性包括颗粒密度、干密度、孔隙率、饱和吸水率等；力学性质主要有抗压强度、抗剪强度、变形模量、泊松比等；岩石的水理性质主要包括膨胀性、崩解性、软化性、透水性等。笔者通过统计四川盆地红层不同地层和不同地区的物理力学性质（表 3-7～表 3-9）后发现，岩石的力学性质受岩性影响较大，在相同的岩性下，又受到矿物成分、胶结类型与程度、风化作用的影响而产生显著差异。

表 3-7　四川盆地主要地层物理参数统计

地层时代	岩性	干密度/(g·cm^{-3})	天然密度/(g·cm^{-3})	吸水率/%	孔隙率/%
K_2	粉砂质泥岩	2.23～2.45	—	4.05～8.01	9.8～13
K_2	砂岩	2.44～2.69	2.28	1.3～10.5	4.32～9.82
K_1	砂岩	2.43～2.67	2.53～2.77	3.9～5.8	13.45
K_1	泥岩	2.25～2.53	2.34～2.65	2.38	6.4～17.5
J_3	泥质粉砂岩	2.57～2.66	2.61～2.8	2.44～2.81	5.5～5.71
J_3	粉砂质泥岩	2.39～2.64	2.42～2.66	1.26～6.32	5.51～9
J_3	泥岩	2.32～2.61	2.37～2.67	1.47	0.4～18.2
J_2	粉砂质泥岩	2.39～2.77	2.47～2.95	6.48～7.51	14.24
J_2	砂岩	2.34～2.69	2.68～2.77	1.77～6.48	14.9～15.14
J_2	泥质粉砂岩	2.17～2.319	2.26～2.363	0.6～5.2	7.4～11.8
J_2	泥岩	2.32～2.58	2.44～2.74	0.6～5.2	5.44～14.2
J_1	粉砂质泥岩	2.49～2.6	2.51～2.78	2.55～2.63	6.21～6.73
J_1	砂岩	2.5～2.69	2.55～2.72	0.2～2.55	6.21～14.81

表 3-8 四川盆地主要地层力学参数统计

地层	岩性	抗压强度/MPa		弹性模量/MPa	抗拉强度/MPa	泊松比
		干燥	饱和			
J_2s	细砂岩	28.56	16.34	2883	1.06	0.21
	泥质粉砂岩	10.81	5.5	878	0.67	0.24
	粉砂岩	17.59~173.3	7.86	1181	0.71	0.12
	粉砂质泥岩	10.01~72.5	5.35~40.6	720	0.26	0.26
	砂岩	27.19~177.9	12~180.8	3200~5800	0.5	0.2~0.25
	泥岩	7.3~86.8	2.3~28.9	645	0.25	0.29
	长石石英砂岩	68.25~349.12	18.13~53.43	—	—	—
	长石砂岩	546.23	149.46~346.48	—	—	—
J_3p	粉砂质泥岩	—	—	900	—	0.245
	长石细砂岩	32.8~135.2	20.9~103.3	5000~5150	—	0.22
	泥质粉砂岩	50~72.17	37.8~61.44	900~1650	—	0.23~0.245
	细砂岩	41.4~158	7.1~104.5	5150	—	0.19~0.22
	泥岩	14.02~24.8	0~20.7	900	—	0.25
K_1c	砂岩	—	—	4000~5000	1.19	0.25
K_1j	泥岩	4.2~13.2	0~10.7	180~350	0~0.48	0.25~0.27
	砂岩	11.1~17.1	—	4800~7300	0.4~0.52	0.2~0.25
K_1h	砂岩	24.1~39.2	—	—	—	—
	泥岩	10.8~14.9	—	—	—	—

表 3-9 四川盆地主要地层力学参数统计

地层	岩性	抗剪强度		抗剪强度(饱和)	
		$\varphi/(°)$	C/MPa	$\varphi/(°)$	C/MPa
J_2s	粉砂岩	27~52	4.8~12.8	—	—
	粉砂质泥岩	44	4.5	—	—
	砂岩	40~61	3.6~12	34.2	2.2
	泥岩	20~32	3.61	41	2.93
	长石石英砂岩	42~51	2.85~6.86	42~50	2.86~5.83
	长石砂岩	48	4.12	45~50	3.77~5.3
J_3p	粉砂质泥岩	42.9	0.6	—	—
	长石细砂岩	22~39.9	3.55~13.9	—	—
	泥质粉砂岩	40.5~47.9	0.6~4.77	—	—
	细砂岩	39.9~56	3.55~6.4	—	—
	泥岩	31.48~43.8	0.517~2.37	11~17.44	0.235
K_1c	砂岩	34~36	1.05~1.22	—	—
K_1j	泥岩	23.1~33.6	28.9~71.2	—	—
	砂岩	36.6~38.6	1.23~1.89	—	—

总结归纳红层的特点如下：①地质特征，软硬相间、岩性岩相差异大的层状结构，节理

展布受地质构造控制；②物性特征，泥质类岩石黏土矿物含量高，具有透水性差、亲水性强、抗水性弱的水理性质，近水平岩层滑坡的潜在滑带往往是泥岩经过水岩作用后形成的软弱层；③工程性质，总体上强度主要取决于黏土矿物的含量、胶结物成分和胶结类型。

四川盆地红层的岩性、岩石颗粒粒径、力学强度、黏土矿物含量、沉积相和岩石胶结类型的总体变化规律如图 3-3 所示。从图中可见，从四川盆地边缘到沉积中心，沉积相从冲积扇相逐步过渡为湖相，胶结类型从硅质胶结变化为泥质胶结，岩石颗粒粒径从粗往细变化，黏土矿物含量从低变为高，岩石的力学强度从高变为低。

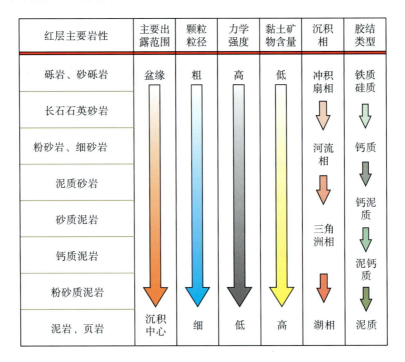

图 3-3　红层岩石基本特征总体变化图

第 4 章 四川盆地外动力作用

4.1 四川盆地现今地形地貌

四川盆地地貌类型主要包括中山、低山及丘陵地貌。盆缘岩性坚硬,形成山地地貌,向盆中岩性软弱地区过渡为台状低山、深丘和浅丘地貌。地貌类型分区如图 4-1 所示。

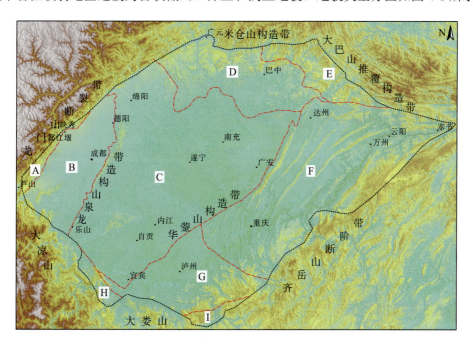

图 4-1 四川盆地地貌类型分区

A. 龙门山褶断侵蚀斜坡式中山区;B. 断陷堆积盆西山前倾斜平原亚区;C. 构造剥蚀盆中方山丘陵区;D. 构造侵蚀盆北单斜低山区;E. 米仓山、大巴山构造侵蚀、剥蚀中山区;F. 侵蚀构造盆东平行岭(低山)谷(丘陵)区;G. 侵蚀构造盆南台状低山丘陵区;H. 五指山构造侵蚀块状中山区;I. 大娄山强岩溶化峡谷中山区

4.1.1 川中宽缓丘陵地貌

越靠近盆地中心,泥质类岩石含量越高。发育地貌以浅丘及缓丘为主。川中刚性基底受到新构造运动影响较小,地壳隆升程度低,这种条件下外动力作用占优势,地表被剥蚀降低,丘陵顶部为粉砂岩、泥质类岩石时,因风化作用呈浑圆形态,顶部为厚层砂岩时则形成方山丘陵。典型地貌特征及地貌演化过程示意如图 4-2 所示。

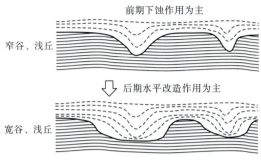

图 4-2 宽谷、浅丘地貌及其演化过程示意

4.1.2 深丘、低山地貌

在构造隆升及下蚀更强烈的近水岩层地区形成深丘、低山地貌(图 4-3、图 4-4)。川东地区由于构造影响形成了特殊的平行岭(低山)谷(丘陵)地貌,低山为背斜,丘陵为向斜(图 4-5)。深丘地貌的演化过程示意如图 4-6 所示。

(a) 深丘地貌　　　　　　　　　　　　(b) 低山地貌

图 4-3　C 区深丘地貌与低山地貌

(a) 平原-台地地貌　　　　　　　　　　(b) 低山地貌

图 4-4　B 区平原-台地地貌与低山地貌

(a) 中低山地貌

(b) 丘陵地貌

图 4-5　F 区平行岭(中低山)谷(丘陵)地貌

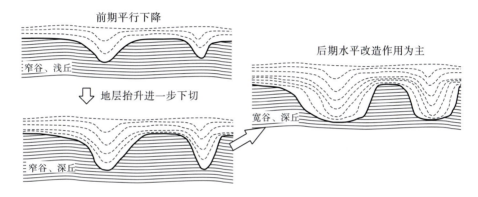

图 4-6　深丘地貌演化过程示意

4.1.3　桌状山地貌

桌状山地貌主要分布在 D 区、E 区南部及 C 区北部，这些地区属于川中刚性基底边缘，桌状山顶部通常为坚硬岩层，谷坡形态由于岩性的差异呈陡缓不一的阶梯状，阶梯的级数受岩性层数控制。受到构造作用强烈隆升，但对地层倾角改变相对较小，因此河流沿原有河谷进一步下切(图 4-7)，形成桌状低山、中山地貌(图 4-8)，外动力以下蚀作用为主，沟谷多呈 V 形。

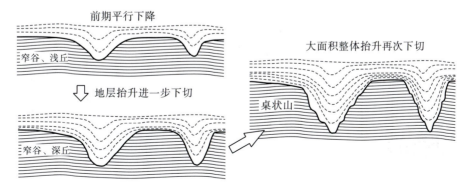

图 4-7　桌状山地貌演化过程示意

(a) 桌状低山地貌　　　　　　　　　　(b) 桌状中山地貌

图 4-8　D 区桌状低山地貌及 E 区桌状中山地貌

4.1.4　单面山地貌

单面山地貌属于单斜构造地貌，主要分布在 D 区及 E 区靠近盆地边缘的地区，这些区域岩层受构造运动影响强烈，地层被掀斜程度相对更为强烈，岩层倾角基本大于 10°，形成大量含厚层—巨厚层砂岩的缓倾岩层斜坡区域。山体两侧坡不对称，顺岩层倾向一侧长而缓，坡度与岩层倾角接近，称为后坡，另一侧斜坡短而陡，称为前坡。典型地貌特征如图 4-9 所示。大型滑坡多数都发育在后坡，由于后坡暴露面积大，泥岩易被风化剥蚀，因此后坡盖层多为厚层砂岩。发育在单面山地貌区的典型滑坡案例如图 4-10 所示。

(a) D区单面山地貌　　　　　　　　　(b) F区单面山地貌

(c) E区单面山地貌

图 4-9　D 区、E 区和 F 区单面山地貌

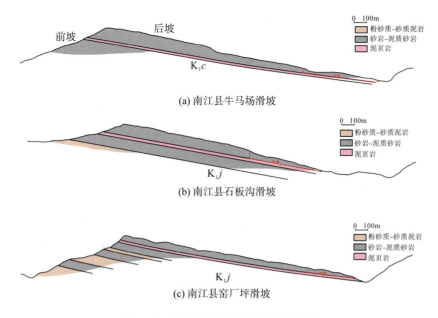

图 4-10　发育在单面山后坡的典型案例

4.1.5　微地貌特征

陡缓相间是四川盆地红层斜坡最典型的微地貌特征，存在于各种地貌类型中，它是由砂岩、泥岩互层的岩性组合和砂岩、泥岩的抗风化、抗剥蚀能力所决定的。砂岩抗风化能力强，往往形成陡坡或崖壁，泥质类岩石抗风化能力弱，表层极易被剥蚀冲蚀，往往形成凹岩腔，从而使上部砂岩产生崩滑导致坡面后退。经过多次循环演化后泥岩的缓坡地貌特征逐渐显现，其演化过程如图 4-11 所示。

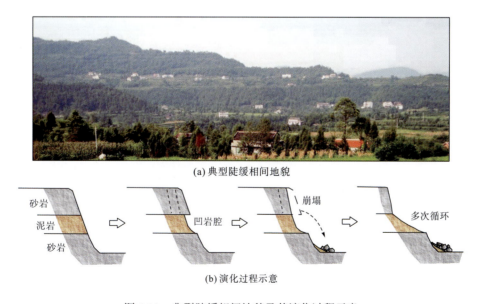

图 4-11　典型陡缓相间地貌及其演化过程示意

在靠近盆缘构造带砾岩、砂砾岩大量分布，最易形成"赤壁丹崖"的丹霞地貌，其演化过程如图 4-12 所示。河流下切到侵蚀基准面或硬岩层则转为侧蚀、掏蚀作用，后期转为崩塌为主的坡面后退改造。

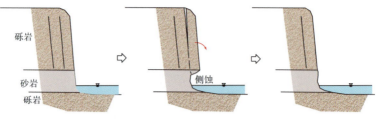

图 4-12　"赤壁丹崖"演化过程示意

4.2　四川盆地外动力剥蚀作用

地质构造运动与外动力的剥蚀作用形成了现今的总体地貌格局。内动力形成地表的基本起伏，外动力则起着剥蚀、夷平的作用。四川盆地地壳运动平稳或整体上升地段的外动力地质作用不甚发育，地壳运动剧烈和差异性运动强烈地区外动力地质作用发育，种类繁多[图 4-13(a)]。

晚白垩世以来，四川盆地内发生了广泛的地壳隆升剥蚀作用，大致可分为 3 个阶段：①白垩世快速隆升剥蚀阶段；②古近纪缓慢隆升剥蚀阶段；③新近纪快速抬升剥蚀阶段。地层的剥蚀厚度可大致反映出外动力剥蚀作用的强弱。

图 4-13(b) 所示为四川盆地晚白垩世以来的剥蚀量等厚图。可以看出，除成都平原—梓潼一线外，整体表现出以龙泉山、华蓥山为分界线的三分特点，与图 4-13(c) 中四川盆地地貌的三分性形成较好的对应。

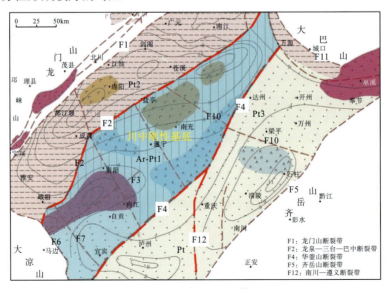

(a) 四川盆地基底断裂[8]

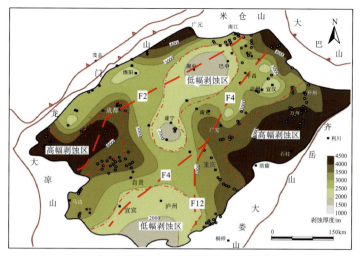

(b) 四川盆地晚白垩世以来剥蚀量等厚图[26]

(c) 四川盆地地貌类型分区

图 4-13　基底断裂带与隆升剥蚀厚度差异和地貌格局划分的对应

(1) 受川中刚性基底的影响，川中整体抬升剥蚀量剥蚀幅度最低。因而地貌类型以浅丘、中丘为主。

(2) 受扬子板块板缘逆冲推覆构造带前陆凹陷带影响，川西南凹陷、川西北凹陷沉积与沉降作用强烈，剥蚀幅度相对不强。因而这些区域地势与其周边范围相比相对较平缓。川西南凹陷形成成都平原、川西北凹陷绵阳—梓潼一带以浅丘、中丘为主。

(3) 板缘造山带的前陆褶皱带(剑阁—昭化盆缘一带、南江—通江盆缘一带)与前隆带(熊坡—龙泉一带)为剥蚀强度最大的区域，地貌类型则以中低山为主。

(4) 川东构造带属于板内造山带，虽然可能构造作用不如板缘造山带强烈，但是构造变形和抬升剥蚀作用明显更强。地貌类型为平行岭(低山)谷(丘陵)地貌。

4.3 四川盆地地表水系的侵蚀切割作用

在所有外动力作用中，地表流水是塑造陆地地形最广泛、最主要的作用力量[26]。地表流水产生的外动力作用分为面状水流作用和线状水流作用。面状水流作用常发生在丘陵地貌区和缓坡地带，属于流水侵蚀作用的萌芽阶段，其作用结果是整体降低坡面高度。对地表起主要侵蚀切割作用的是线状流水，线状水流有经常性流水和暂时性流水之分。经常性流水侵蚀作用形成河谷，暂时性流水侵蚀作用形成冲沟（侵蚀沟）。

四川盆地主要水系展布如图4-14所示。四川盆地总体地势为略向东南倾斜，盆地内部主要水系流向大都为东南向。例如，岷江、沱江、嘉陵江和涪江等大体上由西北流向东南，最后汇入长江干流，长江流经盆地南侧及南东边界。流水侵蚀在四川盆地不同区域的作用方式有所区别。流水的侵蚀方式按作用方向分为下蚀作用和侧蚀作用，加深河谷及河床为下蚀作用，拓宽河床及河谷为侧蚀作用。构造Ⅲ区、Ⅳ区山地地貌居多，河流坡度大，水流动能较强，河流侵蚀的下蚀作用较强，水系形态总体多直流。侧蚀作用在河床曲折处较强，在这些曲折部位侧蚀作用使河床发生侧向迁移，形成河曲，Ⅱ区、Ⅴ区及Ⅵ区丘陵地貌居多，河流坡度较缓，下蚀作用减弱，侧蚀作用增强，水系形态河曲发育。

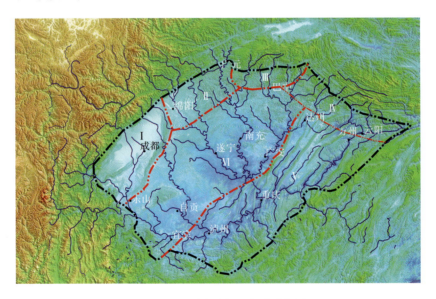

图4-14 四川盆地主要水系展布图

4.3.1 构造应力场对水系发育的影响

从大尺度来看，四川盆地水系展布受到地质构造作用的影响主要表现在如下两个方面。

(1)靠近板缘构造带的区域(Ⅰ区、Ⅱ区、Ⅲ区、Ⅳ区)内主要水系走向与构造带展布近于正交。由于板缘构造带为地壳俯冲碰撞形成，基本都具有逆冲推覆叠覆构造特征，为突变型盆-山结构[27]，因此地形起伏大，地势倾向盆地内部的特征比较显著，如图4-14所示。

(2) 靠近板内构造带的区域（V区）为沉积盖层内的滑脱褶皱变形，为渐变型盆-山结构[27]，红层构造样式为隔挡式褶皱，因此地形起伏相对低，主要水系被约束在背斜范围内，形成与构造线平行的水系特征，如图4-14所示。

河谷及冲沟一般都是沿断层或区域优势结构面发育。在四川盆地红层地区断层分布较少，区域优势结构面成为控制河谷及冲沟发育的另一重要因素。分析四川盆地部分地区岩体结构面走向及水系走向特征，发现基本遵循了这样的规律，见表4-1。

表4-1 四川盆地部分地区岩体结构面走向及水系走向分析

区域岩体节理玫瑰花图	水系玫瑰花图	对比分析
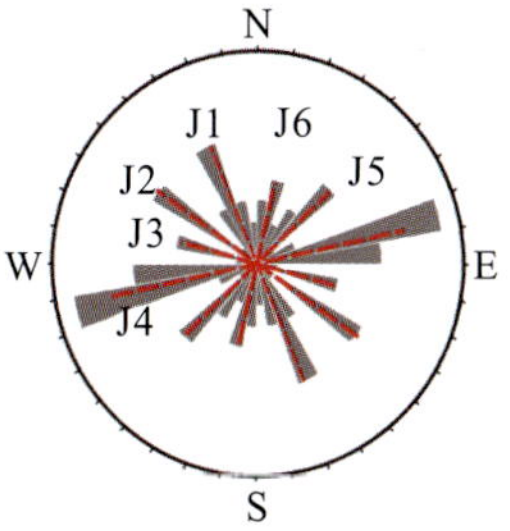	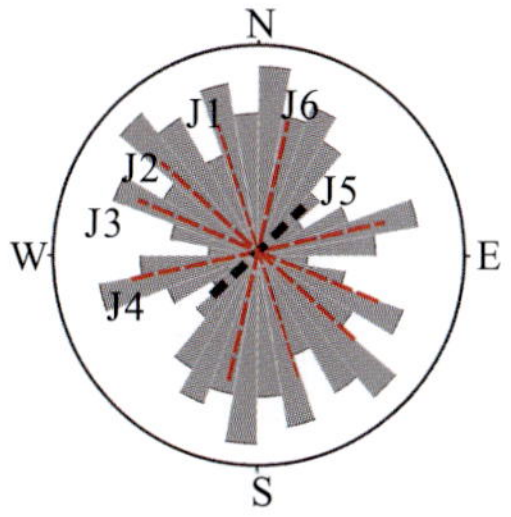	地区：南江县 闭合结构面：J5 河流侵蚀期间构造应力方向：NW-SE向
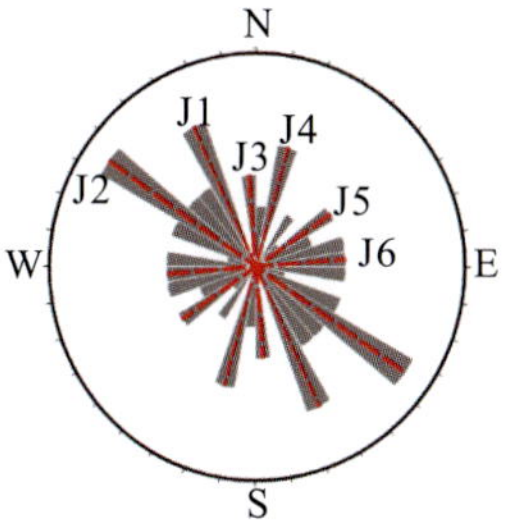	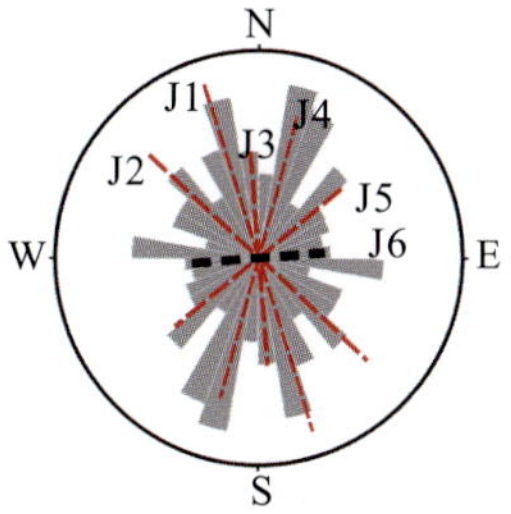	地区：仪陇县 闭合结构面：J6 河流侵蚀期间构造应力方向：NNW-SSE向
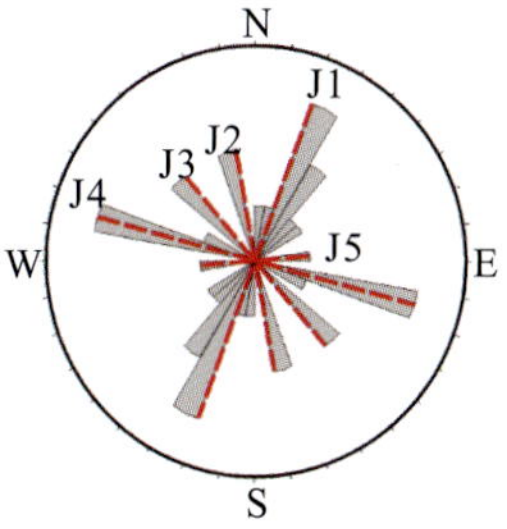	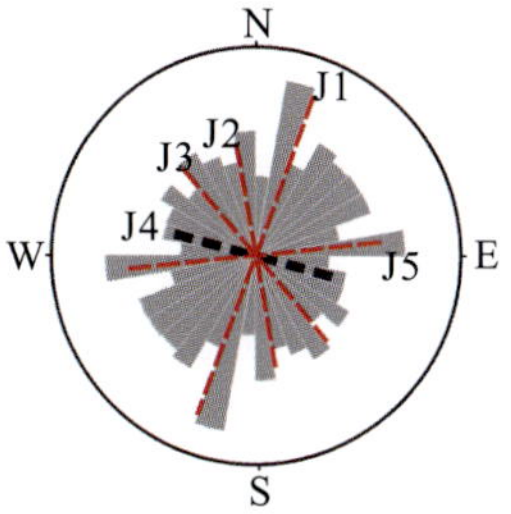	地区：宣汉县 闭合结构面：J4 河流侵蚀期间构造应力方向：NEE-SWW向
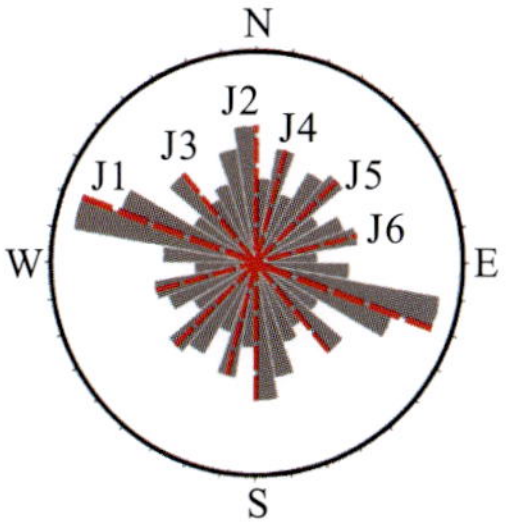	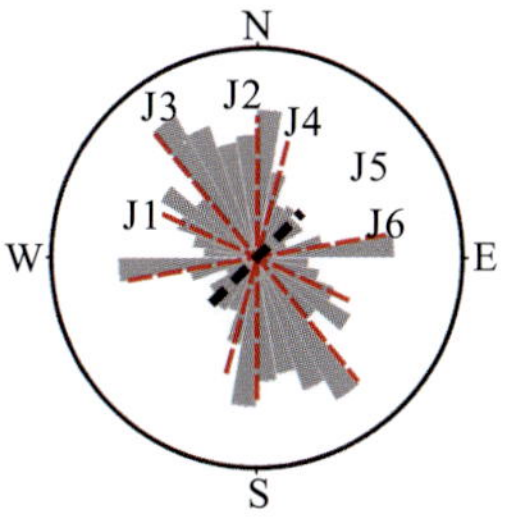	地区：嘉陵区 闭合结构面：J5 河流侵蚀期间构造应力方向：NW-SE向

续表

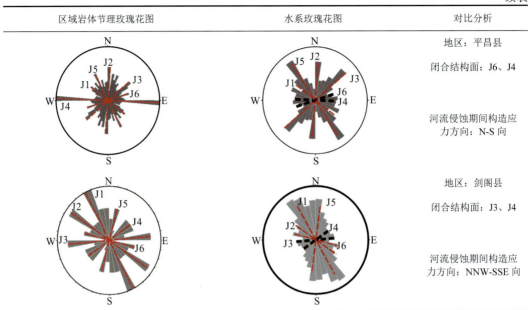

区域岩体节理玫瑰花图	水系玫瑰花图	对比分析
		地区：平昌县
		闭合结构面：J6、J4
		河流侵蚀期间构造应力方向：N-S 向
		地区：剑阁县
		闭合结构面：J3、J4
		河流侵蚀期间构造应力方向：NNW-SSE 向

详细对比后认为各个地区始终存在 1~2 组区域性结构面走向与水系走向的优势方位不匹配。通过研究分析认为，其原因应当为河流侵蚀期间的构造应力促使这 1~2 组结构面闭合，不利于流水侵蚀，闭合节理的走向也能大致反映出河流侵蚀期间构造主应力的方向，如表 4-1 中所示。将表 4-1 中分析得到的构造主应力方向与前文反演分析的新构造应力场结果进行对比发现，二者基本都比较接近，唯有南江县略有差异。按反演得到的新构造主应力方向，J4 结构面应为闭合，但该方位的水系却十分发育。推测原因为喜马拉雅期中晚期大巴山构造带方向传递的 NEE 向强烈挤压作用与 J4 结构面走向接近，促使其张开而利于流水侵蚀。

因此，与构造应力近于平行或呈锐角相交的结构面则利于流水侵蚀，使在岩体结构中并不太具有优势的方位成为河流的优势方位，如表 4-1 中的南江县 J6 结构面、嘉陵区 J3 结构面、平昌县 J5 结构面等。

4.3.2 流水侵蚀形成滑坡有效临空面

表 4-1 中水系分析的主要对象是形成河谷的经常性流水，其优势方向是沿构造应力作用下呈张性或压剪状态的结构面展布。而呈受压状态闭合的结构面则多发育冲沟。多数近平缓岩层滑坡前缘临空面都由河谷侵蚀切割形成，边界临空面多由冲沟侵蚀形成。

以四川省中江县垮梁子滑坡河谷区域为例，经常性流水沿 NNW 走向节理(J1-张性)侵蚀形成河谷，使垮梁子滑坡前缘具备了有效临空面[图 4-15(a)]，山体表面的面状水流和暂时性水流进一步塑造了山体表面形态[图 4-15(b)]。河谷形成后，滑坡左侧边界外的暂时性流水沿 NEE 走向节理(J6-闭合)侵蚀形成冲沟，使滑坡整个左侧都具备了良好的临空条件[图 4-15(c)和图 4-15(d)]。

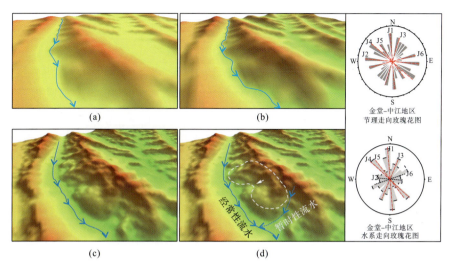

图 4-15 流水侵蚀切割作用下垮梁子滑坡临空面形成过程示意

4.4 其他外动力作用对斜坡岩土体的影响

4.4.1 卸荷作用

地质体从深埋地下,到受到外动力剥蚀或夷平作用出露地表,再到形成斜坡,都会产生不同程度的卸荷回弹。卸荷回弹变形量与地质体历史构造作用储存的残余应变能相关,同时也与剥蚀厚度、成型斜坡的外部特征相关。四川盆地晚白垩世以来整体都处于隆升剥蚀状态,据前人研究,新近纪以来,除成都平原以外,盆内红层表层整体剥蚀厚度都超过了 1000m,可见卸荷变形是盆地内红层浅表层的普遍状态,相当于在红层浅表层形成了一个相对松动层。

在前人研究的基础上,结合对大量近水平岩层斜坡的现场调查,将卸荷作用引起的变形破裂类型进行了总结,如图 4-16 所示。卸荷拉裂面在厚层砂岩中通常追踪原有构造节理发育,剪裂面大多沿原生结构面发育。

人类工程活动也是导致浅表生改造卸荷作用的重要营力,与自然外动力缓慢剥蚀、夷平作用相比,工程开挖卸荷使残余应变能得到快速释放,卸荷裂隙可在短期内产生。研究表明,近水平岩层斜坡因开挖产生的侧向卸荷作用能在砂岩层内产生明显的拉应力集中,促使砂岩中节理张开扩展,为地下水提供渗水通道和储水空间。因此只要砂岩层底部的软弱层出露地表,短时间内即因卸荷回弹变形产生向临空方向的滑移,对变形块体产生平推式滑动极为有利。

4.4.2 风化作用

砂岩和泥岩抗风化能力较弱,尤其是泥岩和强度不高的砂岩。而近水平的砂泥岩互层

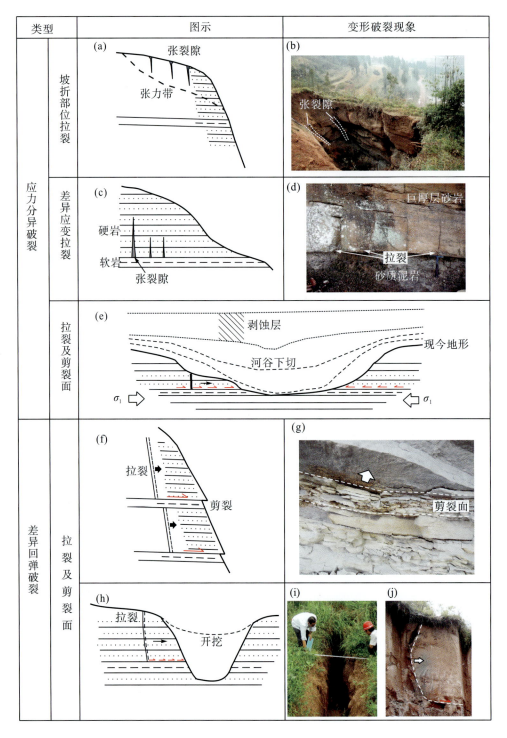

图 4-16 近水平岩层斜坡表生改造卸荷回弹相关的变形破裂

又很容易因二者的差异风化在坡面形成凹岩腔，使砂岩悬空甚至形成悬臂梁，导致拉应力集中，在原卸荷作用的基础上竖向裂隙进一步张开和向下延伸，形成如图 4-17 所示的崩塌。

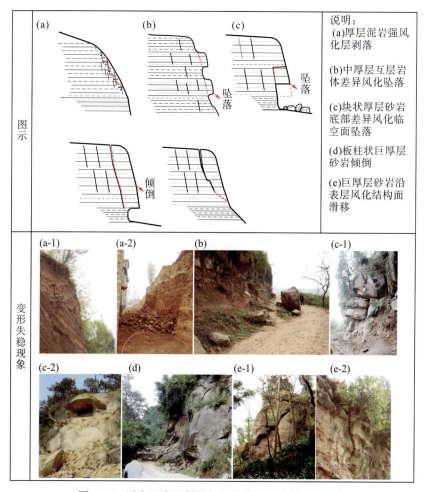

图 4-17 近水平岩层斜坡与风化作用相关的变形现象

图 4-17 中(a)类为厚层泥岩陡坡表层沿强风化界线的变形破坏;(b)、(c)、(d)类皆是因砂泥岩差异风化引起的坠落式崩塌和倾倒式崩塌;(e)类存在应力分异破裂的影响,是卸荷与风化耦合作用形成的,最终可能演化为滑移式崩塌或倾倒式崩塌。

4.4.3 岩土体蠕变与非协调变形

蠕变是泥岩的重要力学特性,近水平岩层斜坡中大量变形是由坡体中的泥岩蠕变引起的,具有明显的时间效应。

这类变形从本质上是泥岩与砂岩力学特性的差异引起的,砂岩的力学特征一般表现为弹性介质,泥岩则表现为黏弹-黏塑性介质,两种介质组合到一起在一定条件下就会因时效变形不协调产生变形破裂。不同的坡体中尤以上硬下软的坡体结构最易发生,变形发展过程中,地下水的软化作用影响较大,促进了变形的发展。如图 4-18 所示,塑流拉裂为软岩受垂向压缩被侧向挤出的蠕变形,非协调变形为沿软弱层的剪切蠕变。

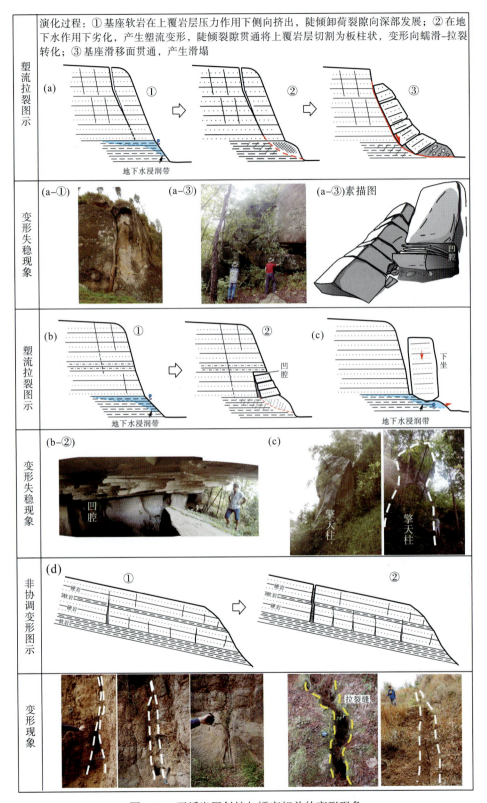

图 4-18　平缓岩层斜坡与蠕变相关的变形现象

第5章 红层地区内外动力共同作用对滑坡形成的影响

从沉积成岩到形成斜坡再到斜坡变形和滑坡发生的整个演化过程中，内、外动力相互交替作用、耦合作用改造地质体的内部结构和物质成分、雕琢其外部形态，使地质体逐步具备形成近水平岩层滑坡的条件。四川盆地红层的沉积建造是滑坡形成的物质基础，决定了滑坡体的物质组成。地质构造作用下在原本结构完整的砂泥岩中生成构造节理，持续的构造挤压活动使砂泥岩互层中薄层泥岩发生挤压破碎和层间剪切错动，形成挤压破碎带；随后，部分砂泥岩受到剥蚀作用逐步出露地表，在侵蚀切割作用下形成临空面，为滑坡的形成提供了基本条件。在剥蚀和侵蚀的过程中，砂泥岩同时经历了风化卸荷作用的进一步改造。风化卸荷作用与现今构造应力场又同时控制着坡体内地下水的活动方式，地下水的物理化学作用不仅使坡体内地下水活跃部位(主要是地下水流经通道)的物质组成发生改变，同时进一步改变坡体结构，使坡体的稳定性不断降低，直至最终失稳破坏。可以认为，内动力作用奠定了斜坡岩体的基本物质组成和结构特征，并为外动力作用提供了基本条件；通过外动力作用不仅形成了斜坡，还不断弱化了坡体物质的组成和坡体结构，为滑坡和崩塌等地质灾害的形成创造了基本条件。强降雨、人类工程活动、地震等外界影响因素进一步加快了斜坡稳定性弱化的步伐，并最终直接诱发滑坡等地质灾害的发生。

5.1 沉积建造奠定滑坡的物质基础

通过沉积建造形成软硬互层地层，红层沉积成岩过程本身就是内、外动力耦合作用的过程。地质构造作用强烈地区提供了丰富的沉积物源，同时影响着沉积模式的变化；风化、侵蚀等作用将物质碎屑化，通过搬运、沉积及固结等作用成岩。地层沉积时的古气候特征、区域构造、沉积物质和后生作用等控制着地层岩性。近水平岩层滑坡的物质条件就是软硬相间、不等厚互层的河湖相沉积地层。

5.1.1 岩性组合总体特征

在内、外动力作用的影响下，四川盆地红层形成了特有的岩性组合——砂岩与泥岩互层，这种软硬互层的岩性组合特征成为近水平岩层滑坡和大型岩质滑坡发生的物质基础。而由单一的砂岩或泥岩组成的斜坡就很难发生滑坡，尤其是大型滑坡。在形成背景方面，四川盆地红层以河湖相为主，其他地区红层则大部分含有较高比例的山麓相(表1-1)。

从岩性组合特征来比较,我国其他地区红层岩性相对变化不大,主要由单一岩性构成,互层组合特征不明显。例如,滇中红层[图 5-1(a)]、西北地区甘肃张掖红层[图 5-1(c)]的岩性主要为泥质类岩石和强度较低的粉砂岩,砂岩比例较低;贵州赤水红层及中南地区广东丹霞山红层[图 5-1(b)和图 5-1(d)]则多为砾岩、砂砾岩及砂岩,泥质类岩石含量极低,总体强度较高。以泥岩为主的红层由于其强度相对较低,很难形成高大山体和陡壁,同时地质构造作用也很难在软弱岩体中产生贯通性好的结构面,在相关区域不易形成大型岩体滑坡,一般为浅表层的滑坡、局部垮塌及崩塌、掉块落石[图 5-1(a)和图 5-1(c)]。而在砂岩为主的红层地区,尤其是近水平岩层红层地区,因砂岩强度较高,在构造节理不发育地区往往形成很宽厚的山体、峡谷和陡壁地貌[图 5-1(b)],地下水很难进入山体并对岩体强度产生作用,基本不具备发生大型岩质滑坡的条件,在相关地区以崩塌为主。而在竖向构造节理发育的砂岩地区,因不存在近水平的软弱带,不具备水平滑动条件,其主要遭受流水侵蚀和风化剥蚀,形成竖向沟壑、高耸处的山体,并形成有名的丹霞地貌,如广东的丹霞山[图 5-1(d)]、湖南的张家界等。在相关地区,主要发生崩塌、局部垮塌等灾害,一般很难产生大型岩质滑坡。

(a) 滇中红层

(b) 贵州赤水红层

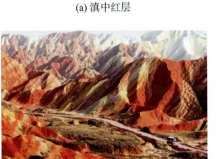

(c) 甘肃张掖红层

(d) 广东丹霞山红层

图 5-1 中国不同地区典型红层特征

而四川盆地红层岩性组合的总体特点是软硬相间的不等厚互层组合,岩层相变大、软硬岩的物理力学性质和水理性质迥异、泥质胶结岩石比例较高,总体强度低。这种沉积建造和岩性组合特征也是四川盆地近水岩层滑坡较为发育的物质基础。

5.1.2 沉积相与岩性组合变化总体规律

通过总结发现，发育平缓岩层滑坡的岩相主要为湖相沉积中的滨湖相、浅湖相沉积，河相沉积中的辫状河、曲流河泛滥平原相。通过总结前人研究成果结合现场实地调查，四川盆地不同地层岩相变化和岩性组合的总体规律如图5-2~图5-6所示。

(1)岩相变化规律与岩性组合特征(横向)。四川盆地红层沉积相的变化规律是从盆缘的构造带前缘的冲积扇相向沉积中心的湖相过渡，总体上依次为冲积扇相—河流相(辫状河、曲流河)—三角洲相(辫状河三角洲、曲流河三角洲、扇三角洲)—湖相(湖泊、滨湖、滨浅湖)，如图5-2~图5-6所示。受岩相变化规律控制，岩性特征是近盆周山体的前缘一带以沉积砾岩、含砾砂岩等粗碎屑岩为主，向盆地内部过渡带则以砂岩、粉砂岩等为主，沉积中心地带则粉砂质泥岩、泥岩、页岩及泥灰岩等泥质类岩石含量较高。

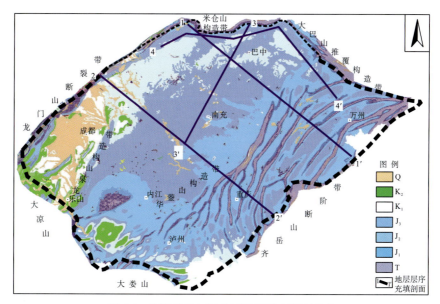

图 5-2 四川盆地红层地层层序填充剖面分布

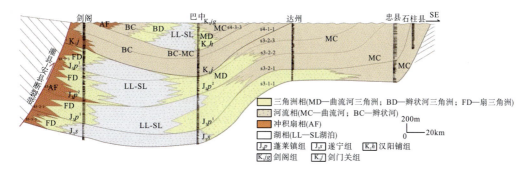

图 5-3 1-1'剖面地层层序填充[14](剖面位置如图5-2所示)

注：灌县为现今的都江堰市。

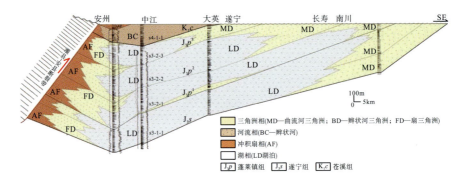

图 5-4 2-2′剖面地层层序填充[14]（剖面位置如图 5-2 所示）

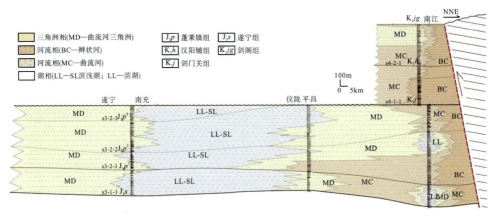

图 5-5 3-3′剖面地层层序填充[14]（剖面位置如图 5-2 所示）

（说明：图 5-3～图 5-5 中 J_3p 三段从上到下划分标志为"景福院页岩""仓山页岩"。）

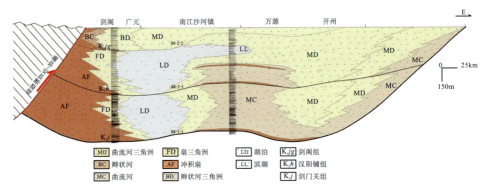

图 5-6 4-4′剖面地层层序填充[14]（剖面位置如图 5-2 所示）

(2) 岩相变化规律与岩性组合特征（垂向）。从早侏罗世至晚白垩世，在构造作用影响下盆地范围逐渐萎缩，湖盆面积也逐渐减小，因而湖相沉积范围也逐渐减小，如图 5-3～图 5-6 所示。相关研究表明，上侏罗统成都—苍溪一线以西至巴中—遂宁—垫江—綦江一带均为湖相沉积，下白垩统湖相沉积范围萎缩到威远—成都—苍溪—通江西一带，上白垩统湖相沉积范围仅分布在雅安附近。因此垂向上的总体特征是地层从老至新，整体泥质类岩石含量减少,而下白垩统与上侏罗统相比呈锐减的趋势。

5.1.3 四川盆地红层滑坡岩性组合分类

通过总结大量平缓岩层滑坡的岩性组合特征,得到孕育此类滑坡的坡体岩性组合有如下几类。

5.1.3.1 泥质类岩石为主(Ⅰ类)

Ⅰ类岩性组合在川中侏罗系湖相沉积地层中出现比例较高,特别是遂宁组(J_3s)地层。代表性典型案例有南充嘉陵区龙头山滑坡、重庆万州区大包梁滑坡、南充仪陇县大山梁滑坡等(图5-7)。其中,龙头山滑坡及大包梁滑坡滑体都由侏罗系遂宁组(J_3s)强度相对略高的钙质泥岩、粉砂质泥岩组成,夹少量薄层硬岩或透镜体硬岩,属于湖相沉积中的半深湖-深湖亚相沉积,滑带形成在原生沉积薄弱层内。大山梁滑坡发育地层为蓬莱镇组下段(J_3p^1),岩相为湖泊与曲流河三角洲交替相。

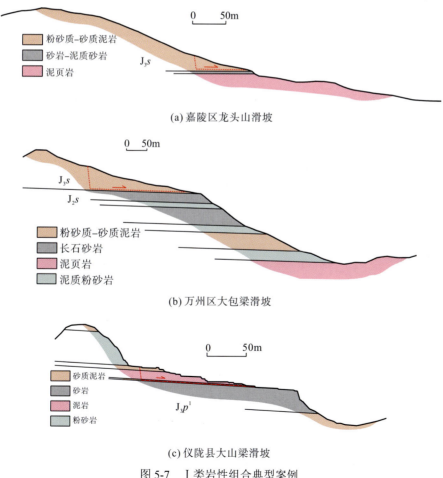

图5-7 Ⅰ类岩性组合典型案例

5.1.3.2 厚层砂岩为主（Ⅱ类）

Ⅱ类岩性组合以厚层—巨厚层砂岩为主，滑带多数沿层间软弱层发育。在辫状河、辫状河三角洲沉积相中最为发育，曲流河及曲流河三角洲沉积相中多为互层，其中含部分厚层砂岩如图 5-8～图 5-10 所示。白垩系地层大量为河流相及三角洲相，出现厚层砂岩的比例较高，侏罗系地层在靠近盆地边缘区域比例较高，盆中地区与湖相沉积交替出现。典型近水平岩层滑坡案例有新津区狮子山滑坡、仪陇县沙坪梁滑坡、南江县大河中学滑坡、南江县兴马中学滑坡等（图 5-11）。多数缓倾岩层滑坡也属于此类岩性组合，如图 5-12 所示。

(a) 狮子山滑坡拉陷槽后壁巨厚层砂岩

(b) 白垩系夹关组辫状河沉积相砂岩斜层理

图 5-8　新津区狮子山滑坡岩性组合

(a) 板状交错层理

(b) 波纹层理

(c) 板状交错层理

图 5-9　南江县侏罗系沙溪庙组辫状河沉积相厚层砂岩层理特征

第 5 章　红层地区内外动力共同作用对滑坡形成的影响

(a) 船山区沙溪庙组巨厚层石英砂岩

(b) 蓬溪县蓬莱镇组厚层粉砂岩水平层理伴生小型斜层理

图 5-10　川中曲流河三角洲沉积相厚层砂岩

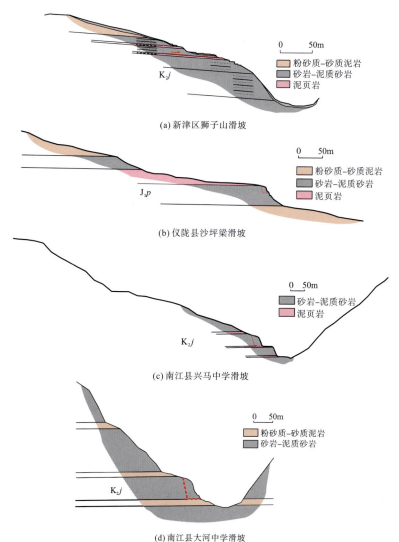

(a) 新津区狮子山滑坡

(b) 仪陇县沙坪梁滑坡

(c) 南江县兴马中学滑坡

(d) 南江县大河中学滑坡

图 5-11　Ⅱ类岩性组合典型案例

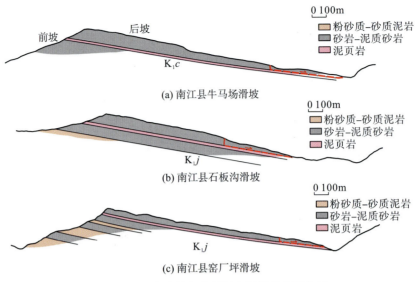

图 5-12 Ⅱ类岩性组合缓倾岩层滑坡典型案例

5.1.3.3 砂岩、泥岩等厚互层(Ⅲ类)

Ⅲ类岩性组合的斜坡多为中厚层—薄层状结构,在浅湖(湖泊)、溢岸(曲流河)、三角洲平原(曲流河三角洲)等沉积相中多有发育。形态上坡度总体上变化不大,呈阶坎状。岩体结构的特点是泥质砂岩节理发育,砂质泥岩层理、网状裂隙发育,总体上透水性较强。典型案例有遂宁船山区高家湾滑坡和重庆云阳县裂口山滑坡(图 5-13)。在遂宁、南充地区此类岩性组合的斜坡中发育大量近水平岩层滑坡,80%以上都发生在遂宁组(J_3s)、蓬莱镇组(J_3p)地层(图 5-14)。

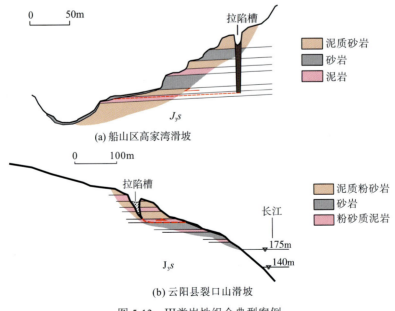

图 5-13 Ⅲ类岩性组合典型案例

(a) 蒋家湾滑坡泥质粉砂岩夹薄层泥岩　　(b) 下店滑坡薄层粉砂岩夹薄层泥岩　　(c) 高家湾滑坡中厚层泥质砂岩夹中厚层粉砂质泥岩

图 5-14　遂宁、南充部分案例岩性组合特征

5.1.3.4　厚层—巨厚层砂岩及厚层泥岩互层为主（Ⅳ类）

Ⅳ类岩性组合是指滑体主体为厚层—巨厚层砂岩与厚层砂质泥岩或厚层钙质泥岩，其中夹部分中厚层—薄层互层岩体。这类岩性组合多出现在岩相交替、地层岩组分界面附近，规模较大的近水平岩层滑坡大多数发育在这类岩性组合中，如中江县垮梁子滑坡、巴中黑山坡滑坡、达州青宁乡滑坡等。

近水平岩层滑坡 4 类岩性组合中未涉及的沉积相主要为冲积扇相、湖底扇相及风成沙漠相，这些沉积相或分布在盆地边缘，或在盆地内部少量分布，上述 4 类岩性组合基本可以代表四川盆地红层地区近水平岩层斜坡的岩性组合。虽然上述 4 类近水平岩层滑坡的滑体岩性组合具有一定的差异，但都未脱离砂岩泥岩互层岩性组，正是这种特殊的岩性组导致近水平岩层滑坡大量发育。

5.2　地质构造对岩体结构的控制作用

5.2.1　地质构造对构造节理形成及改造的作用

四川盆地的岩层产状总体较为平缓，而其所遭受的构造作用也主要为水平构造应力。因此，在此环境下主要产生垂直于岩层层面的 X 型共轭节理。不同区域所遭受的构造应力方向的差异，导致不同区域构造节理的方向也出现明显差异。地质构造的作用是长时期的、多期次的，后期的构造作用将会对前期的构造节理做进一步的改造，岩体在多期次的构造应力作用下造就了现今的岩体结构，并结合不同区域的地形地貌，形成了对应的斜坡结构特征。总的来说，地质构造作用主要改变了岩体的结构特征，显著地增加了岩体的不连续性，沉积建造中主要形成了水平方向的沉积界面，而地质构造作用在垂直于层面方向新增了构造节理，形成竖向结构面，使层状岩体变成块状。同时，断层、向斜、背斜等地质构造的产物从区域层面控制着岩体结构及其分区特征。后期地质构造对节理的改造主要表现在改变节理的力学性质和对节理的张裂延伸作用。

在砂泥岩互层的红层中，因地质构造作用产生的构造节理在脆性砂岩和塑性泥岩中的发育分布特征和外观表现明显不同，砂岩中的节理往往外观清楚、贯通性好、隙宽大、方向性好，但间距也相差较大，表观分布稀疏。而泥岩中的节理短小、裂隙小、分布散乱、方向性差，但密集发育，具有一定的隐性特征，外观不太清楚。在薄层状的构造挤压破碎带中，相关特征更加显著。

5.2.1.1 改变节理力学性质

自然界中的节理多数呈共轭出现，共轭 X 剪节理发育良好时可将岩石切割成菱形或棋盘格状，主剪裂面常常由羽状裂面组成［图 5-15(a)和图 5-15(d)］，两组节理之间还可形成交切或切错关系（图 5-15），节理面的正、反阶步可反映出两侧岩石的运动关系［图 5-15(c)］。

除外动力因素的作用外，剪节理通常处于压剪状态，地表水和降雨很难通过其入渗到坡体内部，这种节理几乎不导水。地质构造能将剪节理改造为张节理，从而大幅提升坡体的透水性能，即先期构造作用形成的剪节理，在后期构造作用改造下力学性质发生"先剪后张"的改变（图 5-16）。

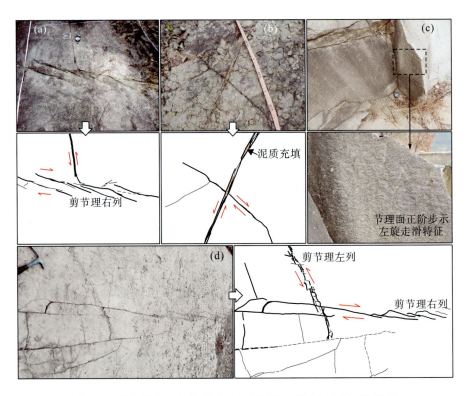

图 5-15　共轭剪节理羽状裂面、节理面阶步及交切（或切错）关系

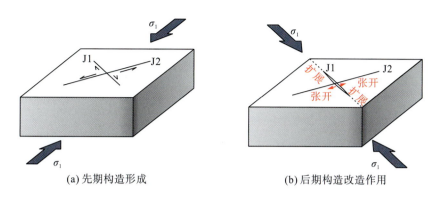

图 5-16 "先剪后张"节理形成示意图

由于后期构造应力方向和节理走向不可能达到完全平行,因此节理两侧有压扭作用,垂向和水平向上都不够平直,节理向两侧会产生不同程度弯曲,呈折线或 S(反 S)形。

"先剪后张"节理扩展机制探讨:根据 Griffith 裂纹扩展理论,已有裂纹在受力时,在裂纹端部附近会产生拉应力集中,当拉应力超过材料强度时裂纹产生扩展。在 Griffith 理论中,岩体内的裂纹被简化为扁平的椭圆,初始构造作用形成的剪节理也可认为是一个扁平的椭圆。岩石破裂发生角与主应力之间的关系为

$$\cos 2\beta = \frac{\sigma_1 - \sigma_3}{2(\sigma_1 + \sigma_3)}$$

式中,β 为裂纹破裂扩展方位与裂纹长轴的夹角;σ_1 为最大主应力;σ_3 为最小主应力;$\sigma_1 > \sigma_3 > 0$,压应力为正。

最大主应力 σ_1 方向即为构造主应力方向,剪切缝的端部就会出现应力集中,导致剪切缝的周围和端部产生很大的拉应力,处于局部拉张状态,当拉应力超过岩石的抗拉强度时,裂缝就开始沿与节理走向呈 β 的角度扩张(图 5-17)。

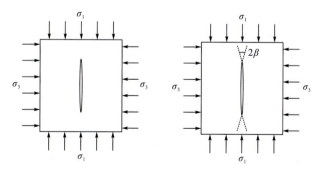

图 5-17 节理两端裂缝发展方向示意

相邻的两条节理在与节理走向近平行的构造应力作用下,节理相对端相向扩展裂缝,扩展过程中节理缓慢张开,随着延伸裂缝的扩展最终连通形成扁长透镜体。在构造应力的进一步作用下,贯通的节理张开度逐渐变大(图 5-18)。通过分析认为,这类张节理在内、

外动力耦合作用下应更易产生扩展和延伸。原因是在图 5-18 的应力状态下,构造应力(σ_1)方向与大小基本保持不变,浅表生改造卸荷作用会使 σ_3 减小,相当于产生与其方向相反的作用力,对裂缝的发展更加有利。

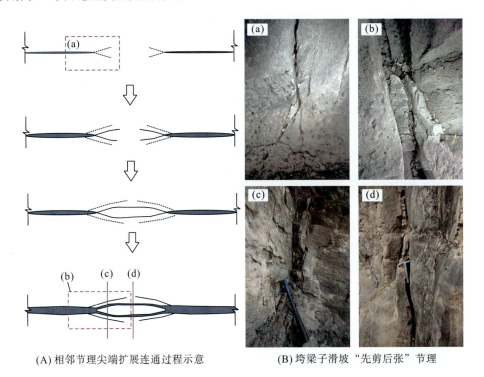

图 5-18　相邻节理扩展连通过程及实例

注:图(A)中(a)、(b)为平面形态,对应图(B)中(a)、(b)为滑坡区外地窖顶板仰角拍摄;
图 A 中(c)、(d)为断面标志,对应图 B 中(c)、(d)为平角拍摄

四川盆地红层地区构造应力场受控于盆缘造山带多向、多期构造运动的影响,具有多期、多组结构构造相互复合-联合的复杂格局。某些区域构造应力场在不同时期存在显著差异。在构造主应力方向的转换过程中,先期构造形成的剪节理经过后期构造运动的改造会转变为张节理,当外动力作用剥蚀出露地表后则会成为导水结构面。以狮子山滑坡(构造Ⅰ区)及垮梁子滑坡(构造Ⅱ区)两个典型案例导水结构面与构造应力场演化的关系加以说明。两处滑坡地理位置如图 5-19 所示。

1. 狮子山滑坡构造应力场演化

狮子山滑坡位于四川盆地川西南地区(构造Ⅰ区)内熊坡背斜北端核部。滑坡区及周边巨厚层砂岩被两组陡倾节理切割,J1:走向为 130°~140°,近 NW 走向;J2:走向为 230°~240°,近 NE 走向。这两组节理延伸长度大、分布稳定,滑坡的边界受控于这两组节理。其中,J1 节理为区域分布的导水张节理,拉陷槽整体走向与 J1 节理走向一致,如图 5-20 所示。

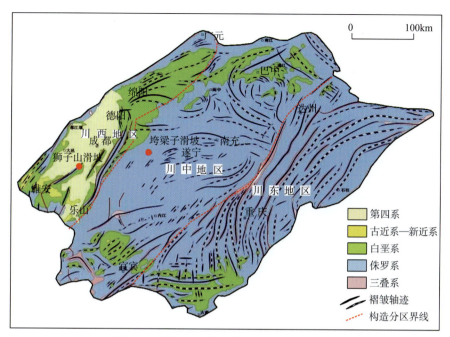

图 5-19 狮子山滑坡及垮梁子滑坡分布位置

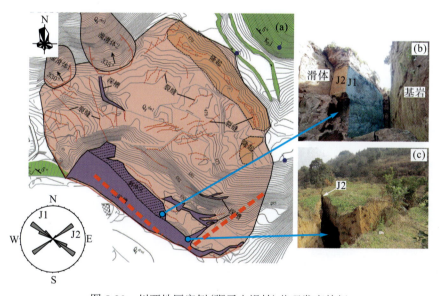

图 5-20 川西地区案例(狮子山滑坡)节理发育特征

根据对滑坡周边节理的调查分析认为，J1、J2 为一组共轭节理，是在龙门山早期构造作用下形成的，据两组节理走向推算出主应力方向为 82°～90°，如图 5-21(a)所示。该主应力方向与前人研究得出的喜马拉雅期的构造主应力方向非常接近[28]。相关研究认为新构造运动期间至现今，该区域构造应力场主压应力方向为 NW-SE 向[28, 29]。说明构造主应力方向产生了明显的偏转，与 J1 节理走向接近，如图 5-21(b)所示。因此 J1 由剪节理被改造为张节理，在滑坡区周边分布了大量与 J1 节理走向一致的导水张节理，如图 5-22 所示。

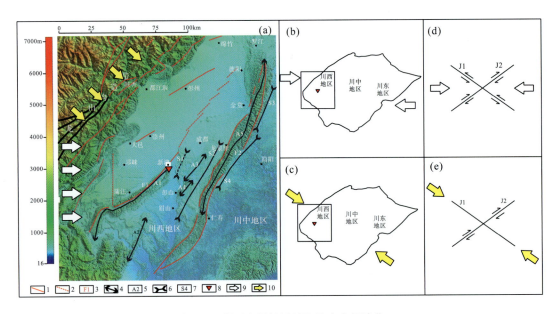

图 5-21 狮子山滑坡区域构造应力场演化

(a)区域构造简图(1. 逆冲断层；2. 隐伏断层；3. 断层编号；4. 背斜；5. 背斜编号；6. 向斜；
7. 向斜编号；8. 滑坡点；9. 早期应力场；10. 后期应力场；F1.蒲江—新津断裂带；F2.龙泉山断裂带；
A1.熊坡背斜；A2.三苏场背斜；A3.苏码头背斜；A4.盐井沟背斜；A5.龙泉山背斜；S1.普兴场向斜；S2.籍田向斜；
S3.中兴场向斜；S4.贾家场向斜)。(b)四川盆地喜马拉雅期早期构造应力场。(c)四川盆地新构造运动至今构造应力场。
(d)早期构造作用形成共轭结构面。(e)后期构造作用改造结构面

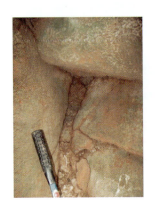  

图 5-22 狮子山滑坡周边近水平厚层砂岩 J1 节理特征

2. 垮梁子滑坡构造应力场演化

垮梁子滑坡位于川中地区(图 5-19)仓山背斜北西翼。滑坡区主要发育两组共轭节理，如图 5-23 所示。第一组为 J1(NNW-NS 走向)和 J2(NWW 走向)，第二组为 J3(NNE-NE 走向)和 J4(NW 走向)。

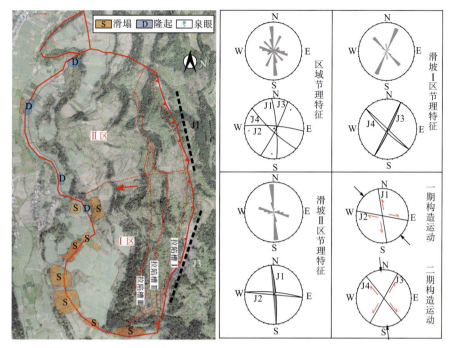

图 5-23　川中地区滑坡案例（垮梁子滑坡）节理发育特征

通过调查分析认为滑坡Ⅰ区拉陷槽追踪 J3 节理发育，J3 节理构成了滑坡Ⅰ区主要优势入渗网络通道。滑坡Ⅱ区后部拉陷槽走向与滑坡Ⅰ区有明显差异，分析后认为该区拉陷槽追踪区域广泛分布的导水张节理 J1 发育，J1 节理的横张性质同样是在构造应力场转换后形成的。J1 节理的特征如图 5-24 所示。

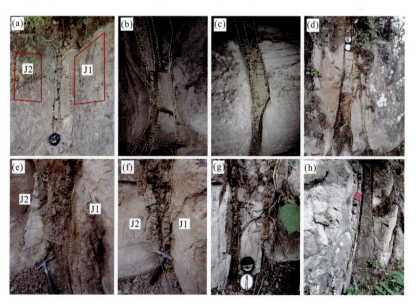

图 5-24　垮梁子滑坡周边岩体 NNW-NS 走向（J1）张节理特征

注：(b)、(c) 为某人工开挖洞室顶面张节理

通过详细调查滑坡周边的地表构造变形破裂及搜集区域内的相关研究成果认为，垮梁子滑坡主要经历了两期构造运动，第一组共轭节理(J1、J2)形成于第一期构造运动，第二组(J3、J4)形成于第二期构造运动。

第一期构造运动：中晚白垩世龙门山中南段活动加剧，川西地区构造应力场以 NW-SE 向挤压为主[30]，简阳地区在 100~88Ma 期间开始隆升[31]，表明龙门山中南段构造活动的影响范围包括川中地区西侧靠龙泉山一带。始新世中晚期是龙门山中南段主要的活动时期，受其影响龙泉山开始隆起，在此期间形成了龙泉驿、简阳及乐至一带的 NE 向构造。垮梁子滑坡发育部位归属的仓山背斜轴迹为向 NNW 向凸出的弧形，其西段轴部走向为 NE 向，判断应形成于本阶段，如图 5-25(a)所示。因此判断 J1、J2 共轭剪节理是在本期 NW-SE 向构造应力作用下形成的。

第二期构造运动：中新世之后上新世期间，四川盆地内的构造应力场以近 NS 向挤压为主。形成了川中地区东西向构造[4]。仓山背斜东段近 E-W 走向轴迹推测形成于此阶段。垮梁子滑坡正好处于两个方向的构造应力作用叠加部位，造成局部构造应力方向略向 W 偏转为 NNW 向[图 5-25(b)]。在 NNW-SSE 向构造应力作用下形成了 J3、J4 共轭节理，同时将 J1 节理从剪节理改造为张节理。

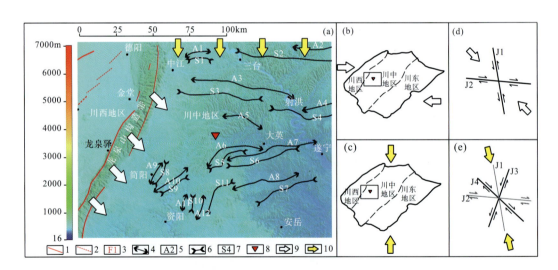

图 5-25 垮梁子滑坡晚白垩世以来构造应力场演化示意

(a)区域构造简图(1. 逆冲断层；2. 隐伏断层；3. 断层编号；4. 背斜；5. 背斜编号；6. 向斜；7. 向斜编号；8. 滑坡点；9. 早期应力场；10. 后期应力场；A1.老君庵背斜；A2.八角背斜；A3.金华镇背斜；A4.南充背斜；A5.建中背斜；A6.仓山背斜；A7.蓬莱镇背斜；A8.拦江背斜；A9.简阳背斜；A10.龙泉寺背斜；A11.阳化场背斜；A12.人和场背斜；S1.玉皇庙向斜；S2.金孔向斜；S3.金家场向斜；S4.西山向斜；S5.元兴场向斜；S6.河边场向斜；S7.蟠龙河向斜；S8.胡家场向斜；S9.飞龙寺向斜；S10.中天场向斜；S11.中和场向斜)(b)四川盆地喜马拉雅早期构造应力场；(c)四川盆地喜马拉雅中晚期构造应力场；(d)早期构造作用形成共轭结构面；(e)后期构造作用改造结构面

从垮梁子滑坡Ⅰ区和Ⅱ区形成的空间条件来看，滑坡Ⅱ区远逊于滑坡Ⅰ区。滑坡Ⅰ区前缘及左侧边界地形开阔，临空条件良好，滑坡Ⅱ区两侧边界和前缘剪出口均无临空面，因此滑坡Ⅱ区平推式滑动的产生与J1节理结构面良好的渗透性有密切联系。

5.2.1.2 张裂延伸作用

平缓岩层中的砂岩、泥岩界面对层内节理的垂向发展存在限制作用，一般情况下跨层、穿层节理较少。在内动力地质构造作用下，节理能在沿倾向方向上延伸穿层贯通。内动力改造作用下张节理穿层现象如图 5-26 所示。

图 5-26　内动力改造作用下张节理穿层现象

5.2.2　地质构造对软弱层的剪切破碎作用

对坡体结构来说，层间剪切破碎作用是地质构造中极为重要的一种作用，在倾斜、褶曲层状岩体中普遍存在。层间剪切带是地质构造剪切破碎作用的产物。据相关研究表明，并不是所有的层状岩体都易在剪切破碎作用下形成层间剪切带，当层状岩体物质组成较为单一，整体强度较高时，如主要为砂岩组成的地区，层间力偶应力值小于岩石强度，不会导致岩层剪切破坏。例如，中南地区的单斜红层(图 5-27)，因其主要由强度较高的砂岩组成，尽管其垂直于层面的构造节理非常发育，但其层间剪切带并不发育。四川盆地红层因具有相变大、岩性差异大、软硬不等厚互层结构，而使岩体在地质构造作用下易形成层间剪切带。

通常来讲，剪切破碎作用的强烈程度与岩层的变形、屈曲程度相关，岩层的变形、屈曲程度越大，层间剪切带越发育。在靠近盆缘构造活动相对强烈的区域，软弱层几乎都会受到不同程度的剪切破碎作用。在同样的构造作用条件下，剪切破碎作用还与软硬岩层界面应力集中程度有关。应力集中程度由3个方面的因素决定：软硬岩层弹性参数差异越大应力集中程度越高；软弱层厚度越小应力集中程度越高；岩层倾角越大应力集中程度越高。

(a) 福建冠豸山单斜红层　　　　　　　(b) 广东韶关单斜红层

图 5-27　中南地区的单斜红层

四川盆地红层近水平-缓倾岩层地区地质构造对表层岩层变形、屈曲的作用机制宏观上可大致分为如下 3 类。

1. 轻微水平挤压纵弯机制

褶皱形成过程中受到的构造作用力为角度近水平且为顺层方向的挤压力，按褶皱的形成机制属于纵弯褶皱。轻微水平挤压纵弯机制作用下形成的是构造变形较小的近水平岩层（倾角小于 10°）宽缓纵弯褶皱，如图 5-28 所示。岩层的层间剪切作用主要取决于岩层弯曲程度和曲率变形量，这类宽缓褶皱岩层之间相对位错小，因此层间剪切带最不发育。最典型的分布区域为川中地区（构造Ⅵ区）。图 5-29 所示为川中地区发育的层间剪切带。

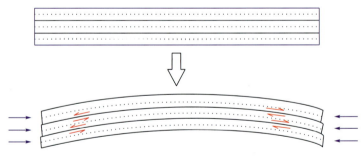

图 5-28　轻微水平挤压纵弯机制示意

(a) 中江县某斜坡层间剪切带　　　　　　(b) 嘉陵区某边坡剪切揉皱带

(c) 巴中天生桥滑坡前缘沿层间剪切带　　　　(d) 成南高速路某边坡软弱夹层[32]

图 5-29　川中地区部分层间剪切带发育特征

2. 强烈水平挤压纵弯机制

构造作用机制同样为纵弯机制，但构造变形十分强烈，如图 5-30 所示。以川东地区地层为典型代表，川东褶皱带属于强烈构造变形形成的隔挡式褶皱。在屈曲过程中，在弯曲处外层岩层受到拉应力，内层岩层受到压应力，岩性差异大的岩层在层面产生更大的相对位错。川东隔挡式褶皱的特点是向斜宽缓，背斜相对紧闭，近水平-缓倾岩层多分布在向斜区域。川东地区发育的层间剪切带如图 5-31 所示。

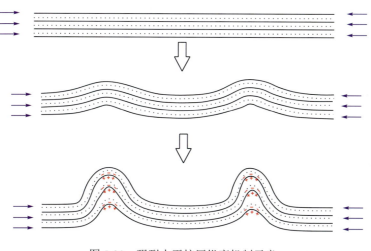

图 5-30　强烈水平挤压纵弯机制示意

3. 垂直掀斜横弯机制

其主要特征是构造作用力大致向上，与岩层层面大角度相交，构造力作用点主要是施加在顶板滑脱层而不是沿表层岩层轴向施加，按照褶皱形成的机制来划分，属于横弯褶皱作用。

(a) 万州侏罗系红层剪切带、软弱夹层[24]

(b) 达州通川区某滑坡层间剪切带[33]

图 5-31　川东地区层间剪切带发育特征

以米仓山构造带前陆单斜地层为例，米仓山南缘中段南江一带地腹地震剖面位置与解释如图 5-32 所示。从图中可见，总体上为双重构造：底板断裂构造及顶板滑脱层。深部底板断裂构造推测深度 20km 沿深部滑脱层向南逆冲，向上基本不穿过上三叠统地层；顶板滑脱层发育在中、下三叠统含膏岩层之中，基本沿层面发育，从前陆向后陆滑脱与深部滑脱层呈被动反向逆冲。中下三叠统以下的断层从后陆向前陆方向规模逐渐减小，影响层位逐渐变浅，前陆方向部分断层消失于志留系或寒武系之中。

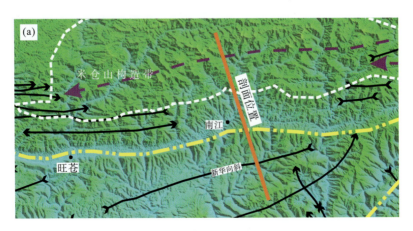

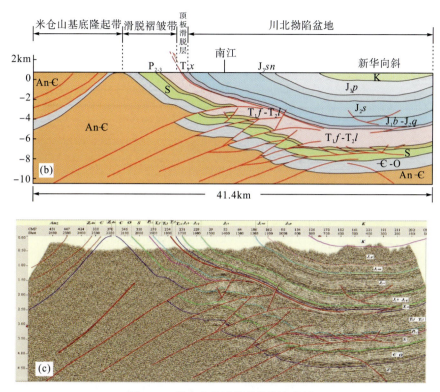

图 5-32 米仓山构造带前陆深部构造

(a)深部构造剖面位置；(b)、(c)米仓山南段深部构造地震剖面解释图(据[34]修改)

米仓山构造带造山模式可以概括如下：深部顶板冲断层与底板逆冲断层形成的构造楔向在南北方向挤压作用下向盆地内沉积盖层内楔入，引起上部地层发生原地抬升、掀斜，在地表形成统一向南倾斜的单斜层，并通过楔入作用不断向南传递挤压应力。构造作用力主要作用点在深部构造楔的部位，相关研究推测在深部基底岩石 3~7km 深度范围内，如图 5-33 所示。

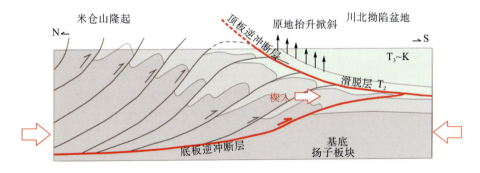

图 5-33 米仓山构造带前陆深部动力机制示意图

根据米仓山南翼造山模式可以概化出南江地区单斜地层形成的浅部动力机制，如图 5-34 所示。地层抬升过程中，掀斜端可以大致认为是自由端。这种内动力机制会使岩层之间的剪切位移比强烈水平挤压纵弯机制更大，由此造就了川北地区(构造Ⅲ区)广泛分布的层间剪切带。图5-35所示为川北地区层间剪切带发育特征。

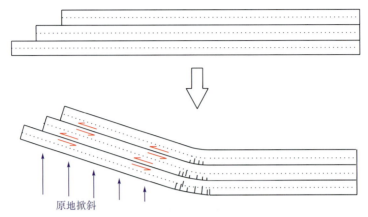

图 5-34　米仓山构造带前陆单斜地层形成浅部动力机制示意

(a) 南江县开挖边坡层间剪切带

(b) 南江县屋基湾滑坡层间剪切带[35]　　　　(c) 通江县某滑坡层间剪切带[36]

图 5-35　川北地区层间剪切带发育特征

5.3　风化卸荷作用对斜坡岩体结构的改变

卸荷对斜坡岩体产生的影响是使斜坡岩体表部的赋存环境产生变化，主要包括地应力场和地下水的活动。这种变化同时又会长期地对岩体进行改造，扩大已有节理裂隙和产生新的裂隙。从力学上分析，卸荷会使法向应力减小，并连同岩体内残余应力一起释放，岩体发生回弹、张拉，形成卸荷裂隙。综合前人的研究成果，对卸荷作用有以下认识：①外动力作用产生的剥蚀卸荷作用是长期且缓慢的，卸荷产生的变形是漫长而持续的；②卸荷裂隙通常与坡面平行，在河谷地区，随着河谷的下切，卸荷裂隙逐渐向深部发展并且张开度越来越大；③卸荷裂隙的发育与斜坡坡度、高度及应力状态及岩层分界面发育情况关系密切；④卸荷裂隙为风化作用开辟了更多的通道。

按卸荷方式的不同，划分为侧向卸荷型(构造重力扩展)和垂向卸荷型(区域性剥蚀卸荷)两大类型[37]。结合四川盆地近水平岩层滑坡的发育特征，作者将侧向卸荷型分为了应力分异破裂和差异回弹破裂。

5.3.1 应力分异破裂

这类破裂变形发生在外动力下切作用强烈的地区，因斜坡高陡的外部形态而产生。研究表明，斜坡的高度对斜坡应力分布状态产生的影响较小；斜坡的坡度却能明显地改变斜坡的应力分布状态，随着坡度的变陡，坡面张力带范围随之扩大和增强，在坡折部位出现应力分异，产生张力带。从图 5-36 中可见，均质斜坡坡度低于 40°，初始破裂部位从坡脚开始产生剪切破坏；超过 40°，初始破裂部位出现在坡肩，产生张拉剪切混合破坏。

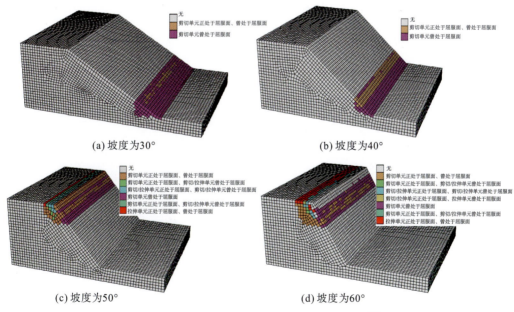

(a) 坡度为30°　　　　　　　　(b) 坡度为40°

(c) 坡度为50°　　　　　　　　(d) 坡度为60°

图 5-36　不同坡度均质斜坡初始破坏状态模拟[38]

在陡坡坡折部位由于张力带的存在，随着时间的推移岩体会出现张裂隙，如果存在一组与张应力方向垂直的优势结构面，则更易产生且规模更大，如图 5-37(a)所示。这些张裂隙会成为近水平岩层斜坡降雨、地表水下渗的通道，影响斜坡的演化及变形发展。在四川盆地近水平岩层高陡斜坡地带，多个建设工程在勘察、施工过程中都揭露过发育在坡折部位的深大张裂隙，如图 5-37(b) 和图 5-37(c) 所示。

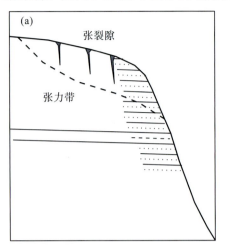

图 5-37　应力分异破裂图示与现象

(a) 近水平岩层陡坡张力带分布示意；(b)、(c) 某建设工程施工中揭露坡折部位张裂隙

5.3.2　差异回弹破裂

卸荷和应力释放会引起两个基本力学过程：一是由于应力释放、回弹变形，在拉应力状态下，产生张裂隙；二是近水平砂泥岩不等厚互层岩体因变形不协调，会产生在一定的应力差，即在岩层界面出现剪应力环境，形成层间剪裂面，通常表现为层间平直片理状剪切带，如图 5-38 所示。

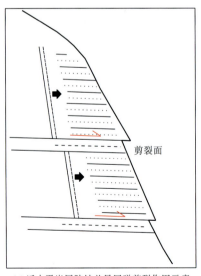

(a) 近水平岩层陡坡差异回弹剪裂作用示意　(b) 巴中某高陡斜坡差异卸荷剪裂面(带)

(c) 蓬溪县某斜坡差异卸荷剪裂面(带)

图 5-38　差异回弹破裂图示与现象

在遂宁市蓬溪县某临河高陡岩质斜坡上发现薄层泥岩剪切带(图 5-39)。该斜坡地处四川盆地构造Ⅵ-2 区，地层倾角为 1°～2°，受内动力作用形成层间剪切带的可能性非常低。通过调查分析岩体结构特征认为，该剪切带是差异回弹产生的剪裂面(带)，岩体临空部位巨厚层砂岩明显地沿砂泥岩接触面向外剪出，在后部及周边卸荷裂隙位置都发现了多处地下水长期活动在结构面上附着的钙质胶结物。剪裂面(带)在地下水作用下形成泥岩片理夹黏土的结构，底部为 2～5cm 厚的黏土层。

图 5-39　蓬溪县某斜坡差异卸荷剪裂带特征

5.3.3　区域性剥蚀垂向卸荷

垂向卸荷产生的破裂主要发生在历史构造作用强烈且区域性大面积剥蚀的地区。近水平岩层中含有强度较高的厚层硬岩，因其能储存一定构造挤压产生的应变能而更易发生破裂，通常发生在已演化为开阔河谷的地区，且河谷走向与历史构造挤压方向近于正交。

5.3.4　平缓岩层斜坡水文特征

5.3.4.1　平缓岩层斜坡地下水类型

四川盆地红层平缓岩层斜坡地下水的主要类型包括松散岩类孔隙水、碎屑岩类孔隙水、溶蚀孔洞水、基岩裂隙水。其中，对平缓岩层滑坡的形成影响最大的是基岩裂隙水。常见的基岩裂隙水按照节理裂隙类别还可分为风化裂隙水、层间裂隙水和构造裂隙水。红层基岩裂隙水也是红层浅层地下水最主要的类型。红层平缓岩层斜坡基岩裂隙系统及地下水运移如图 5-40 所示。

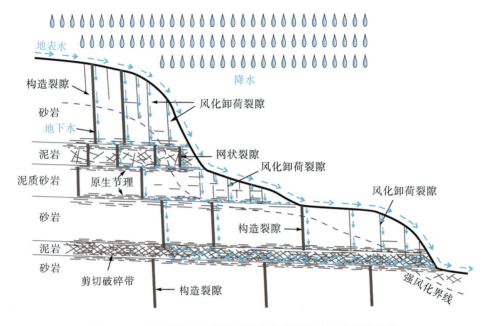

图 5-40　红层平缓岩层斜坡基岩裂隙系统及地下水运移示意

风化裂隙水主要赋存于基岩风化卸荷裂隙网络内，主要包括原生节理和构造节理受风化卸荷作用改造形成的裂隙系统，以及岩石表层在风化卸荷作用下物理状态和化学成分变化所形成的裂隙系统。风化卸荷裂隙网络的发育程度取决于斜坡风化卸荷带的深度及外动力作用对斜坡表层的改造作用。越靠近临空面裂隙越密集，且张开度越大。

层间裂隙水存在于沿沉积岩层理面发育的原生节理或受地质构造作用形成的层间剪切破碎带中。这两类节理裂隙往往分布在岩性变化的界面附近，具有延伸长、张开度大的特点，具有较强的集水能力，通常还具有一定的弱承压水性质。根据钻探经验，常常在砂泥岩分界面的顶底面水量会突然增大。

构造裂隙在四川盆地红层地层中普遍发育，不同地层岩性的发育程度有所不同。通常，在强度较高、脆性较大的砂岩地层中，构造裂隙规模远大于强度较低、塑性较强的泥岩地层中。平缓岩层斜坡中大量构造裂隙普遍具有穿层和近竖向发育的特点。除去风化卸荷带内被改造的构造裂隙，更深部位的构造裂隙多数都为压剪性质，张开度较小，导水性较差。只有与现今最大主应力近于平行的构造节理才有可能被改造为张性节理裂隙，成为导水裂隙。

在红层地区，基岩裂隙系统是地下水入渗、运移和储存的主要空间，是导致大型基岩滑坡发生的主要原因。裂隙的规模、密度、张开度、连通性、透水性等因素决定了红层平缓岩层斜坡的给水性和导水性,对平缓岩层滑坡的形成演化至关重要。

5.3.4.2 平缓岩层斜坡地下水运移现象

红层地区完整岩石的透水性非常微弱,与节理裂隙发育的岩体相比,可忽略其渗透性,因此可将完整岩石视为不透水介质,地下水入渗通道主要为基岩裂隙系统。

平缓岩层斜坡降雨和地表水入渗一般是具有拉张特性的竖向构造节理和沿风化卸荷带内的裂隙下渗,尤其是靠近地表和临空面的节理裂隙张开度大、连通性好,是斜坡表层的主要入渗通道,如图 5-41 所示。

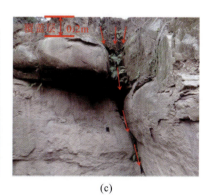

(a)   (b)   (c)

图 5-41 风化卸荷裂隙地下水运移现象

地质构造作用形成的张性节理裂隙具有穿层、跨层的特点,是地下水向斜坡深部运移的主要通道。在某些开挖揭露的平缓岩层边坡能发现地下水沿构造成因张性节理裂隙运移的现象,如图 5-42 所示。

(a)   (b)

图 5-42 构造成因张性节理裂隙地下水运移现象

中江县垮梁子周边表层风化卸荷带岩体节理裂隙充填大量的钙膜、钙质结晶和钙质结核(图 5-43)。钻孔揭露滑坡体深处 30～60m 处的岩体裂隙内也存在大量类似的钙质胶结物[图 5-43(c)～图 5-43(e)],这显然已经超过了风化卸荷带能够达到的深度,说明地下水存在下渗通道向斜坡更深处运移,根据前文的分析,这个通道就是构造成因张性节理裂缝。垮梁子滑坡发生于 1949 年,但这些节理裂隙面上的钙质附着物说明,岩体节理裂隙内地下水的运移路径已存在多年,远远早于滑坡发生的时间。

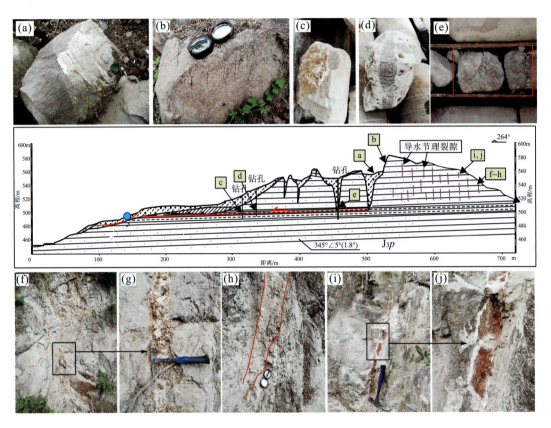

图 5-43　中江县垮梁子滑坡体内部及滑坡周边节理裂隙表面钙质附着物

对红层地区某一平缓岩层斜坡中风化—微风化的巨厚层砂岩岩体采用探地雷达进行探测,发现普通张开度较小的节理从地表向下延伸长度超过 11m,如图 5-44 所示。对所探测裂隙采用试坑法渗水试验(图 5-45)进一步测试了其渗透系数,得到其渗透等级为中等透水。

某些张开度较小的节理交汇点也具有相对较好的入渗条件,图 5-46 所示为间隔 20s 所拍摄的节理交汇点渗水照片。可以看出,交汇点具有较好的入渗条件。这类节理交汇点能形成管状优势入渗通道,这种交汇点随机分布在斜坡各处,在平缓岩层斜坡中普遍存在。

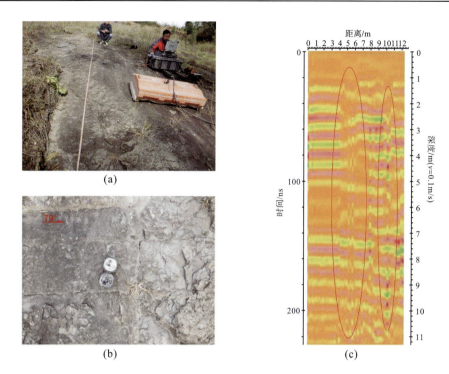

图 5-44 斜坡内部裂隙地质雷达解译图[39]

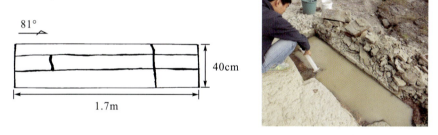

(a) 1号试坑现场注水

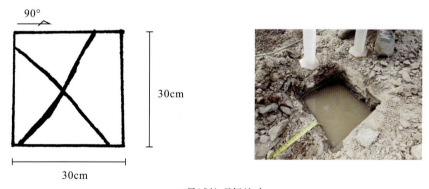

(b) 2号试坑现场注水

图 5-45 试坑法渗水试验[39]

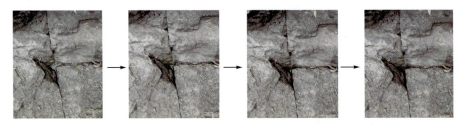

图 5-46　节理交汇处入渗过程(每张照片间隔 20s)[39]

在砂泥岩互层的红层中,泥岩是相对隔水层,因砂岩中普遍发育多组竖向节理,走向与现今最大主应力小角度相交的构造节理往往成为地表水向地下入渗的主要通道。一旦到达泥岩层,地下水向下的运移被相对隔水层阻断,就在砂泥岩接触界面附近开始富集,并逐渐转成沿层面近水平方向运移。但因泥岩中存在密集发育的隐性裂隙,其隔水性仅是相对的,在长时间的渗流过程中,少量地下水仍会沿细小裂隙穿透泥岩层进入下一层砂岩,形成与上一层类似的径流系统。因此,在砂泥岩互层的红层地区,往往存在多层含水系统。平缓岩层斜坡岩体内部地下水常沿隔水层顶面汇集形成层间裂隙水从临空面排泄,如图 5-47 所示。

(a) 沿砂泥岩界面渗出(1)　　(b) 沿砂泥岩界面渗出(2)　　(c) 沿砂岩顺层节理渗出

(d) 沿泥岩层间裂隙渗出　　(e) 沿层间剪切带渗出　　(f) 沿泥化夹层渗出

图 5-47　层间裂隙水渗出现象

5.4　地表侵蚀作用对斜坡地形和临空条件的形成与改造

四川盆地红层地区地貌形态以中山、低山地貌及丘陵地貌为主,在这些山地丘陵中,沟谷和河流交错纵横,十分发育。在沟谷和河流对地表的侵蚀过程中,形成了斜坡的自由边界,为平缓岩层滑坡的孕育发展提供了临空条件。

5.4.1 中丘、浅丘地貌区

四川盆地红层中丘、浅丘地貌区大部分处于川中刚性基底之上，地层倾角绝大部分小于10°，属于近水平岩层。这类地貌区由于地表流水侧蚀作用相对较强，下蚀作用相对较弱，其总体特点是河谷、丘谷地形较开阔，地形坡度平缓，山脊表现为浑圆的状态，地表水切割较浅，水系形态河曲较为发育，地形特点如图 5-48(a)所示。丘陵地貌区的岩质滑坡多发于靠近丘陵的谷地和河谷底部，平面上多呈凸型的斜坡地段，这些部位有相对更强的卸荷作用，岩体更加松弛，如图 5-48(b)所示。

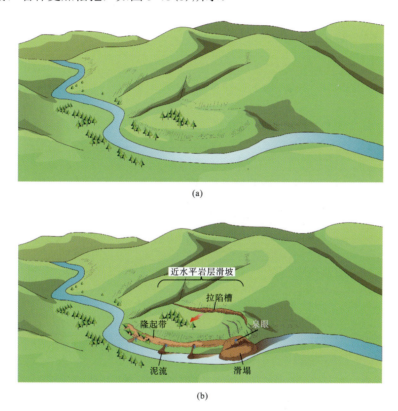

图 5-48 丘陵地貌区近水平岩层滑坡临空条件示意

5.4.2 方山深丘、桌状山地貌区

方山深丘、桌状山地貌区大都处于川中刚性基底边缘，属于地壳相对稳定但受大范围垂直隆升运动影响的地区。这类地貌区地表流水下蚀作用相对较强，侧蚀作用相对较弱，河谷、丘谷一般较狭窄，地形特点如图 5-49(a)所示。谷坡在地表流水侵蚀下切过程中的变形以水平侧向卸荷变形为主。坚硬砂岩与下伏软弱泥岩之间力学性质差异越大，侧向卸荷作用产生的差异回弹破裂越显著。在平面上向外凸出山体易发育崩塌和平推式滑坡，在谷坡坡肩部位因卸荷作用相对强烈易发生小规模崩塌和局部垮塌，如图 5-49(b)所示。

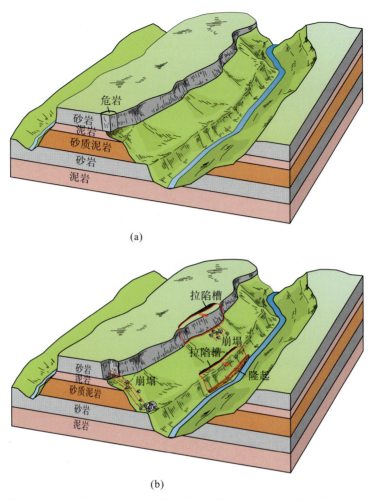

图 5-49　方山深丘、桌状山地貌区近水平岩层滑坡发育空间条件示意图

5.4.3　单斜构造地貌区

四川盆地北部及东北部盆缘附近，分布大量岩层倾角为 10°～20°，且岩层走向与坡向基本一致或小角度相交的单斜山体，俗称单面山。单面山的另一侧为由外动力剥蚀形成的反倾坡，坡度较陡，主要发生崩塌、落石。单斜构造区的水系主要有两类：与岩层走向近于平行的水系为走向河，走向河一般追踪与坡体走向近平行的构造结构面发育；与岩层倾向近于平行，横穿岩层的水系为倾向河，如图 5-50(a)所示。在坡度较缓的构造坡处易发育顺层岩质滑坡，形成滑坡的临空条件主要受走向河和倾向河的控制。走向河河谷下切暴露出软弱层，使滑坡前缘具备较好的临空条件，倾向河的长期侵蚀作用使滑坡侧边界具备临空条件。因此单斜构造地貌区的平缓岩层滑坡通常具备两面临空的边界条件。

因四川盆地红层岩层中存在大量软弱夹层(由构造挤压破碎带演化而来的泥化夹层)，或长期地下水作用使砂泥岩的接触界面发生泥化和软化，一旦前缘临空导致软弱界面暴露，就很容易发生顺层滑移。因此，在单斜山体发育地区，应尽可能地避免沿斜坡走向方向切坡，一旦软弱层出露，即使近水平岩层都可能发生大规模滑坡。

当岩层走向与斜坡坡面走向基本一致时形成的斜坡为典型的顺层斜坡，一旦前缘临空导致软弱层暴露于地表，就很容易发生顺层失稳破坏[图5-50(b)]。当岩层走向与斜坡坡面走向呈小角度相交且岩层倾向于山体内侧，且前缘临空时，岩层受山体的阻挡不能沿真倾向滑动，只能沿临空条件较好的视倾向方向滑动，此时后缘拉张裂缝将呈 A 字形，即内侧窄外侧宽，从宏观上表现出旋转滑动的特征[图5-50(c)]。当然，在典型的顺层斜坡中，若斜坡前缘某一侧临空条件不好而另一侧临空条件很好时，也会产生旋转式滑动滑坡。

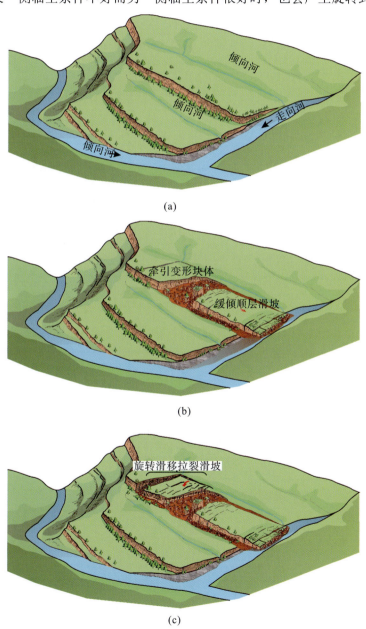

图5-50 单斜构造地貌区平缓岩层滑坡发育临空条件示意图

5.5 现今构造应力场对坡体水文系统的控制与影响

节理裂隙组的导水性是决定斜坡水文系统的内部条件。大量工程实例及相关研究成果表明,裂隙的三维应力状态对其渗透系数有明显的影响,决定着渗透系数的变化。理论上受压状态的节理裂隙导水性差,甚至阻水,即当构造应力与节理面正交时[图 5-51(a)]法向构造应力对节理裂隙的渗透系数影响十分显著,这一点大量学者已经取得共识[40-43],随着法向构造应力的增加,渗透系数迅速减小。部分学者通过试验研究[44,45]当构造应力与裂隙面平行时[图 5-51(b)],对裂隙渗透性能影响规律的变化。其试验结果(图 5-52)反映出侧向构造应力虽然不如法向应力的影响强烈,但仍然对裂隙的渗透系数产生了较大改变。

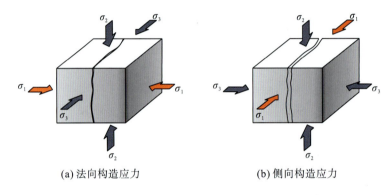

(a) 法向构造应力　　(b) 侧向构造应力

图 5-51　裂隙三维受力示意图

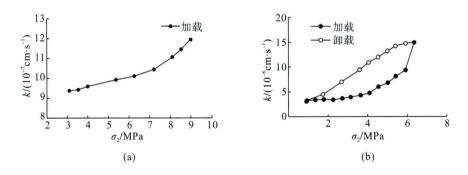

图 5-52　在平行于裂隙面的侧向构造应力(σ_2)作用下裂隙渗透系数的变化[44,45]

当现今构造主压应力方向与节理走向小角度相交近于平行时,相当于侧向构造应力作用,节理裂隙的导水性质会大幅升高。当现今构造主压应力方向与节理走向大角度近于垂直相交时,相当于法向构造应力作用,节理裂隙的导水性质会大幅下降或基本不导水。

通过对四川盆地红层近水平岩层地区大量岩体节理裂隙的现场量测,并结合文献查阅、资料搜集,获得了四川盆地内大部分地区的节理优势范围分布特征,如图 5-53 所示。

结合前文对四川盆地现今应力场的研究成果，可大致获取不同区域优势结构面的应力状态，见表 5-1。其中，处于受压和压剪状态的结构面导水性差，处于张性状态的结构面导水性较好。

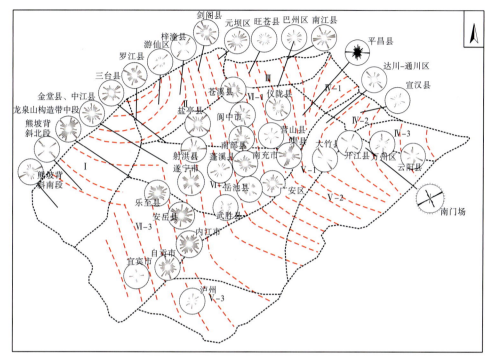

图 5-53 四川盆地及周边现今最大主应力迹线及不同区域节理分布特征

表 5-1 四川盆地不同区域陡倾节理优势方位统计及受力状态分析

序号	地区	陡倾节理特征			现今主应力方向	序号	地区	陡倾节理特征			现今主应力方向
		节理编号	走向	受力分析				节理编号	走向	受力分析	
1	南充市嘉陵区	J1	NWW-SEE	压剪	NNW-SSE	19	广元市元坝区	J1	NNE-SSW	压剪	NNW-SSE
		J2	NNW-SSE	张				J2	NE-SW	压剪	
		J3	NW-SE	张				J3	NEE-SWW	压	
		J4	NNE-SSW	压剪				J4	NNW-SSE	张	
		J5	NE-SW	压				J5	NW-SE	压剪	
		J6	NEE-SWW	压				J1	NNW-SSE	张	
2	南部县	J1	NNW-SSE	张	NNW-SSE	20	剑阁县	J2	NW-SE	张	NNW-SSE
		J2	NEE-SWW	压				J3	近 E-W	压剪	
		J3	NW-SE	张				J4	NE-SW	压	
		J4	NE-SW	压				J5	NNE-SSW	压剪	
3	阆中市	J1	NNW-SSE	张	NNW-SSE			J6	NWW-SEE	压剪	

续表

序号	地区	陡倾节理特征			现今主应力方向	序号	地区	陡倾节理特征			现今主应力方向
		节理编号	走向	受力分析				节理编号	走向	受力分析	
3	阆中市	J2	NE-SW	压	NNW-SSE	21	苍溪县	J1	NNW-SSE	张	NNW-SSE
		J3	NNE-SSW	压剪				J2	NWW-SEE	压剪	
		J4	NWW-SEE	压剪				J3	NE-SW	压	
		J5	NW-SE	张				J4	近N-S	压剪	
4	营山县	J1	NNE-SSW	压剪	NNW-SSE	22	旺苍县	J1	NNW-SSE	张	NNW-SSE
		J2	NE-SW	压				J2	NW-SE	压剪	
		J3	NWW-SEE	压剪				J3	NEE-SWW	压	
								J4	NE-SW	压	
								J5	NNE-SSW	压剪	
								J6	NWW-SEE	压剪	
5	仪陇县	J1	NNW-SSE	张	NNW-SSE	23	巴中市巴州区	J1	NNW-SSE	张	NNW-SSE
		J2	NW-SE	张				J2	NW-SE	压剪	
		J3	近N-S	张				J3	NE-SW	压剪	
		J4	NNE-SSW	压剪				J4	NEE-SWW	压	
		J5	NE-SW	压							
		J6	NEE-SWW	压							
6	遂宁市安居区	J1	NNW-SSE	张	NNW-SSE	24	南江县	J1	NNW-SSE	张	NNW-SSE
		J2	近N-S	张				J2	NW-SE	压剪	
		J3	NWW-SEE	压剪				J3	NWW-SEE	压剪	
		J4	NE-SW	压				J4	NEE-SWW	压	
		J5	NNE-SSW	压剪				J5	NE-SW	压	
								J6	NNE-SSW	压剪	
7	射洪县	J1	近E-W	压	NNW-SSE	25	平昌县	J1	NW-SE	压剪	NNE-SSW
		J2	NNW-SSE	张				J2	N-S～NNE-SSW	张	
		J3	NNE-SSW	压剪				J3	NE-SW	张	
		J4	NEE-SWW	压				J4	近E-W	压	
								J5	NW-SE～NNW-SSE	压剪	
								J6	NEE-SWW	压剪	
8	蓬溪县	J1	NNE-SSW	压剪	NNW-SSE	26	达川—通川区	J1	近N-S	压剪	NNE-SSW至NE-SW
		J2	NNW-SSE	张				J2	NE-SW	张	
		J3	NE-SW	压				J3	NW-SE	压	
		J4	NEE-SWW	压				J4	NWW-SEE	压	
		J5	NW-SE	张							
9	广安市广安区	J1	近E-W	压	NNW-SSE至NW-SE	27	宣汉县	J1	NNE-SSW	张	NNE-SSW至NE-SW
		J2	NNE-SSW	压剪							
		J3	NE-SW	压							
		J4	NWW-SEE	压剪							

续表

序号	地区	节理编号	走向	受力分析	现今主应力方向	序号	地区	节理编号	走向	受力分析	现今主应力方向
9	广安市广安区	J5	NW-SE	张	NNW-SSE 至 NW-SE	27	宣汉县	J2	NNW-SSE	压剪	NNE-SSW 至 NE-SW
		J6	NEE-SWW	压				J3	NW-SE	压	
10	岳池县	J1	NNW-SSE	张	NNW-SSE 至 NW-SE			J4	NWW-SEE	压	
		J2	NW-SE	张				J5	NEE-SWW	压剪	
		J3	NE-SW	压		28	渠县	J1	NNE-SSW	张	NNE-SSW 至 NS
11	武胜县	J1	NW-SE	张	NNW-SSE 至 NW-SE			J2	NW-SE	压剪	
		J2	NE-SW	压				J3	NWW-SEE	压	
		J3	NEE-SWW	压				J4	NEE-SWW	压	
		J4	近 E-W	压		29	乐至县	J1	NNE-SSW	压剪	NNW-SSE 至 NS
12	熊坡背斜南段	J1	近 N-S	压剪	NW-SE			J2	近 N-S	张	
		J2	NNW-SSE	张				J3	NW-SE	压剪	
		J3	NW-SE	张				J4	NWW-SEE	压	
		J4	近 E-W	压剪				J5	NEE-SWW	压	
		J5	NEE-SWW	压剪				J6	NE-SW	压剪	
13	熊坡背斜北段	J1	NW-SE	张	NW-SE	30	安岳县	J1	近 N-S	张	NNW-SSE 至 NS
		J2	NE-SW	压				J2	NE-SW	压剪	
		J3	近 E-W	压剪				J3	NEE-SWW	压	
		J4	近 N-S	压剪				J4	近 E-W	压	
14	龙泉山构造带中段	J1	NW-SE	张	NWW-SEE 至 NW-SE			J5	NW-SE	压剪	
		J2	NWW-SEE	张				J6	NNW-SSE	张	
		J3	NE-SW	压		31	内江市	J1	NNW-SSE	张	NNW-SSE 至 NS
		J4	NNE-SSW	压剪				J2	NW-SE	压剪	
15	金堂县—中江县	J1	NNW-SSE~NS	张	NNW-SSE			J3	NWW-SEE	压	
		J2	NWW-SEE	压				J4	近 E-W	压	
		J3	NNE-SSW	压剪				J5	NEE-SWW	压	
		J4	NW-SE	压剪				J6	NE-SW	压剪	
		J5	NNW-SSE	张		32	自贡市	J1	NNW-SSE	张	NNW-SSE 至 NS
		J6	NEE-SWW	压				J2	NWW-SEE	压	
16	三台县	J1	NNW-SSE	张	NNW-SSE			J3	近 E-W	压	
		J2	NW-SE	压剪				J4	NE-SW	压剪	
		J3	NEE-SWW	压				J5	NNE-SSW	压剪	
		J4	NE-SW	压剪		33	开江县	J1	NNE-SSW	张	NNE-SSW 至 NS
								J2	NW-SE	压剪	

续表

序号	地区	陡倾节理特征			现今主应力方向	序号	地区	陡倾节理特征			现今主应力方向
		节理编号	走向	受力分析				节理编号	走向	受力分析	
17	盐亭县	J1	近N-S	张	NNW-SSE	33	开江县	J3	NNW-SSE	压剪	NNE-SSW 至 NS
		J2	NNW-SSE	张				J4	NE-SW	压剪	
		J3	NE-SW	压剪		34	万州区	J1	NNW-SSE	张	NNW-SSE 至 NS
		J4	NW-SE	压剪				J2	NW-SE	压剪	
18	梓潼县	J1	NW-SE	压剪	NNW-SSE			J3	NE-SW	压剪	
		J2	NE-SW	压剪				J4	NEE-SWW	压剪	
		J3	NEE-SWW	压		35	云阳县	J1	NNW-SSE	张	NNW-SSE 至 NS
		J4	NNW-SSE	张				J2	NW-SE	压剪	
		J4	NNW-SSE	张				J3	NE-SW	压剪	
								J4	NEE-SWW	压剪	

第6章 四川盆地红层滑坡基本特征及其形成条件

6.1 四川盆地红层滑坡的主要类型

四川盆地红层滑坡总体上可分为岩质滑坡和土质(覆盖层)滑坡两大类。岩质滑坡又可分为平缓岩层滑坡(≤20°)、常规顺层滑坡(＞20°)及其他类型岩质滑坡3类,具体如图6-1所示。地质模型、主要特征和典型案例见表6-1。国内外学者对常规顺层滑坡和其他类型岩质滑坡成因机理的研究已比较系统深入,在此不再赘述。本书将研究重点放在隐蔽性较强、不太容易被人重视的平缓岩层滑坡方面。

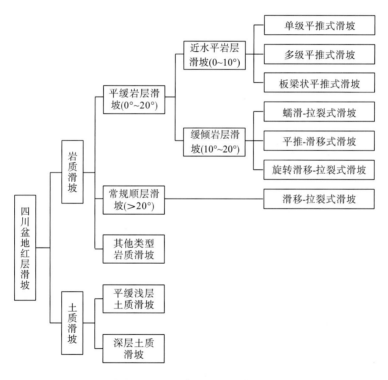

图6-1 四川盆地红层滑坡分类

平缓岩层滑坡是四川盆地红层岩质滑坡中最主要的类型。按岩层倾角的不同,平缓岩层滑坡又可分为近水平岩层滑坡(0°～10°)和缓倾岩层滑坡(10°～20°),这两类岩质滑坡的成因机制和失稳模式存在较大差别。近水平岩层滑坡按失稳模式又可进一步细分为单级平推式滑坡、多级平推式滑坡和板梁状平推式滑坡。缓倾岩层滑坡按失稳模式进一步细分为蠕滑-拉裂式滑坡、平推-滑移式滑坡和旋转滑移-拉裂式滑坡。

四川盆地红层土质滑坡主要分为平缓浅层土质滑坡和深层土质滑坡两类。深层土质滑坡成因机理常规，相关研究成果众多，本书不再做过多的赘述。平缓浅层土质滑坡成因机理特殊，且大面积集中发生区往往是人类居住和生活的大片良田和村落聚集地，具有较强的隐蔽性和较大的危害性，故将其作为本书的主要研究对象。

表 6-1 四川盆地红层滑坡典型模式表

类型			地质模型	岩层倾角	主要特征	典型案例
岩质滑坡	平缓岩层滑坡	近水平岩层滑坡	单级平推式滑坡	0°～10°	在强降雨过程中或降雨后，滑坡突然启动，运动一定距离后自行制动。滑动后滑坡后缘存在拉陷槽、拉裂缝或沉陷带。滑体往往以块状整体滑出，基本保持原岩结构。前缘分布有泉眼、渗水带或溜滑体	四川省中江县垮梁子滑坡、四川省新津区狮子山滑坡、重庆市万州区大包梁滑坡
			板梁状平推式滑坡		滑体平面上呈扁长矩形，剖面上呈薄板状。顺滑动方向的纵向长度远小于横向宽度，主要发生在近水平巨厚层砂岩形成的陡崖附近	四川省南江县兴马中学滑坡、南江县大河中学滑坡
			多级平推式滑坡		滑体剖面上呈长条形，被陡倾结构面切割成多个块体，滑坡发生过程往往从前往后、从中部向两侧依次发展，从而形成由多个单级平推式滑动块体组成的多级平推式滑坡	四川省宣汉县天台乡滑坡、重庆市云阳县蔡家坝滑坡和三峡库区万州区平推式滑坡群
		缓倾岩层滑坡		10°～20°	主要发生于岩层倾角为10°～20°的单斜构造斜坡。斜坡内部通常分布层间剪切带、泥化夹层等软弱夹层。滑坡规模以大型和中型为主，地势条件较好时，也能形成特大型滑坡	四川省南江县牛马场滑坡、四川省南江县将营村滑坡和四川省南江县窑厂坪滑坡
		常规顺层滑坡		>20°	在岩层倾角大于20°的顺层斜坡中，较容易发生顺层滑坡。大量的滑坡实例表明，在岩层倾角大于20°（一般为20°～50°）的顺层斜坡中，尤其是当岩层中含软弱夹层时，一旦软弱夹层临空就易发生滑坡	广泛存在于自然界中，尤其在三峡等水库库区和红层地区公路的顺向坡侧

续表

类型		地质模型	岩层倾角	主要特征	典型案例
土质滑坡	平缓浅层土质滑坡			滑坡变形破坏方式主要沿呈"光面"的基覆界面顺层滑动，滑体厚度通常小于 5m。滑坡地表坡度平缓，滑面倾角与下伏基岩产状接近。滑坡规模通常较小	四川省南江县2011年"9·16"强降雨诱发群发性滑坡，除大型岩质滑坡外，绝大多数浅表层残坡积层土质滑坡为此类
	深层土质滑坡			一般出露于红层地区松散堆积物集中发育分布部位，如古老滑坡、崩塌堆积体，或厚度相对较大的覆盖层。滑面可能沿基覆界面分布，也可能在覆盖层内部形成圆弧形滑动面。滑坡地表坡度往往较陡，普遍大于 30°，临空条件较好	广泛存在于自然界中

6.2 四川盆地红层滑坡特征与形成条件

6.2.1 四川盆地红层滑坡特征

6.2.1.1 近水平岩层平推式滑坡特征

近水平岩层之所以发生滑坡，其主要动力来自斜坡竖向张裂缝中由地下水头产生的近水平推力，所以称之为平推式滑坡。通过对大量平推式滑坡的实例调研发现，不仅有单级平推式滑坡，还存在逐级后退的多级平推式滑坡。

平推式滑坡最早是由张倬元等(1981)提出的，指近水平岩层斜坡，在强降雨过程中后缘拉裂缝迅速充水形成水头，产生静水压力，并逐渐在底部滑面形成扬压力，在后缘近水平推力和底部扬压力的双重作用下，被快速推出。随着坡体的滑动，裂隙或拉陷槽内水头高度降低，水压力迅速消散，滑坡自行制动。滑坡发生后，往往在后缘留下一个明显的拉陷槽。在三峡库区万州、云阳等地及四川盆地的各个区域都发现不少平推式滑坡，中江县垮梁子滑坡、新津区狮子山滑坡(图 6-2)及 2013 年都江堰中兴镇发生的五里坡滑坡，都是平推式滑坡的典型案例。

平推式滑坡滑动过后一般具有以下特征：

(1)滑坡后部常留下一个或多个明显的拉陷槽。拉陷槽一般为等宽的槽状地形或不等宽的 A 形拉陷槽。在突发式平推式滑动过程中，可能会因滑坡两侧临空条件的差异而导致各部位抗力不一致，一侧滑动距离大而另一侧滑动距离小，由此形成 A 字形拉陷槽。

图6-2所示的新津区狮子山滑坡发生后就形成了一个典型的A字形拉陷槽。拉陷槽形成后，两侧山体往往会不断垮塌，形成多层堆积。因此，若在形成时间较长的平推式滑坡的拉陷槽中钻孔取样，可发现岩心分层现象，若分层测年可发现其一般为不同年代的堆积物，而不是一次堆积形成的。

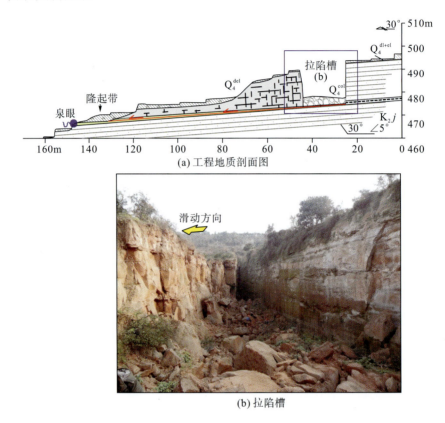

图6-2 单级平推式滑坡典型变形破坏特征（新津区狮子山滑坡）（据[46]修改）

(2) 平推式滑坡的后缘边界一般位于顺向斜坡靠近分水岭外侧或陡壁的坡脚部位，因此在滑坡发生后往往形成"槽-脊"地貌特征，拉陷槽外是与坡面走向相一致的长条形山脊，随后才是缓坡地形。

(3) 滑坡横向宽度一般远大于纵向长度。一般的滑坡都是顺滑动方向的长度远大于横向宽度，但平推式滑坡刚刚相反。其原因在于平推式滑坡滑动面倾角仅有几度，若纵向长度太大往往推力不够，形成不了滑坡，只有纵向长度较小，横向长度较大时，在水的推力作用下才容易形成滑坡。

(4) 前缘带状渗水。在汛期，因雨水从后缘拉陷槽和坡体内补给进入滑坡体内，底部滑动面往往为隔水边界，竖向入渗的水流到达滑动面后转为沿滑动方向近水平渗流运移，最后在剪出口附近渗出，所以在前缘剪出口附近往往存在带状出水，尤其是在汛期。

(5) 平推式滑坡的滑动距离不大，一般仅数米至数十米，滑动后也不会完全解体，一般会作为整体滑动块体保持原状。如滑坡前缘为一陡坎和沟谷，则滑体被推下陡坎后可能会破碎解体，并做长距离运动，如2013年发生的都江堰五里坡滑坡就具有此特性。

在近水平红层地区，也存在一些体积达到数百万、数千万甚至上亿立方米的大型、特大型滑坡，如万州和平广场滑坡、宣汉天台乡滑坡等。通过对宣汉天台乡滑坡的现场调查研究发现，可通过多级平推形成一个规模巨大的滑坡。

2004年9月5日在四川省达州市宣汉县天台乡发生滑坡，其长度为950～1200m，宽度为1400～1600m，平均厚度为23m，总体积约为2500万 m^3，属于特大型岩质滑坡。该滑坡不仅摧毁了1.2km^2 滑坡区范围内的房屋、圈舍2983间，造成317户1255人无家可归。同时，因滑体前部约210万 m^3 的物质冲入前河，堵塞河道，形成宽1500m、高20余米的天然堆石坝和库容达6000万 m^3 的堰塞湖。回水淹没上游五宝镇及沿河两岸农户5770户，农田4930亩，紧急转移19360人，直接经济损失上亿元。宣汉县天台乡滑坡遥感影像如图6-3所示。

图6-3 宣汉县天台乡滑坡遥感影像

滑坡区为顺倾向侏罗系遂宁组 J_2s 泥岩、砂岩互层，倾角为5°～8°。调查访问表明，该滑坡主要有以下几个方面的特征：

(1) 滑坡过程持续时间长。滑体前部滑块首先平推滑出，然后滑动逐渐向后部和两侧扩展，整个滑动过程从9月5日15:00持续到23:30约8个半小时。

(2) 分块滑动。滑坡发生后，在滑体上可数出近50个次级滑块。这些滑块的速度、方向差异性较大[图6-4(a)]。总体上显示出前部主滑体滑动后，牵引后部和两侧滑动的特点。

(3) 槽脊相间地貌显著。滑坡发生后，后部留下明显的拉陷槽，最大宽度超过 50m。中后部槽脊相间的地貌明显[图 6-4(b)]。

(a) 擎天柱地貌

(b) 槽脊相间地貌

图 6-4　多级平推式滑坡变形破坏特征[47]

事实上，我们还可在砂泥岩互层地层中的厚层砂岩斜坡中发现微缩版的平推式滑坡及多级平推的特点，因此类滑坡外形呈竖立的板状，我们曾称此类滑坡为板梁状平推式滑坡[48]。图 6-5 和图 6-6 所示为四川省南江县兴马中学滑坡的全景和剖面图。可以看出，板梁状平推式滑坡平面分布呈扁长矩形，纵向长远小于横向宽；剖面呈薄板状，且一般还为多层薄板，而从单位宽度来看就像一系列直立的梁。

图 6-5　四川省南江县兴马中学滑坡全景

板梁状平推式滑坡的变形破坏模式主要有如下 3 种。

(1) 向内倾倒模式。随着水压力的降低、消散，滑体迅速制动，由于滑体在滑动过程中失稳，向滑动反方向倾倒，因而形成下宽上窄的 A 字形拉裂缝。拉裂缝就成为天然的排水通道，因而滑坡很难再被整体推动复活，如图 6-7(a) 所示。

(2) 近直立模式。主要由于滑体在滑动和制动过程中自身的稳定性较好，制动后滑体仍较为完整，并在卸荷作用下形成多条平行于坡面的卸荷裂隙。一旦裂隙两端封闭，在长期地下水的作用下，极有可能形成新的滑坡，再次发生滑动。其变形破坏模式可能仍是滑移模式，也可能转化为反倾倒模式或倾倒模式，具体根据实际的地质条件决定，如图6-7(b)所示。

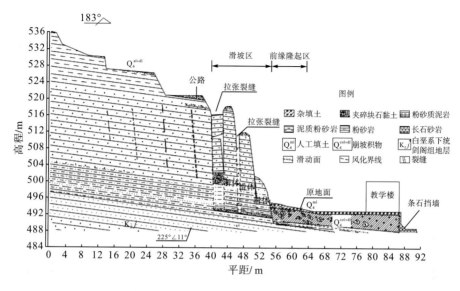

图6-6　兴马中学滑坡工程地质剖面图

(3)向外倾倒失稳模式。主要发育于厚板梁弯曲-拉裂(倾倒)斜坡中，由于孔隙水压力作用，随着地下水压力持续升高，使坡脚附近的板梁承受纵向压应力，在一定条件下，块体绕支撑轴做转动，以倾倒坠落方式失稳，如图6-7(c)所示。

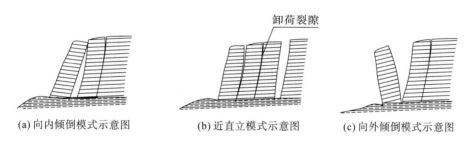

(a) 向内倾倒模式示意图　　(b) 近直立模式示意图　　(c) 向外倾倒模式示意图

图6-7　板梁状平推式滑坡失稳模式示意图

6.2.1.2　缓倾岩层滑坡特征

缓倾岩层滑坡是指发生在倾角为10°~20°的岩层中的滑坡。按照常理，如此平缓的岩层难以发生大规模岩质滑坡，然而在近年来发生的多场强降雨期间，都发生了多起大型岩质滑坡。例如，2011年9月16日四川省南江县极端强降雨诱发县内红层地区577处岩质滑坡，包括基础大型岩质滑坡，如凤仪乡牛马场滑坡、高桥乡窑厂坪滑坡、沙河镇将营村石板沟滑坡等，如图6-8所示。

缓倾岩层滑坡主要有以下特征。

(1) 平面形态与常规滑坡无太大差别，即纵向长度大于横向宽度，与近水平岩层平推式滑坡有明显差别。

(2) 从暴雨期间出现明显的变形到滑坡大规模整体下滑，一般历时数小时甚至更长时间，如窑厂坪滑坡滑动时间超过 7h，石板沟滑坡超过 6h。因滑坡区岩层倾角较小，其稳定性相对较好，当滑坡后缘出现变形裂缝后，雨水通过后缘裂缝进入坡体内部，逐渐向前渗流和软化滑动面，需要相对较长的时间。

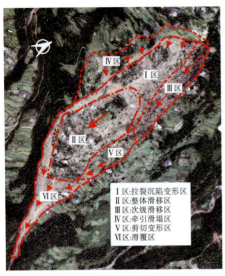
(a) 石板沟滑坡

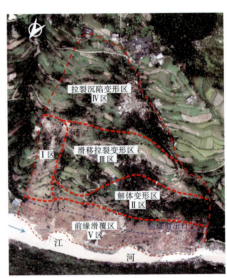
(b) 窑厂坪滑坡

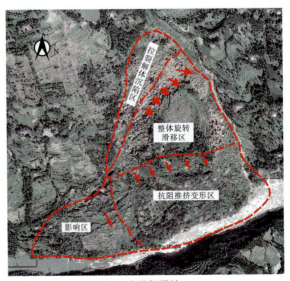
(c) 牛马场滑坡

图 6-8　2011 年四川南江县缓倾岩层滑坡典型案例遥感影像

(3) 滑坡规模通常比近水平岩层平推式滑坡大，破坏力巨大。滑坡滑动后通常形成多个运动特征、力学机制和结构特征均不同的区块,如沉陷变形区、整体滑移区、滑覆区和挤压区等,对应出现岩体拉裂解体、整体平动、覆盖层推移和覆盖、岩层反翘或褶曲隆起等变形特征。

(4)滑坡后部滑前的拉裂变形区在滑后变为沉陷变形区,也是静水推力的作用区域,这些区域往往会出现裂缝、深槽、历史变形残留陡壁或古拉陷槽等。整体滑动前,局部会出现因坡体内部水压力过大而喷涌的现象。

(5)滑坡整体平移式滑动的距离较大。据石板沟滑坡幸存者陈敬德描述,如同坐飞机一样跟随主滑体向下移动,形容了滑坡启动时的较大初速度,也说明了滑体基本沿滑面平动的运动特征。据现场调查分析得出,滑坡载着该幸存者滑动了300余米,如图6-9所示。

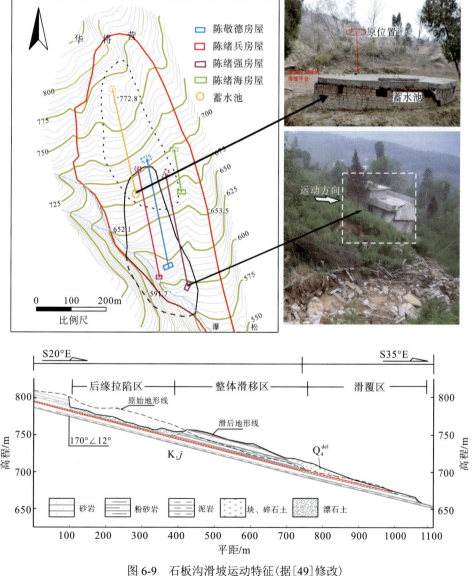

图6-9 石板沟滑坡运动特征(据[49]修改)

缓倾岩层滑坡典型案例变形破坏特征见表6-2。

表6-2　缓倾岩层滑坡案例变形破坏特征

滑坡名称	地层	岩层产状	体积/万 m³	运动距离/m	滑坡变形特征分区	灾情
石板沟滑坡	Kj	170°∠12°	400	300	后缘拉陷区（Ⅰ区）、整体滑移区（Ⅱ区）、次级滑移区（Ⅲ区）、右后缘牵引滑塌区（Ⅳ区）、左侧剪切变形区（Ⅴ区）和滑覆区（Ⅵ区）	51户住户约487间房屋被毁，4人死亡，8人失踪
窑厂坪滑坡	Kj	345°∠12°	300	50	高速滑动解体变形区（Ⅰ区）、沉陷下错解体变形区（Ⅱ区）、滑移拉裂破坏变形区（Ⅲ区）、拉裂沉陷变形区（Ⅳ区）和滑覆区（Ⅴ区）	65户住户约275间房屋被毁，175人无家可归，滑坡下方交通要道被掩埋，阻断明江河
牛马场滑坡	K_1c	145°∠14°	430	100	拉裂解体沉陷区（Ⅰ区）、整体旋转滑移区（Ⅱ区）、阻抗段推挤变形区（Ⅲ区）、影响区（Ⅳ区）	造成23座105间房屋垮塌、圈舍99间被毁，阻断石龙河，水位抬高3～4m

6.2.2　平缓岩层滑坡形成条件

6.2.2.1　物质条件

四川盆地红层地区主要发育砂、泥岩不等厚互层地层，为平缓岩层滑坡的形成提供了必要的物质条件，纯砂岩或泥岩层都很难发生类似的滑坡，其原因如下。

(1) 水理性质差异影响。泥岩强度较低，吸水性强且具有一定的膨胀性，遇水易于软化和崩解，尤其是软弱层的存在为大型滑坡滑带的形成提供了基础。

(2) 物理力学性质差异影响。砂岩强度高、具脆性、黏滞性较高，而泥岩强度相对较低、具塑性、黏滞性相对较低。泥岩的流变强于砂岩，砂泥岩互层斜坡在长期的重力作用下产生差异蠕变和非协调变形，使砂岩沿垂直于层面的结构面拉裂张开，为滑坡后缘拉裂缝和地表水入渗到坡体内部提供了条件。

(3) 渗透性差异影响。地质构造作用下在脆性砂岩中易形成显性、长大、贯通性好的节理，而在泥岩中主要形成隐性、密集发育的细小节理，从而使砂岩具有较好的入渗通道，而泥岩成为相对隔水层。砂泥岩间的渗透性差异控制和影响了坡体的水文特征。地下水长期和强烈的活动带基本都集中在砂泥岩接触界面，这种特征决定了滑体滑带位置与滑体发育的厚度。

6.2.2.2　岩体结构条件

岩体结构是指岩体内结构面和结构体的排列组合形式，是在漫长的地质历史过程中，通过原生沉积建造、构造改造及浅表生改造3个阶段综合作用的产物。不同地区所经历的地质历史过程不同，上述3个阶段所发挥的作用和产生的结果也不一样。原生沉积建造是基础，构造改造是主体，而浅表生改造则在一定程度、一定范围内进一步劣化了岩体结构及其工程性状。

在内动力构造作用下形成节理化岩体,随后接受多期内动力作用的改造、外动力的剥蚀作用逐步出露地表。新构造运动期间,在内、外动力的耦合作用下形成现今的地形地貌和斜坡形态。在这个过程中同时接受外动力表生改造作用,为近水平岩层滑坡的形成提供了结构条件。对于红层近水平岩层斜坡来说,不同的坡体结构决定了滑坡在斜坡中发生的部位、变形破坏模式、成因机制及控制性因素。

坡体结构是指构成坡体的岩性及组合、各类结构面、临空面三者的组合关系。平缓岩层斜坡的主体结构类型大致可分为近水平互层状结构、板梁状结构、近水平平板状结构、缓倾互层状结构等类型(表 6-3)。

表 6-3 平缓岩层斜坡坡体结构类型

岩体结构类型	结构特征	斜坡形态	坡体结构示意
近水平互层状结构	岩层倾角小于 10°,岩层内发育两组或以上陡倾节理,节理延伸远,节理间距较大。内部含巨厚层—厚层岩层,含软弱夹层	斜坡坡度较缓,地表坡度与岩层倾角接近。	导水结构面、软弱层
板梁状结构	岩层倾角小于 10°,岩层内发育两组或以上陡倾结构面,结构面延伸远,节理间距不大,岩层被切割为巨块、板梁状结构体	斜坡高陡,多由巨厚层砂岩组成	卸荷裂隙、软弱层
近水平平板状结构	岩层倾角小于 10°,岩层内发育两组以上陡倾结构面,间距较大,岩体表层风化裂隙发育。内部含软弱夹层	斜坡坡度变化较大,陡缓交替	导水结构面、软弱层
缓倾互层状结构	岩层倾角为 10°～20°,岩层内发育两组或以上陡倾节理,节理延伸远,节理间距较大,含软弱夹层或层间剪切带,含巨厚层—厚层岩层	平缓斜坡,地表坡度与岩层倾角接近	拉裂缝、卸荷裂隙、层间剪切带

6.2.2.3 入渗条件

在四川盆地红层地区，在多种内、外地质动力作用下斜坡往往至少发育一组具有一定导水性的陡倾结构面，并成为地表水下渗的主要通道。地表水入渗坡体后通过竖向通道下渗到坡体内部，当遇到相对隔水的泥岩层(或软弱夹层)后在接触界面附近富集并缓慢沿接触界面近水平流动，进一步对泥岩进行泥化和软化。这就是砂泥岩互层中最基本、最常见的水文地质作用和过程。红层地区大量平缓岩层滑坡的后缘边界或拉陷槽都具有追踪导水结构面发育的特征，如图6-10所示。

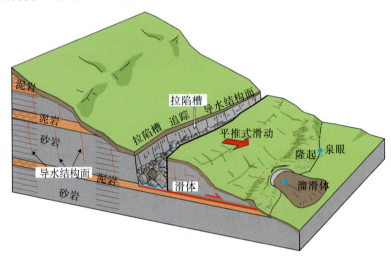

图6-10 近水平岩层滑坡拉陷槽追踪导水结构面发育

这些导水结构面基本都是由构造节理演化而来的，滑坡后缘边界与区域构造节理的优势方位往往具有良好的对应性，如图6-11所示。

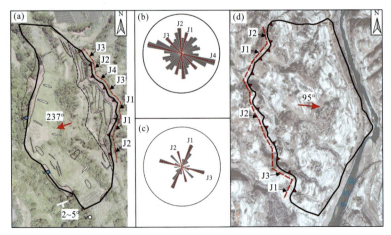

图6-11 滑坡边界与区域构造节理优势方位的对应关系

(a)嘉陵区龙头山滑坡遥感图；(b)嘉陵区陡倾节理玫瑰花图；(c)宣汉县陡倾节理玫瑰花图；(d)宣汉县天台乡滑坡遥感图

导水结构面的成因非常复杂，某些作用因素在导水结构面形成过程中也具有一定的主导性，主要包括构造节理[图6-12(a)～图6-12(d)]、风化卸荷裂隙[图6-12(e)～图6-12(h)]、非协调变形拉裂面[图6-12(i)～图6-12(k)]、地震震裂面[图6-12(l)]及古老滑坡拉裂面等。经过初步总结，不同成因的张性结构面具有不同的特征。

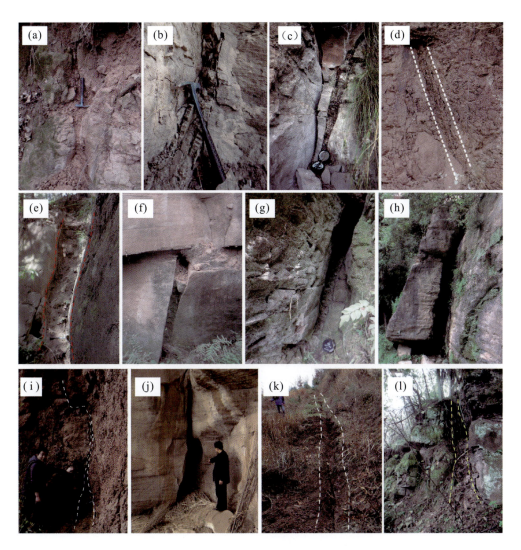

图6-12 红层平缓岩层滑坡周边岩体张性节理裂隙

(1) 构造节理。总体形态呈S形，结构面起伏较大、内部夹片理和岩屑，充填物大多较松散，多数具有穿层特点。沿构造应力作用方向多具有分支形态。结构面张开度多数小于15cm。

(2) 卸荷裂隙。结构面相对较为平直，结构面宽度变化较小，结构面张开度最大可超过30cm。

(3) 非协调变形拉裂面。因砂泥岩流变差异，结构面多数下宽上窄，向上可能尖灭消失而地表无任何迹象，下部可能超过 50cm。结构面内部充填物孔隙率较大或架空，说明结构面处于时效变形影响过程中。

(4) 地震震裂面。地震过程中的震裂面，多发育在高地震烈度区的高陡斜坡部位，上下宽度较为接近，结构面内部存在少量松散充填物，垂向上延伸至相对软岩部位终止。

(5) 古老滑坡拉裂面。在平缓岩层地区，有些斜坡将在降雨作用下发生滑移，但可能因滑坡并不彻底，而进行了短距离滑动，在滑坡区留下与斜坡走向近于平行的拉裂面或拉陷带，现场调查结果表明，图 6-8 所示的牛马场滑坡原本就为一古滑坡体。近水平岩层的平推式滑坡一般都会留下一个明显的拉陷槽（图 6-10），当拉陷槽水位增高到一定量值时可再次发生滑动，这样的滑坡案例在四川盆地非常普遍，如 2013 年都江堰五里牌滑坡，在滑坡前滑坡后缘就有一宽度约为 6m 的拉陷槽，当地人称"杀人槽"。因此，未完全解体的古老滑坡体和保留拉陷槽的平推式滑坡，在强降雨条件下还可能发生再次滑动，是红层地区的一大隐患，应引起高度重视。

6.2.2.4　临空条件

坡体形态、软弱层分布位置、岩层及导水结构面产状、滑坡边界临空条件等特定的空间组合是滑坡产生的必要条件。

现场调查发现，平缓岩层滑坡多发育在两类临空条件较好的斜坡上：一类是两面临空型；另一类是平面凸形坡。

两面临空型是指前缘与一侧边界都具备良好的临空条件，为江、河或冲沟切割形成的陡坡、陡壁等；另一侧边界临空条件差，属于变形受约束段，这类边界条件可统称为两面临空型边界条件。部分近水平岩层滑坡和几乎所有的缓倾岩层滑坡都具备这类临空边界条件，如图 6-13 和图 6-14 所示。当前缘不完全临空，一侧的部分地段受阻挡时，缓倾岩层滑坡可能会转化为旋转滑移-拉裂变形模式，如图 6-15 所示。

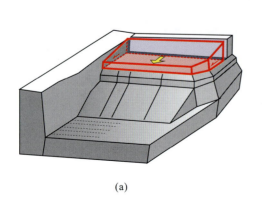
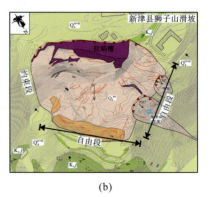

(a)　　　　　　　　　　　　　　(b)

图 6-13　近水平岩层滑坡两面临空边界条件示意图

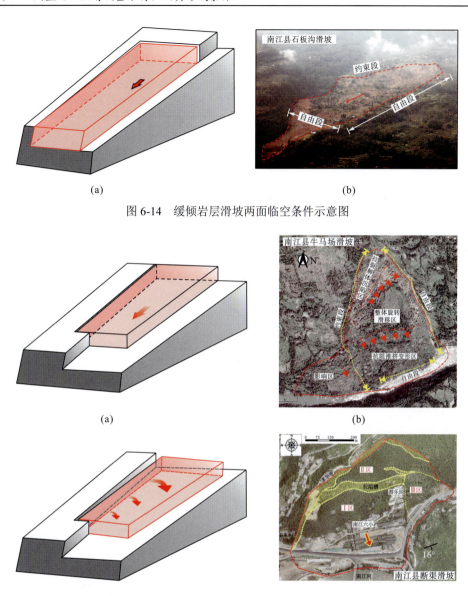

图 6-14 缓倾岩层滑坡两面临空条件示意图

图 6-15 缓倾岩层滑坡旋转滑移拉裂变形临空条件

另一类临空条件较好的地形特征为凸形坡,多为山嘴、孤包、山脊等部位,大量近水平岩层滑坡发育在具有这类地形特征的斜坡上,凸形坡更利于近水平岩层滑坡的发生,如图 6-16 所示。

滑坡后缘的汇水地形是影响平缓岩层滑坡发育的重要条件。缓倾岩层滑坡的后缘往往不是在斜坡的顶端山脊部位,而是在中后部,滑坡后缘在地形上常发育有陡崖(坎),这种地貌形态更有利于地表水的汇集,而陡崖的坡脚部位也是最容易产生拉张裂缝的部位,从而为地表水入渗坡体提供了通道,地表水直接通过后缘裂缝像"瀑布"一样灌进坡体,滑坡后缘具有良好的汇水条件,如图 6-17 所示。

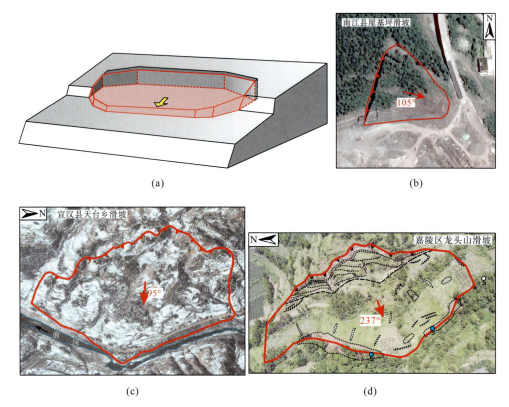

图 6-16 近水平岩层滑坡平面凸形地貌临空边界条件示意图

图 6-17 重庆云阳大石头-双碾盘滑坡

6.2.2.5 滑动条件

地下水经过长期水岩作用将软弱层泥化、软化，形成泥化层，强度大大降低，形成滑动面，使滑坡具备滑动条件。滑带演化的每个阶段都是内、外动力联合作用的结果。近水平岩层滑坡的滑带演化过程大致可分为3类4个阶段。

第Ⅰ类：构造层间剪切与外动力联合作用。缓倾岩层滑坡的滑带多属此类。在构造动力作用下区域地层倾斜，岩层之间产生相互错动，原生沉积软岩受到强烈的剪切作用形成层间剪切、破碎带，然后在地下水等因素作用下演变为泥化夹层，在暴雨诱发下发生滑坡，形成滑带。其演化过程为沉积软岩→层间剪切带→泥化夹层→滑带，如图6-18所示。

第Ⅱ类：构造隆升与河谷下切联合作用。这类演化模式主要发生在中山、低山和深丘地貌区的高陡斜坡上。这些区域在新构造运动期间地壳大面积快速隆升，区域性剥蚀与下切作用强烈，产生斜坡的应力重分布、卸荷回弹、残余应变能释放等效应，由此对层间薄层沉积软岩产生具有一定时效性的挤压和剪切作用，在地下水的作用下形成片理夹泥层。其演化过程为沉积软岩→卸荷剪裂带→片理夹泥层→滑带，如图6-18所示。

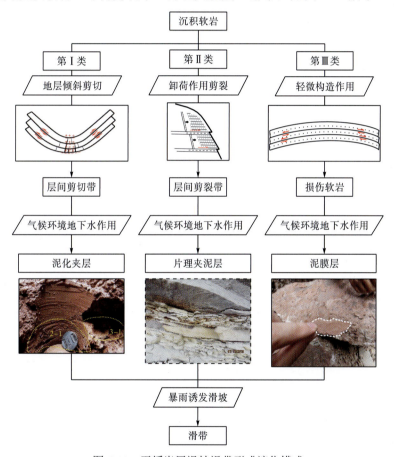

图6-18 平缓岩层滑坡滑带形成演化模式

第Ⅲ类：轻微构造作用与外动力联合作用。这类演化模式通常发生在川中地区。川中地区红层地层产生的构造变形相对最为轻微；同时新构造运动期间地壳隆升与外动力剥蚀、下切作用也相对较弱，地貌类型以缓丘、浅丘和中丘为主。因此沉积软岩尽管细微裂缝密集发育但在宏观上表现为完整岩体，遭受外动力作用后软岩的泥化程度也较低，一般仅在地下水渗流作用下形成不连续分布的薄层泥膜。其演化过程为沉积软岩→损伤软岩→

泥膜层→滑带，如图 6-18 所示。

当然，上述滑带演化类型划分不是绝对的，区域分布也不是绝对的，在某些区域往往同时存在上述 3 种类型。

6.2.2.6 触发条件

1. 降雨

四川盆地平缓岩层滑坡，一般都是在暴雨—特大暴雨期间发生。仅就川东南江县而言，据当地国土部门资料统计，2010 年 7 月的强降雨导致南江县内新增地质灾害隐患点 211 处，其中滑坡点为 138 处；2011 年"9·16"强降雨导致区内新增地质灾害隐患点 1162 处，其中滑坡点为 846 处。由此可以看出，降雨是红层地区滑坡的主要诱发因素。

图 6-19 和图 6-20 所示分别为 2011 年"9·16"强降雨过程中南江县牛马场和窑厂坪滑坡所在区域的雨量观测资料。可以发现，滑坡通常发生在强降雨过程的中后期，甚至降雨过程结束后的一两天内。这是因为雨水通过裂隙网络系统进入坡体内部转化为地下水，沿潜在滑带流动形成扬压力和对滑带土产生软化效应，需要一定的时间。因此，对于川东地区缓倾岩层滑坡而言，一些大型的缓倾岩层滑坡通常发生在强降雨雨势减弱之后，这一特点在实际的防灾减灾过程中应加以重视。

2. 人类工程活动

人类工程活动是诱发缓倾岩层滑坡的另一个重要因素。软弱层出露地表是红层地区平缓岩层发生滑坡的必要条件。道路和房屋修建等开挖坡脚很容易切穿红层中的软弱层使其暴露于地表，并形成较好的临空条件，同时也为层间地下水的排泄提供了出口，加速了地下水在坡体内的流动，短期内就可能使斜坡稳定性急剧降低，最终失稳破坏。即使在近水平底层分布区都是如此，因此应高度重视。

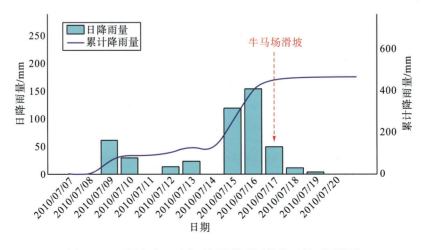

图 6-19 四川省南江县牛马场滑坡附近的降雨量观测结果

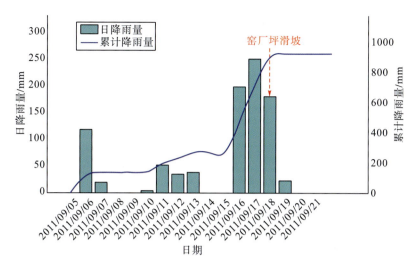

图 6-20 四川省南江县窑厂坪滑坡附近的降雨量观测结果

6.2.3 平缓浅层土质滑坡基本特征与形成条件

6.2.3.1 平缓浅层土质滑坡基本特征

平缓浅层土质滑坡的主要物质来源为残坡积物。残积物是按照陆地表面第四纪地质成因分类理论，根据动力原则划分的类型，是指基岩经物理、化学风化作用的衍生物，通常未经搬运而残留于山区较平缓的地表成为未破碎基岩的覆盖层。残积成分与基岩的岩性密切相关，随各地的基岩岩性而异。坡积物则是根据地貌位置标志划分的类型，属于机械搬运作用的再沉积物。基岩风化后的碎屑经雨水、雪水或重力的搬运，通常呈扇状或带状堆积在山区的斜坡、坡脚等部位，其岩性与下部基岩无继承关系。

研究区内残坡积物是由下伏砂岩和泥岩风化形成的，继承了母岩的物理、水理性质。根据对研究区内 50 个土质滑坡的分析，残坡积层滑坡占统计样本的 74%，为研究区内缓倾角平缓浅层土质滑坡的主要类型。通过对 2011 年四川省巴中市南江县 "9·16" 特大暴雨诱发滑坡的调查研究和统计分析，此类滑坡具有以下特征。

(1) 厚度主要集中在 1～5m，多分布在斜坡的中后缘，常见下伏基岩出露(图 6-21)。由图 6-21 可见，厚度为 1～5m 的土质滑坡数量占滑坡总数的 88% 左右，单斜山体斜坡覆盖层厚度太小和太大的区域发生滑坡的概率大大减小。

(2) 规模小，多以中、小型滑坡为主。残坡积层滑坡由于受覆盖层厚度及坡体形态等因素影响，所以规模一般较小。

(3) 滑坡体主要由紫红色黏土组成(图 6-22)。滑坡物质组成以泥岩风化形成的紫红色粉质黏土居多，少数为砂岩风化形成的黄褐色粉土。由于红层软岩遇水易膨胀、失水易崩解的特性，出露于地表的泥岩易风化，决定了红层地区残坡积层的主要物质为紫红色粉质黏土。通过对 50 处平缓浅层土质滑坡的统计分析发现，81% 的滑坡均属于此类。

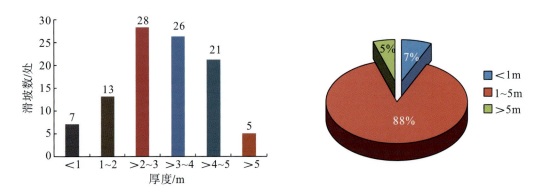

图 6-21　南江县 2011 年"9·16"暴雨诱发土质滑坡厚度分布特征

(4) 坡度较缓。残坡积层由于多沿下伏基岩近乎均匀分布，基岩层面缓倾的特性决定了其残坡积层斜坡坡度也较为平缓(图 6-23)。如图 6-24 所示，巴中市南江县"9·16"暴雨诱发的所有土质滑坡中，67.57%的滑坡地表坡度为 10°～30°。

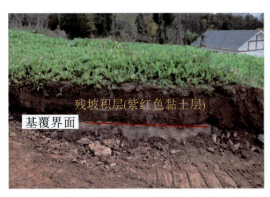

图 6-22　由泥岩风化形成的黏土层

图 6-23　残坡积层构成的缓坡

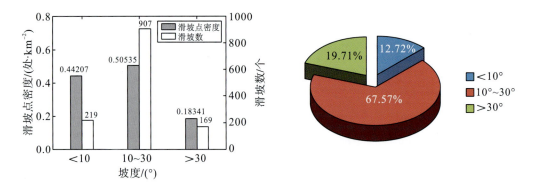

图 6-24　巴中市南江县"9·16"暴雨诱发土质滑坡地表坡度特征

(5) 滑面平直，滑坡基本沿基覆界面顺层"光面"滑动，如图 6-25 所示。

图 6-25　滑面为"光面"基覆界面

(6) 坡面线一般为台阶状。由于区内残坡积层多为紫红色粉砂质泥岩、泥质粉砂岩风化形成，土壤较为肥沃，且斜坡坡度较缓，一般多被开垦为耕地、水田，因此该类型斜坡多呈农田的阶梯状分布，自上而下发育多级田坎，田坎高度多为 0.5～1.5m（图 6-26）。

图 6-26　研究区残坡积层型斜坡典型特征

6.2.3.2 平缓浅层土质滑坡形成条件

通过对川东地区 1296 处平缓浅层土质滑坡坡度的统计，发现川东红层地区的浅层土质滑坡主要发育在 10°～30°的斜坡中，太陡和太缓的斜坡中发育浅层土质滑坡的数量较少。斜坡太缓，上覆土层提供的下滑力不足以克服滑动面的摩擦力发生下滑；而斜坡太陡，其本身的稳定性较差，很难长期保持自身稳定。

调查发现，成片分布的小于 30°的斜坡很适宜于农田耕种，一般多被开垦为耕地、水田，被人工改造过后的斜坡由于植被变得稀疏，且农业灌溉水长期浸泡，导致该类斜坡稳定性反而较崩坡积层、滑坡堆积层斜坡差，在降雨作用下，极易快速饱水，导致失稳破坏。

前已述及，发生平缓浅层土质滑坡的上覆残坡层积厚度一般为 1～5m，且下覆完整不透水基岩。研究表明，在川东红层斜坡体中，从大气影响深度的作用看，雨水在残坡积层中的最大入渗深度为 5m，如果残坡积层厚度超过 5m，地下水将无法入渗到基覆界面，就不能形成软弱带；同时，下伏基岩必须完整不透水，这样才能保证地下水对基覆界面的长期软化作用，并形成最终滑带。

据统计表明，研究区内的平缓浅层土质滑坡 95%以上与降雨有关，可见降雨是诱发四川红层地区平缓浅层土质滑坡最主要的外在因素。根据对研究区内大量平缓浅层土质滑坡的调查研究发现，降雨入渗对平缓浅层土质滑坡的作用包括化学作用和物理作用。

物理作用包括两个方面：一方面，由于土是三相物质，土体中存在很多孔隙，降雨入渗后会沿着孔隙流动，并逐渐使这些孔隙充满水，增加了坡体的自重；另一方面还会引起土体含水量的变化，前人的研究表明，土体多项强度指标与饱和度有着密切的关系，当粉质黏土饱和度由 50%升高至 80%时，黏聚力缓慢减小，当饱和度超过 80%时，黏聚力急剧下降，土的抗剪强度也随之降低。

化学作用主要表现在水对基覆界面的软化作用。雨水自地表入渗以后，通过表层土体孔隙和裂隙入渗至基覆界面，由于基岩的渗透系数远远小于上部覆盖层，为相对隔水层，因而地下水将沿着基覆界面向前缘坡体渗流，一方面持续软化基覆界面土体，降低其力学性质，并最终形成滑带；另一方面，在地下水沿基覆界面渗流的过程中，对上覆土体形成扬压力，进一步降低了坡体的稳定性，一旦下滑力超过抗滑力，则导致失稳破坏。

当然，降雨尤其是持续强降雨和人类工程活动也是浅层土质滑坡的主要诱发因素。降雨自地表干缩裂隙、变形裂隙、植被与土体作用形成的根系通道及结构性孔隙等提高土体渗透能力的快速通道入渗以后，坡体内含水量不断增大，岩土体抗剪强度参数迅速减小，界面产生滞水和地下水位汇集，水位上升，地下水对基覆界面岩土体产生软化、润滑作用，以及在斜坡土体中形成孔隙水压力，一旦下滑力超过抗滑力，则斜坡失稳。

人类工程活动是诱发土质滑坡的另一个重要因素，包括道路修建造成的边坡开挖，修建房屋时对地基的处理和屋后斜坡、陡坎的开挖，在斜坡上修筑灌溉水渠等。

第7章 四川盆地红层浅层土质滑坡成因机理研究

平缓浅层土质滑坡滑面平直缓倾，沿滑面方向的重力分力小，在天然状态下的稳定性较好，但特大暴雨情况下却能产生大量群发性滑坡。2011年"9·16"强降雨诱发的四川省巴中市南江县浅层土质滑坡有如下特点：滑体厚度薄，多集中在1~5m区域；滑坡坡度缓，主要分布在10°~30°范围内；滑坡区地层被明显地分为上下两层，上覆残坡积层主要为粉质黏土，下覆基岩以砂岩或泥岩为主，残坡积层多沿"光面"基覆界面顺层滑动。出现这些特点的原因何在？要解答这些问题，就需要从研究覆盖层的降雨入渗深度入手。

7.1 四川盆地红层地区覆盖层降雨入渗深度研究[50]

7.1.1 降雨入渗深度的土柱试验研究

为了科学地揭示研究区红色黏土边坡的降雨入渗规律，从巴中市南江县红层区现场取回粉质黏土夹碎石，利用降雨装置和降雨入渗大型土柱实验装置，开展降雨入渗深度的试验研究。

7.1.1.1 试验设计

降雨入渗试验模型如图7-1所示。由4个有机玻璃圆柱体长桶组成，每个有机玻璃圆柱体长桶的直径为0.5m，高度为1m；在有机玻璃圆柱体长桶的顶部模拟大气降雨，为了便于监测水分在土体中的入渗规律，在土体中每隔一段距离安装含水率传感器及基质吸力传感器，通过含水率及基质吸力记录仪采集相关数据。

7.1.1.2 试验方法及过程

在滑坡现场开挖深度为6m的探井，分层装样，运回作为试验土样。试验过程中，采用控制干重度、级配的方法保障试验土体与实际情况的相似性。通过颗粒分析试验和激光粒度分析试验获取不同土层的级配曲线(图7-1)。

在进行降雨入渗大型土柱试验前，先将土样装进有机玻璃圆柱体长桶中，在装样的过程中为了使试验情况与现场土样相似，每米土层都控制在对应的密实度和级配上，并采用分层压实，每米均分3层压实。装样的同时，将含水率传感器及基质吸力传感器安装到土体的一定深度内。装样、监测仪器安装完成后进行人工模拟降雨。

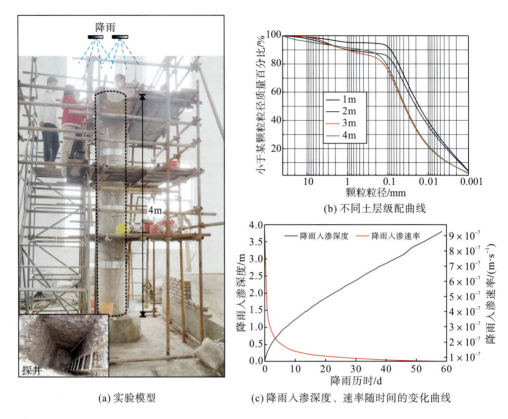

图 7-1　大型土柱降雨入渗模型

7.1.1.3　试验结果及分析

通过实测降雨入渗过程中浸润锋的下移深度，得到降雨入渗深度及入渗速率随时间的变化曲线，如图 7-1 所示。随着降雨历时的增加，雨水不断下渗，浸润锋逐渐下移，入渗深度逐渐增大，但其入渗速率极其缓慢，且逐渐减小，降雨历时 58 天，雨水才入渗到 3.84m。因为研究区滑坡土体主要由红色黏土组成，红色黏土渗透能力极低，数量级一般在 10^{-7}m/s，如果不考虑裂隙等其他增加土体渗透性能的降雨入渗快速通道，仅考虑红色黏土本身的渗透性，雨水很难在坡体中入渗，其降雨入渗深度将十分有限，一场强降雨一般仅入渗 50cm 左右。

7.1.2　利用改进的 G-A 降雨入渗模型计算降雨入渗深度

基于一定假设的传统入渗模型能够较完整地描述湿润锋和入渗率(量)的变化规律。这种传统模型具有很强的适用性，至今仍得到广泛应用，为了更加真实有效地研究缓倾角浅层土质斜坡在降雨条件下的入渗深度，运用改进的 Green-Ampt(简称 G-A)降雨入渗模型计算降雨入渗深度。

7.1.2.1 模型的建立及参数的选取

目前大部分入渗模型都存在降雨诱发滑坡所不能满足的前提条件,如水平入渗、积水入渗等,但坡体往往都具有一定的倾角,而降雨入渗通常会受到坡角的影响;只有当降雨强度较大,坡角较缓时,坡体才会积水,而对于降雨强度小于一定值时,坡体不会积水。

根据平缓浅层土质滑坡实际情况,考虑斜坡坡度及降雨入渗实际条件,采用非饱和土 V-G 模型与改进的 G-A 降雨入渗模型,进行降雨入渗深度的计算,其计算模型如图 7-2 所示。假设传导区体积含水率均匀分布,其中 z^* 方向垂直于斜坡坡面,x^* 方向平行于斜坡坡面,θ_i 为土体初始体积含水率,θ_w 为降雨入渗情况下传导区土体体积含水率,q 为降雨强度。

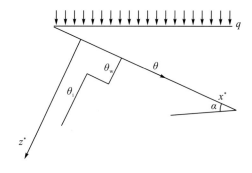

图 7-2 降雨入渗计算模型

(1) 当 $k_s > q$ 时,设 z^* 方向的入渗率为 i,根据达西定律可得

$$i = -k(h_w)\frac{\partial h}{\partial z^*} = k(h_w)\frac{\partial z}{\partial z^*} - k(h_w)\frac{\partial h_w}{\partial z^*} \tag{7-1}$$

进行坐标变换可得

$$z = x^*\sin\alpha + z^*\cos\alpha \tag{7-2}$$

联立式(7-1)和式(7-2),可得

$$i = k(h_w)\cos\alpha - k(h_w)\frac{\partial h_w}{\partial z^*} \tag{7-3}$$

从式(7-3)可知,斜坡表面入渗率主要由重力梯度和水压梯度两部分组成,因假设浸润峰面以上土体体积含水率是分布均匀的,故式(7-3)的第二项可以近似看为 0。再加上 $k_s > q$,这样坡体表面 z^* 方向的入渗率为

$$i = q\cos\alpha \tag{7-4}$$

V-G 模型中两个重要水力特征的水土特征曲线和水力传导方程如下:

$$\theta(h) = \begin{cases} \theta_r + \dfrac{\theta_s - \theta_r}{\left[1 + (a|h|)^n\right]^m}, & h < 0 \\ \theta_s, & h \geq 0 \end{cases} \tag{7-5}$$

$$k(h) = \begin{cases} k_s \dfrac{\left\{1-(a|h|)^{n-1}\left[1+(a|h|)^n\right]^{-m}\right\}^2}{\left[1+(a|h|)^n\right]^{m/2}}, & h<0 \\ k_s, & h \geq 0 \end{cases} \quad (7\text{-}6)$$

上式中，θ 为土体体积含水率，%；h 为压力水头，m；$|h|$ 为 h 的绝对值；θ_s 为土体饱和体积含水率，%；θ_r 为土体残余体积含水率，%；a 和 n 为曲线形状参数，且 $n>1$，a 的单位是 m^{-1}；$m=1-1/n$；k 为渗透系数，m/s；k_s 为饱和渗透系数，m/s。

联立式(7-3)、式(7-4)和式(7-6)，可得

$$k_s \dfrac{\left\{1-(a|h_w|)^{n-1}\left[1+(a|h_w|)^n\right]^{-m}\right\}^2}{\left[1+(a|h_w|)^n\right]^{m/2}} = q \quad (7\text{-}7)$$

浸润区土体压力水头 h_w 通过式(7-7)求得，并将所得的压力水头 h_w 代入式(7-5)得到此时的土体体积含水率 θ_w。

据式(7-7)及土体体积含水率和水量平衡原理，求得降雨历时 t 所对应的降雨入渗深度 z_w 及孔隙水压力 u_w：

$$z_w = \dfrac{qt}{\theta_w - \theta_i} \quad (7\text{-}8)$$

$$u_w = r_w h_w \quad (7\text{-}9)$$

(2) 当 $k_s < q$ 时，

$$I = qt\cos\alpha, \quad t \leq t_q \quad (7\text{-}10)$$

$$I - \dfrac{SM}{\cos\alpha}\ln\left[1+\dfrac{I\cos\alpha}{SM}\right] = k_s\left[t-(t_q-t_s)\right]\cos\alpha, \quad t > t_q \quad (7\text{-}11)$$

式(7-10)、式(7-11)中的 t_q、t_s、I_q 可分别按下式计算：

$$I_q = \dfrac{SM}{\dfrac{q\cos\alpha}{k_s}-\cos\alpha} \quad (7\text{-}12)$$

$$t_q = \dfrac{SM}{\dfrac{q^2\cos^2\alpha}{k_s}-q\cos^2\alpha} \quad (7\text{-}13)$$

$$k_s t_s \cos\alpha = I_q - \dfrac{SM}{\cos\alpha}\ln\left(1+\dfrac{I_q\cos\alpha}{SM}\right) \quad (7\text{-}14)$$

联立式(7-10)～式(7-14)求得降雨历时 t 下的降雨入渗量，取得 z_w：

$$z_w = \dfrac{I}{(\theta_w-\theta_i)\cos\alpha}, \quad q>k_s \quad (7\text{-}15)$$

联立式(7-11)～式(7-15)可得

$$z_{w}M\cos\alpha - \frac{SM}{\cos\alpha}\ln\left(1+\frac{z\cos^{2}\alpha}{s}\right) = k_{s}\left[t - \frac{SM}{\cos^{2}\alpha}\left(\frac{1}{k_{s}}\ln\frac{q}{q-k_{s}} - \frac{1}{q}\right)\right]\cos\alpha \tag{7-16}$$

式中，S 为浸润锋面处土体的基质吸力；M 为土体饱和体积含水率与土体初始体积含水率之间的差值；α 为坡度；z_w 为降雨入渗深度；t 为降雨时间；t_q 为开始积水时间；t_s 为开始积水到 $I=I_q$ 时所需要的时间。

通过颗粒分析试验和激光粒度分析试验获得土层滑坡级配曲线，基于 V-G 模型，利用 RETC 软件拟合出土壤水分特征曲线，得到残余体积含水率 θ_r 及饱和体积含水率 θ_s，从而得到不同体积含水率下的基质吸力，通过室内降雨入渗实验，实测浸润峰处的体积含水率，并通过土水特征曲线获取对应体积含水率下的基质吸力，解析模型参数见表 7-1。

表 7-1 解析模型参数及方案选取

V-G 模型参数			n	S/m	M	q/(m·s^{-1})	α/(°)
θ_r/%	θ_s/%	a/m^{-1}					
8.23	39.16	1.05	1.37	0.05	0.2	2.8×10^{-6}	15
8.23	39.16	1.05	1.37	0.05	0.2	2.8×10^{-6}	15
8.23	39.16	1.05	1.37	0.05	0.2	2.8×10^{-6}	15
8.23	39.16	1.05	1.37	0.05	0.2	2.8×10^{-6}	5
8.23	39.16	1.05	1.37	0.05	0.2	2.8×10^{-6}	25
8.23	39.16	1.05	1.37	0.05	0.2	2.8×10^{-6}	35

7.1.2.2 模型结果及分析

一定的土体渗透性对应一定的土壤水分入渗速率，当大气降雨与斜坡边界条件相同时，不同的土体入渗速率必然导致不同的降雨入渗深度，土体渗透性能在很大程度上影响着降雨在坡体中的实际入渗深度。土体渗透性能对降雨入渗深度的影响要与降雨强度和降雨持时这一降雨过程结合起来进行全面综合考虑。根据南江县 2011 年"9·16"特大暴雨及研究区红色黏土弱渗透性的实际情况，当 $k_s<q$ 时的降雨入渗深度计算公式：

$$z_{w}M\cos\alpha - \frac{SM}{\cos\alpha}\ln\left(1+\frac{z\cos^{2}\alpha}{s}\right) = k_{s}\left[t - \frac{SM}{\cos^{2}\alpha}\left(\frac{1}{k_{s}}\ln\frac{q}{q-k_{s}} - \frac{1}{q}\right)\right]\cos\alpha$$

利用 MATLAB 软件平台，计算分析降雨入渗深度与土体饱和渗透系数和降雨历时的关系曲面，如图 7-3 所示。随着土体饱和渗透系数的增大，雨水入渗到坡体内相同深度所需的降雨时间显著减少，研究区土体渗透性能对降雨入渗深度有着极为重要的影响。

为了清晰地知道研究区红色黏土在自身渗透性能下的降雨入渗深度，基于研究区红色黏土的渗透系数，计算其降雨入渗深度随降雨历时的变化曲线，如图 7-4 所示。在强降雨条件下，往往需要 20～200 天的降雨历时，雨水才会入渗到 4m，且当土体饱和渗透系数 k_s 取平均值 8.0×10^{-7}m/s 时，需要 50 天左右的强降雨，雨水才会入渗到坡体内 4m，而一场强降雨，往往仅入渗 50cm 左右；通过室内实验可知，研究区粉质黏土渗透性极低，从表层往下分别分布在 $2.0\times10^{-7}\sim1.4\times10^{-6}$ m/s 范围内，在该渗透性能下，至少要经历 20 天左右的强降雨，雨水才能入渗到坡体内 4m 处，这与室内降雨入渗试验结果较为接近，仅靠研究区红色黏土自身的弱渗透能力，雨水极难在土壤中入渗。

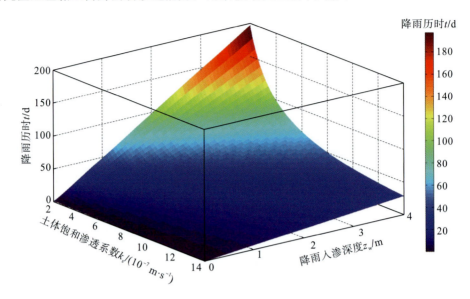

图 7-3　降雨入渗深度与土体饱和渗透系数和降雨历时的关系曲面

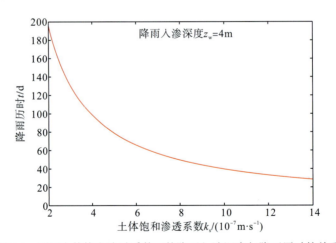

图 7-4　不同土体饱和渗透系数下的降雨入渗深度与降雨历时的关系

　　斜坡坡度对降雨入渗也有一定的影响，坡度越缓，其汇水条件越好，易于积水，而坡度越陡，汇水条件越差，但其水头梯度更大，易于降雨入渗。根据南江县斜坡坡度实际情况，计算分析降雨入渗深度随斜坡坡度和降雨历时的变化曲面，如图 7-5 所示。随着斜坡坡度的增大，雨水入渗到坡体内相同深度所需的降雨时间减少，但其时间相差甚微。取其中 3 个具体坡度，在相同的强降雨下，绘制降雨入渗深度随降雨历时的变化曲线，如图 7-6 所示，随着斜坡坡度的增大，入渗相同深度所需降雨历时逐渐减少，时间差一般仅为 2~4h，研究区斜坡降雨入渗深度受斜坡坡度的影响较小，其降雨入渗主要受土体渗透性能的影响。

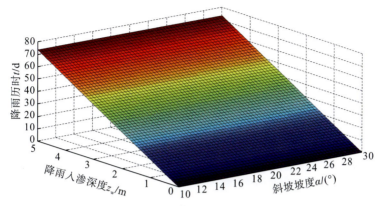

图 7-5 降雨入渗深度与斜坡坡度和降雨历时的关系曲面

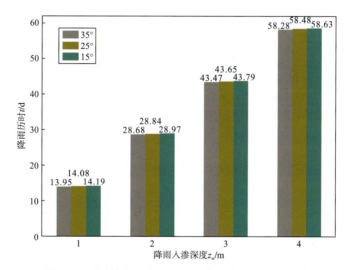

图 7-6 不同坡度下降雨入渗深度与降雨历时的关系

7.1.3 考虑大气环境影响的降雨入渗深度分析

通过室内降雨入渗试验和改进的 G-A 降雨入渗模型对南江县缓倾角浅层土质边坡降雨入渗深度进行分析研究，可知研究区红色黏土渗透性能极小，在强降雨作用下，雨水很难入渗，这与南江县强降雨诱发数以千计的缓倾角浅层土质滑坡实际情况相差甚远。那是否存在提高土体渗透性能的优势通道，能使雨水快速渗入坡体一定深度内，影响斜坡稳定性。

7.1.3.1 研究区降雨入渗优势通道

岩土体孔隙的存在将在很大程度上影响土壤中水、气、热及养分的保持和移动，从而破坏岩土体的完整性，提高土体降雨入渗性能。基于大量野外调查，受大气环境的影响，研究区红色黏土边坡中存在结构性孔隙、干缩裂隙及张拉裂隙。

1. 土体结构性孔隙

南江县土体边坡受大气环境的影响，不同深度的土体受到不同程度的风化，产生土壤结构性孔隙，如图 7-7 所示。土体结构性孔隙的存在破坏了土体的完整性，其大小和多少将直接决定土体的渗透性能。但是随着土层深度的增加，大气对湿度和地温的影响逐渐降低，当达到某一土层深度时温度和湿度保持稳定，土体基本上不受大气环境的影响，保持较高的初始土体完整性。土体孔隙比和渗透系数随土层深度的变化曲线如图 7-7 所示。随着土层深度的增加，土体孔隙比、渗透系数都逐渐减小，数量级从 1m 土层处的 10^{-6}m/s 逐渐减小为 6m 处的 10^{-8}m/s，降雨入渗从易到难，从快到慢。

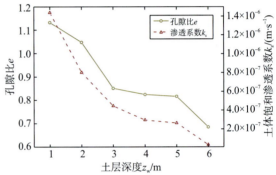

(a) 土体结构性孔隙　　　　(b) 土体孔隙比和土体饱和渗透系数随土层深度的变化曲线

图 7-7　土体结构性孔隙及其对土体渗透性能的影响

2. 干缩裂隙

干缩裂隙是土体中大孔隙的重要组成之一，如图 7-8 所示。土体干缩裂隙是土体，特别是膨胀性黏土体在脱水收缩时产生的裂缝，裂缝的产生将会在很大程度上影响表土层的降雨入渗能力。基于岩土体毛细管模型理论，在同一含水率的条件下，组成土体的颗粒直径越大，土体基质吸力就越小，且研究表明土体基质吸力与土体裂隙长度呈正相关关系，解释了砂性土不易开裂产生裂隙，而膨胀土、红色黏土等细颗粒黏性土却易开裂的原因。

图 7-8　干缩裂隙

根据土壤干缩裂隙发育机理及分布形态，可知土壤干缩裂隙一般都是贯通的，为降雨入渗提供了快速通道。但由于大气环境对土体的影响范围有限，导致土壤干缩裂隙往往只能分布在一定的土层深度范围内，裂隙提供的降雨入渗快速通道深度受限，降雨入渗深度集中在对应的大气影响深度内。

3. 张拉裂隙

研究区土体由于村民修建房屋、公路开挖坡面造成坡体卸荷，土体受到拉应力作用，应力状态及土体性质发生改变，应力释放和调整形成张拉裂隙，如图7-9所示。张拉裂隙的形成破坏了土体原有结构，提高了土体的渗透性能。

图 7-9　张拉裂隙

4. 植被根系通道

植被增加根植层土壤的孔隙率、涵养水源、促进地表水入渗。孔隙率可促进降雨向土层渗透，增加植被土壤吸收降雨的能力。卞相玲通过研究刺槐、侧柏、黑松及空旷地下的表层土体渗透能力(表7-2)，得到如下结论，所有植被下的土壤水分渗透能力明显均大于空旷地，植被土壤地与空旷地相比，植被土壤地的降雨入渗率平均值是空旷地的3~4倍，而阔叶林地的枯枝落叶蓄积水量较大，从而引起了土壤物理性状的差异，使得阔叶林地下的土体孔隙率较针叶林地下的要大，更有利于水分入渗。而南江县普遍以阔叶林为主，增大了土壤水分入渗能力。

表 7-2　不同植被下的表层土体渗透速率

植被类型	渗透系数 $k_s/(mm·min^{-1})$			
	阳坡	阴坡	坡顶	坡底
刺槐	24.27	31.65	20.15	25.31
侧柏	15.34	22.44	11.28	16.34
黑松	11.07	18.37	7.09	12.19
空旷地	4.58	5.42	4.27	4.95

土体中穿插生长的植被根系，不仅受土体影响在植被根系的轴向方向产生一定的压力，同时也对土体产生一定的作用，使土体受到来自根系的反挤压导致土体隆起变形，这样在植被根系与周边的土体界面之间将会形成大量的裂隙，植被裂隙的存在使雨水入渗能力显著提高，但植被裂隙主要集中于土体表层一定深度范围内，如图 7-10 所示。

图 7-10　植被根系通道

7.1.3.2　大气环境影响深度

膨胀土对大气环境的变化尤其敏感，具有失水易收缩，吸水易膨胀的特性。当土体吸水时，产生膨胀，被软化，抗剪强度衰减；当土体失水时，产生裂缝，其干湿效应尤其显著。受大气环境的影响，膨胀土产生反复的收缩膨胀，致使土体松散、结构破坏，大量的不规则干湿裂缝产生，从而为斜坡表面的风化创造了有利的条件，同时也为降雨入渗提供了优势通道。大气环境的变化使土壤含水率产生相应的波动，进而导致土体胀缩现象循环发生，裂隙进一步向土层深度延伸，产生风化层。大气环境作用产生的风化层即为大气环境影响深度。

1. 研究区土体膨胀性

通过液、塑限联合试验，自由膨胀率试验，激光粒度分析试验，以及 X 射线粉晶衍射分析 (X-ray diffraction，XRD) 实验，得到土体液、塑限，自由膨胀率，颗粒含量，以及矿物组成成分，如图 7-11 所示。从图 7-11 中可知，研究区土体液限大于 40%、塑限大于 18%、自由膨胀率大于 40%、小于 0.005mm 颗粒的含量大于 35%，且土体以黏土矿物为主，含量占到全岩矿物成分的 67%，其中黏土矿物组分以伊利石及高岭石为主，其次为伊利石和高岭石的混合成分，具体结果见表 7-3。研究区土体边坡红色黏土具有一定的膨胀性。

(a) 液、塑限联合测定仪

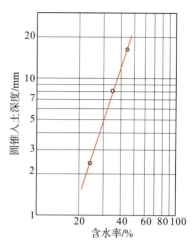
(b) 圆锥入土深度与含水率的关系曲线

(c) 理学DMAX-3C衍射仪

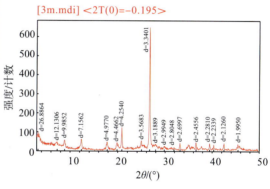
(d) X射线衍射图谱线

(e) 激光粒度分析仪

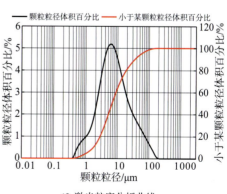
(f) 激光粒度分析曲线

图 7-11　土体膨胀性综合测试

表 7-3　土体物理性质指标

深度/m	液限/%	塑限/%	自由膨胀率/%	颗粒粒径分析(<0.005mm)/%	XRD 测试结果/%			
					伊利石	高岭石	石英	I/S
1	49.66	21.12	53	39.77	25	25	33	17
2	48.25	20.80	51	37.48	23	24	37	16
3	50.31	23.70	56	40.62	27	26	35	12
4	46.74	22.50	52	38.13	22	23	40	15

2. 研究区大气影响深度

参照大气影响深度相关资料及规范计算方法，可知不同地区大气影响深度有所不同，与当地土体湿度系数密切相关，且二者呈显著的负相关关系，具体见表 7-4。土体湿度系数 ψ_w 定义如下：在自然气候条件下，地表下 1m 土层深度处，土体含水率可能达到的最小值与其对应的塑限之比，即

$$\psi_w = \frac{w_{\min}}{w_p}$$

式中，$w_{\min}$ 为地表下 1m 深度处土体含水率可能达到的最小值；w_p 为地表下 1m 深度处的土体塑限。

表 7-4　大气影响深度

土体的湿度系数 ψ_w	大气影响深度 d/m
0.6	5.0
0.7	4.0
0.8	3.5
0.9	3.0

在该土体滑坡后缘和中部开挖 2 个探槽，分别在雨季和旱季现场测试探槽 1m 处土体 4 个方向的含水率，后取平均含水率，地表下 1m 土层深度处，土体含水率可能达到的最小值为 12.1%，见表 7-5。

表 7-5　1m 土层深度处的土体含水率

位置	土体含水率/%				
	3月	7月	9月	11月	12月
滑坡后缘 1m 处	13.1	24.3	25.1	14.8	12.1
滑坡中部 1m 处	15.3	24.8	25.3	16.5	13.4

$$\psi_w = \frac{w_{\min}}{w_p} = \frac{12.1}{21.12} = 0.573$$

计算可知，研究区边坡红色黏土湿度系数为 0.573，利用差值法，查表 7-4 估算大气

影响深度为5.37m。说明地表下5.37m深度范围内的土体受大气环境的影响,易于风化,产生各种孔隙及裂缝,土体渗透能力提高,使雨水易渗入坡体,而大气影响深度范围外(大于5.37m)的土体几乎不受降雨的影响,保持原有的完整性。

7.1.4 平缓浅层土质斜坡入渗模式与滑坡成因分析

考虑大气对土坡的影响,计算得到研究区大气影响深度为5.37m,在该深度范围内,存在利于降雨入渗的各种优势通道,如干缩裂隙、变形裂隙、根系通道及碎石土层等结构性孔隙。斜坡深部土体除接受垂直下渗的地下水之外,还要接受从后部深层土体补给的地下水:斜坡地表如有基岩出露,则易形成地表水汇集沿基覆界面向下运移;在土层厚度较小的部位,降雨相对易于下渗,并在基覆界面汇集向斜坡下部深层土体形成补给。

在大气影响深度内,随着土层深度的增加,大气影响的作用逐渐减弱,土体风化程度逐渐减弱,土体孔隙比、渗透性能逐渐降低。当遇到不透水下覆基岩时,雨水流动方向改变,将不再下渗而沿基覆界面顺层流动。图7-12所示为平缓浅层土质斜坡降雨入渗示意图。此时界面滞水、地下水汇集,水位上升,产生孔压,同时界面产生软化和润滑作用,产生滑坡。

南江县土质斜坡在强降雨条件下的最大降雨入渗深度即为大气影响深度,强降雨仅能影响5.37m大气影响深度内的土体,南江县大气影响深度产生的降雨入渗深度是导致平缓浅层土质滑坡呈现1~5m浅层滑动的主要原因。

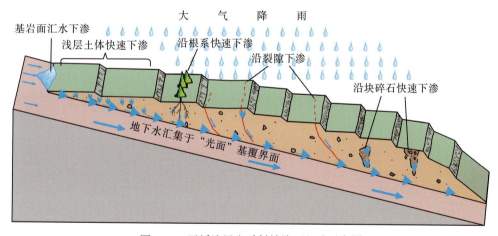

图7-12 平缓浅层土质斜坡降雨入渗示意图

7.2 四川盆地红层平缓浅层土质滑坡成因机理

7.2.1 基于非饱和土强度理论的分析方法

在降雨入渗条件下,由于湿润峰处基质吸力的丧失,土体抗剪强度降低,非饱和浅层土质边坡最危险面通常位于湿润峰处。但南江县平缓浅层土质滑坡却普遍沿基覆界面这一

"光面"顺层滑动,很少在浸润峰处失稳破坏,为此,对其原因做专门分析研究。

根据 Fredlund 提出的非饱和土抗剪强度理论和极限平衡法,边坡安全系数如下式所示:

$$F_S = \frac{c' + (\sigma_n - u_a)\tan\varphi' + (u_a - u_w)\tan\varphi^b}{\gamma_t z_w \cos\alpha \sin\alpha} \tag{7-17}$$

式中,F_S 为稳定性系数;c' 为有效黏聚力;σ_n 为滑面上总的法向应力;u_a 为大气压力;u_w 为孔隙水压力;φ' 为有效摩擦角;φ^b 为抗剪强度随土体基质吸力变化的吸力摩擦角,其值近似等于有效摩擦角 φ';γ_t 为土的饱和重度;z_w 为浸润锋的竖向深度;α 为坡脚。

针对南江县平缓浅层土质滑坡的破坏特点,假定孔隙气压力为 0,结合图 7-13 改进的无限边坡计算简图,根据式(7-17)分别推导了潜在滑面位于以下 3 种情况的斜坡稳定性系数计算方法。

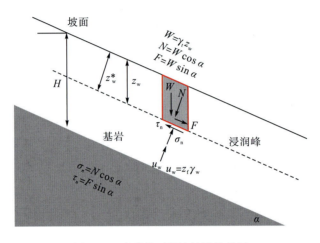

图 7-13 改进的无限边坡计算简图

(1)在天然状态下,斜坡失稳,此时孔隙水压力 u_w 保持一常数 $-z_f\gamma_w$,则 $u_a - u_w = z_f\gamma_w$,得天然状态下斜坡安全系数表达式:

$$F_S = \frac{c' + (\gamma_t H \cos^2\alpha \tan\varphi' + z_f\gamma_w \tan\varphi^b)}{\gamma_t H \cos\alpha \sin\alpha} \tag{7-18}$$

式中,z_f 为湿润峰处的吸力水头。

(2)在降雨条件下,当浸润峰深度小于土层厚度,滑面位于土层浸润峰面处时,斜坡失稳破坏,假定湿润区土体完全饱和,则 $u_a - u_w = 0$,将参数值代入式(7-18)可得失稳面位于湿润锋处时斜坡安全系数表达式:

$$F_S = \frac{c' + \gamma_t z_w \cos^2\alpha \tan\varphi'}{\gamma_t z_w \cos\alpha \sin\alpha}, \quad z_w < H \tag{7-19}$$

(3)在降雨条件下,当浸润峰深度等于土层厚度,滑面位于基覆界面处时,斜坡失稳破坏,此时界面处的孔隙水压力将变为正值,孔隙水压力 $u_w = z_w\gamma_w\cos\alpha$,则 $u_a - u_w = -z_w\gamma_w\cos\alpha$,将参数值代入式(7-18)可得失稳面位于基覆界面处时斜坡安全系数表达式为

$$F_S = \frac{c' + (\gamma_t z_w \cos^2 \alpha - \gamma_w z_w \cos \alpha)\tan \varphi'}{\gamma_t z_w \cos \alpha \sin \alpha}, \quad z_w \geq H \tag{7-20}$$

根据室内实验并参考相关资料，综合确定研究区土体强度参数，见表7-6。

表 7-6 稳定性计算参数

饱和黏聚力 c'/kPa	饱和摩擦角 φ'/(°)	天然黏聚力 c/kPa	天然摩擦角 φ/(°)	饱和重度 γ_t/(kN·m^{-3})
8	10	17	15	19.8

7.2.2 浅层土质滑坡沿基覆界面滑动的成因分析

根据式(7-18)，得天然状态下，斜坡稳定性系数与斜坡土层厚度和斜坡坡度之间的关系曲面和曲线，如图7-14和图7-15所示。随着土层厚度和斜坡坡度的增大，斜坡稳定性系数逐渐减小。在斜坡坡度小于30°或者上覆土层厚度小于4m区域内，稳定性系数F_S总是大于1，斜坡上覆土层薄，岩层缓倾，沿滑动面倾向方向的重力分力很小，说明如果没有降雨入渗的影响，天然状态下斜坡稳定性较好，降雨入渗是滑坡发生的首要条件。而南江县红层区斜坡坡度较缓，主要集中在10°~30°范围，自身地质环境条件导致区域内的平缓土质斜坡在天然状态下稳定性较好。

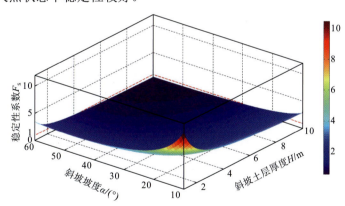

图 7-14 斜坡稳定性系数与土层厚度和斜坡坡度之间的关系曲面

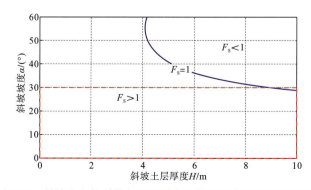

图 7-15 斜坡稳定性系数与土层厚度和斜坡坡度之间的关系曲线

据式(7-19)，得降雨条件下，当浸润峰深度小于土层厚度，潜在滑面位于浸润峰面处时，斜坡稳定性系数与降雨入渗深度和斜坡坡度之间的关系曲面和曲线，如图7-16和图7-17所示。相比较于天然状态，斜坡稳定性系数F_s小于1的区域增大，但在斜坡坡度小于30°，降雨入渗深度小于5m区域内时，斜坡稳定性系数还是主要集中在大于1的区域，斜坡稳定。说明降雨入渗，土体基质吸力逐渐丧失，土体抗剪强度减小，斜坡稳定性降低，但在小于5m的降雨入渗深度范围内，只是土体基质吸力的丧失还不足以使南江县平缓浅层土质滑坡普遍产生，这与现场调查该类典型滑坡几乎不在土层中滑动失稳相吻合。

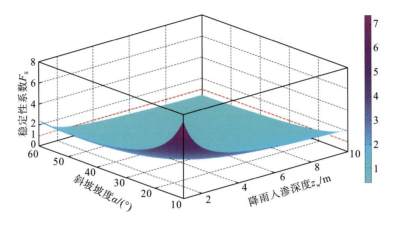

图7-16 斜坡稳定性系数与降雨入渗深度和斜坡坡度之间的关系曲面

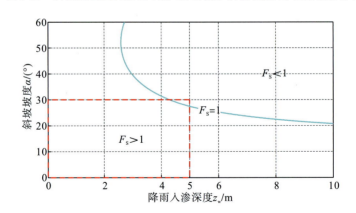

图7-17 斜坡稳定性系数与降雨入渗深度和斜坡坡度之间的关系曲线

据式(7-20)，得降雨条件下，当浸润峰深度等于土层厚度，滑面位于基覆界面时，斜坡稳定性系数与降雨入渗深度和斜坡坡度之间的关系曲面和曲线，如图7-18和图7-19所示。相比滑面位于土体浸润峰处，斜坡稳定性系数显著降低，且在斜坡坡度为10°～30°、降雨入渗深度为1～5m时，稳定性系数主要集中在小于1的区域，降雨入渗至下覆基岩，界面滞水，水位上升，产生孔压，同时界面产生软化、润滑作用，导致上覆土层沿基覆界面这一"光面"顺层滑动。

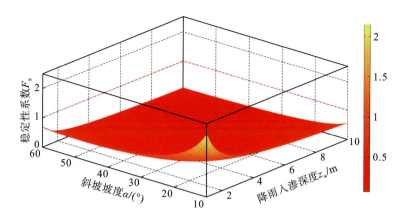

图 7-18 斜坡稳定性系数与降雨入渗深度和斜坡坡度之间的关系曲面

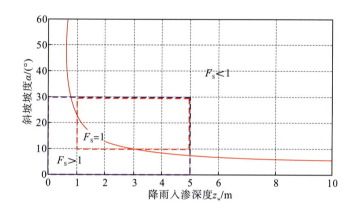

图 7-19 斜坡稳定性系数与降雨入渗深度和斜坡坡度之间的关系曲线

据上述斜坡稳定性分析可知,在天然状态下,斜坡上覆土层薄,岩层平缓,沿滑动面倾向方向的重力分力很小,斜坡稳定性较好,而在降雨过程中,当浸润峰深度小于土层厚度,潜在滑面位于浸润峰面时,相比较天然状态下稳定性系数有所降低,但其斜坡稳定也较好,说明降雨入渗,土体基质吸力逐渐丧失,坡土体抗剪强度逐渐降低,不利于斜坡稳定,但只是坡土体强度的降低还不足以使南江县平缓浅层产生土质滑坡。当浸润峰深度等于土层厚度时,界面汇水,产生滞水,水位上升,产生孔压,且界面产生软化、润滑效应,上覆土层沿基覆界面这一"光面"顺层滑动。

第8章　四川盆地红层平缓岩层滑坡成因机理研究

前已述及，红层地区岩质滑坡包括多种类型，但滑面倾角大于20°的顺层滑坡很常见，其成因机理已很清楚，本章重点探讨滑动面(岩层)倾角小于20°的平缓岩层滑坡，尤其是倾角小于10°的近水平岩层的平推式滑坡机理。

8.1　岩层平推式滑坡机理

8.1.1　力学模型

平推式滑坡主要发生在砂泥岩互层的近水平岩层中。当斜坡后缘存在竖向的拉张裂隙(缝)时[图 8-1(a)]，在强降雨期间雨水入渗竖向裂隙并快速充水，形成一定的水头；当遇到相对隔水的泥岩或软弱夹层时，地下水沿层面逐渐向坡外流动，并在底部形成扬压力[图 8-1(b)]；当后缘水头和底部扬压力组合达到某一临界值时[图 8-1(c)]，坡体在后缘近水平的静水推力和底部扬压力的共同作用下，将坡体快速推出，形成滑坡，随着后缘裂缝地下水的迅速消散，滑坡自行制动，并在后缘留下一明显的拉陷槽[图 8-1(d)]。

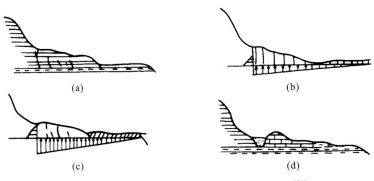

图 8-1　近水平岩层平推式滑坡发展演化模式[51]

8.1.1.1　传统力学模型

在强降雨期间，雨水汇集后渗入陡倾裂缝，裂缝内大量充水形成静水推力。同时，地下水沿滑体底部软弱带向前渗透形成扬压力，滑体受力图如图 8-2 所示。滑体主要受到 4 个力的作用，重力(W)、滑面抗滑力(S_r)、裂缝内静水推力(P_{pu})、基底扬压力(P_{up})。基底扬压力分布形态为三角形，基于受力分析，滑坡启动前，稳定性系数可采用式(8-1)计算。显而易见，当水头高度(h)增大时，稳定性随之降低，当稳定性系数 $K_f=1$ 时滑坡处于临界状态，此时得到的 h 值为临界水头高度 h_{cr}，计算公式为式(8-2)。

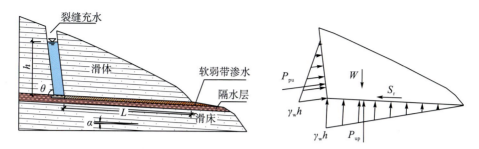

图 8-2 平推式滑坡力学模型

$$K_f = \frac{S_r}{S_m} = \frac{\left[W\cos\alpha - P_{up} - P_{pu}\cos(\theta-\alpha)\right]\tan\varphi + cL}{W\sin\alpha + P_{pu}\sin(\theta-\alpha)}$$

$$= \frac{\left[W\cos\alpha - \frac{1}{2}\gamma_w hL - \frac{1}{2}\gamma_w h^2\cos(\theta-\alpha)\right]\tan\varphi + cL}{W\sin\alpha + \frac{1}{2}\gamma_w h^2\sin(\theta-\alpha)} \tag{8-1}$$

$$\begin{cases} h_{cr} = \left[\dfrac{\tan^2\varphi L^2 - \dfrac{8AB}{\gamma_w}}{2A}\right]^{\frac{1}{2}} - \dfrac{L\tan\varphi}{2A} \\ A = \cos(\theta-\alpha)\tan\varphi + \sin(\theta-\alpha) \\ B = W(\sin\alpha - \cos\alpha\tan\varphi) - cL \end{cases} \tag{8-2}$$

式中，K_f 为稳定性系数；S_r 为抗滑力；S_m 为下滑力；P_{pu} 为静水推力；P_{up} 为基底扬压力；W 为滑块单宽重力；α 为滑动面沿滑移方向的倾角；φ 为滑带内摩擦角；γ_w 为水的重度；L 为滑体底面沿滑动方向上的长度；θ 为后部裂缝与水平面的夹角；c 为滑带黏聚力；h 为裂缝水头高度；h_{cr} 为裂缝临界水头高度。

当滑动面已形成时，可不考虑黏聚力 c，假定后缘裂缝为竖直方向，此时 $\theta=90°$，式(8-2)可简化为[46]

$$h_{cr} \approx \frac{1}{2\cos\alpha}\left[L^2\tan^2\varphi + 8\frac{W}{\gamma_w}\cos\alpha(\cos\alpha\tan\varphi - \sin\alpha)\right]^{1/2} - \frac{L}{2\cos\alpha}\tan\varphi \tag{8-3}$$

当岩层为近水平时可假定 $\alpha=0°$，式(8-3)可进一步简化为

$$h_{cr} = \frac{1}{2}\left(L^2\tan^2\varphi + 8\frac{W}{\gamma_w}\tan\varphi\right)^{1/2} - \frac{L}{2}\tan\varphi \tag{8-4}$$

8.1.1.2 扩展力学模型

针对不同条件，还可对式(8-1)进行扩展。

1. 前缘无地下水排泄点的力学模型

部分平推式滑坡滑前剪出口并无地下水渗出，从沿滑面后缘拉裂缝到潜在剪出口的渗透通道并未完全畅通，对这类滑坡基底扬压力按三角形分布来考虑并不十分合理。当沿滑移面的渗透通道被阻塞时，基底扬压力分布形式理论上接近矩形(图8-3)，考虑基底渗水段的长度为 L_1，在这种受力状态下，稳定性系数可采用式(8-5)计算，临界水头高度采用式(8-6)计算。

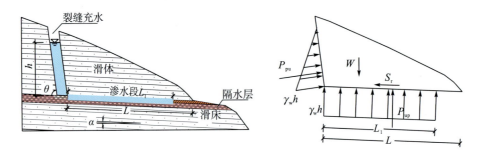

图8-3 平推式滑坡受力图(前缘无渗水)

$$K_\mathrm{f} = \frac{S_\mathrm{r}}{S_\mathrm{m}} = \frac{\left[W\cos\alpha - P_\mathrm{up} - P_\mathrm{pu}\cos(\theta-\alpha)\right]\tan\varphi + cL}{W\sin\alpha + P_\mathrm{pu}\sin(\theta-\alpha)}$$

$$= \frac{\left[W\cos\alpha - \gamma_\mathrm{w} hL_1 - \frac{1}{2}\gamma_\mathrm{w} h^2\cos(\theta-\alpha)\right]\tan\varphi + cL}{W\sin\alpha + \frac{1}{2}\gamma_\mathrm{w} h^2\sin(\theta-\alpha)} \quad (8\text{-}5)$$

$$\begin{cases} h_{cr} = \left(\dfrac{\tan^2\varphi \cdot L_1^2 - \dfrac{2ABL}{\gamma_\mathrm{w}}}{AL}\right)^{\frac{1}{2}} - \dfrac{L_1\tan\varphi}{AL} \\ A = \cos(\theta-\alpha)\tan\varphi + \sin(\theta-\alpha) \\ B = W(\sin\alpha - \cos\alpha\tan\varphi) - cL \end{cases} \quad (8\text{-}6)$$

2. 基底扬压力作用范围分析[52]

对平推式滑坡地下水渗流模型中产生扬压力的透水层段进行详细分析(图8-4)。BC 面为隔水顶板，AD 面为隔水底板，AB 断面为地下水自由渗流入口，CD 断面为地下水自由渗流出口。以 OD 面作为水头基准；H_1 为点 A 的总水头，h_1 为点 A 的压力水头，Z_1 为点 A 的位置水头；H_2 为点 N 的总水头，h_2 为点 N 的压力水头，Z_2 为点 N 的位置水头；H_3 为点 D 的总水头，h_3 为点 D 的压力水头，点 D 的位置水头为0。在整个透水层中，必然存在一个承压水和潜水的分界点，设分界点为点 P，该点的承压水头为0，总水头为 H_2，位置水头为 (Z_2+h_2)，且 $h_2=M$。BP 段为承压水的作用范围 L_1；PC 段为潜水的作用范围 L_2，且 AD 面上点的位置

水头满足 $Z=(S-x)\tan\alpha$ 关系式。

透水层上部坡体同时受到承压水和潜水作用，承压水对上部坡体有"浮托"效应，对斜坡稳定性影响较大，而潜水对上部坡体影响较小。

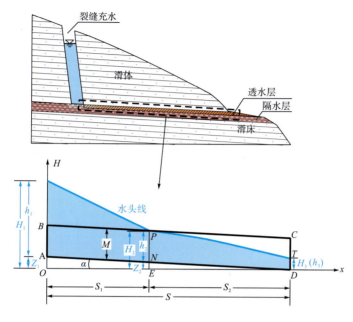

图 8-4 承压水透水层概化模型

1) BP 段承压地下水渗流

根据地下水向河渠稳定运动的相关理论[53]，可将地下水在 BP 段的渗流假定为承压型一维稳定流。当透水层倾角为 α 时，地下水的渗透途径长度为 L_1。根据裘布依微分方程可得

$$q=-KM\cos\alpha\frac{\mathrm{d}H}{\mathrm{d}x} \tag{8-7}$$

式中，K 为渗透层的渗透系数；q 为单宽流量；$-\cos\alpha\dfrac{\mathrm{d}H}{\mathrm{d}x}$ 为水力坡度。

分离变量并由 BO 断面到 PE 断面范围内积分：

$$-\int_{H_1}^{H_2}\mathrm{d}H=\int_0^{S_1}\frac{q}{KM\cos\alpha}\mathrm{d}x \tag{8-8}$$

积分后得到：

$$q=\frac{KM\cos\alpha(H_1-H_2)}{S_1} \tag{8-9}$$

式(8-9)为 BP 段承压型地下水渗流的单宽流量公式。采用变积分限的方法，对式(8-8)重新进行积分，x 由 $0\to x$，H 由 $H_1\to H$，即

$$-\int_{H_1}^{H_2}\mathrm{d}H=\int_0^x\frac{q_x}{KM\cos\alpha}\mathrm{d}x \tag{8-10}$$

积分后得

$$q_x = \frac{KM\cos\alpha(H_1 - H)}{x} \tag{8-11}$$

式中，q_x 为距 BO 断面为 x 处的单宽流量；H 为距 BO 断面为 x 处的总水头。

根据水流连续性定理，各断面处的流量相等，则

$$q_x = q \tag{8-12}$$

$$\frac{KM\cos\alpha(H_1 - H_2)}{S_1} = \frac{KM\cos\alpha(H_1 - H)}{x} \tag{8-13}$$

由模型可知：$H_1 = S\tan\alpha + h_1$，$H_2 = (S - S_1)\tan\alpha + h_2$，$h_2 = M$，代入式(8-13)得

$$H = (S\tan\alpha + h_1) - \frac{x}{S_1}(S_1\tan\alpha + h_1 - M) \tag{8-14}$$

式(8-14)为 BP 段承压型地下水渗流的水头线方程，其中 S、M、h_1、S_1 和 α 为常量，给出 x 的值，便可求出相对应的水头高度 H。由承压水性质可知，BP 段对上部岩体有"浮托"作用，对斜坡稳定性影响较大。

2) PC 段潜水地下水渗流

由模型可知，PC 段为潜水含水层，且隔水底板倾角为 α，也可用地下水向河渠稳定运动的相关理论来分析 PC 段。根据裘布依微分方程可得

$$q = -Kh\cos\alpha\frac{\mathrm{d}H}{\mathrm{d}x} \tag{8-15}$$

式中，h 为距 BO 断面 x 处($x > L_1$) 的含水层厚度。

分离变量并由 PE 断面到 CD 断面范围内积分：

$$-\int_{H_2}^{H_3}\mathrm{d}H = \int_{S_1}^{S}\frac{q}{Kh\cos\alpha}\mathrm{d}x \tag{8-16}$$

式中，$h = f(x)$，根据中值定理近似求解，即

$$\int_{S_1}^{S}\frac{1}{h}\mathrm{d}x = \frac{S - S_1}{h_m} \tag{8-17}$$

式中，h_m 是 PE 断面和 CD 断面之间含水层的平均厚度，其数值介于 h_2 和 h_3 之间。

将其结果代入式(8-15)即可得流量方程：

$$q = Kh_m\cos\alpha\frac{H_2 - H_3}{S - S_1} \tag{8-18}$$

近似地取 $h_m = \frac{h_2 + h_3}{2}$，则式(8-18)变成：

$$q = K\frac{h_2 + h_3}{2}\frac{H_2 - H_3}{S - S_1}\cos\alpha \tag{8-19}$$

式(8-19)就是 PC 段潜水型地下水渗流的单宽流量公式。由式(8-19)写出距 BO 断面 x 处($x > S_1$) 的单宽流量：

$$q_x = K\frac{h_2 + h}{2}\frac{H_2 - H}{x - S_1}\cos\alpha \tag{8-20}$$

式中，q_x 为距 BO 断面为 x 处 $(x>S_1)$ 的单宽流量；H 为距 BO 断面为 x 处的总水头。

由于水流稳定运动且无垂向补给和消耗，根据水流连续性原理，各断面处的流量均相等，则

$$q_x = q \tag{8-21}$$

$$\frac{h_2+h}{2}\frac{H_2-H}{x-S_1} = \frac{h_2+h_3}{2}\frac{H_2-H_3}{S-S_1} \tag{8-22}$$

由模型可知，$H_2 = S_2\tan\alpha + h_2$，$h = H-(S-x)\tan\alpha$，$S_1 = S-S_2$，$h_2 = M$，$H_3 = h_3 = h_t$，代入式(8-22)得

$$\frac{[M+H-(S-x)\tan\alpha](S_2\tan\alpha+M-H)}{x+S_2-S} = \frac{(M+h_t)(S_2\tan\alpha+M-h_t)}{S_2} \tag{8-23}$$

式(8-23)为 PC 段潜水型地下水渗流的水头线方程，其中 M、S、S_2、h_t 和 α 为常量。因此当给出 x 值 $(x>S_1)$ 时，也可求出相对应的水头值 H。由潜水性质可知，PC 段潜水对上部岩体没有影响。

3) 承压水作用范围 L_1 的确定

根据式(8-19)，以及 $H_2 = S_2\tan\alpha + h_2$，$L_1 = S_1/\cos\alpha$，$h_2 = M$，$H_3 = h_3 = h_t$，可得

$$L_1 = L - \frac{K(M^2-h_t^2)}{2q-K(M+h_t)\sin\alpha} \tag{8-24}$$

式(8-24)为平推式滑坡中承压水作用范围的计算公式，承压水的作用范围与 M、q、K、α、L 及 h_t 有关。

考虑承压水作用范围的平推式滑坡力学模型如图 8-5 所示。结合式(8-24)得到稳定性计算公式：

$$\begin{cases} K_f = \dfrac{S_r}{S_m} = \dfrac{[W\cos\alpha - P_{up} - P_{pu}\cos(\theta-\alpha)]\tan\varphi + cL}{W\sin\alpha + P_{pu}\sin(\theta-\alpha)} \\ \qquad = \dfrac{\left[W\cos\alpha - \frac{1}{2}\gamma_w hL_1 - \frac{1}{2}\gamma_w h^2\cos(\theta-\alpha)\right]\tan\varphi + cL}{W\sin\alpha + \frac{1}{2}\gamma_w h^2\sin(\theta-\alpha)} \\ L_1 = L - \dfrac{K(M^2-h_t^2)}{2q-K(M+h_t)\sin\alpha} \end{cases} \tag{8-25}$$

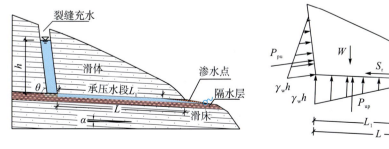

图 8-5 平推式滑坡受力图(考虑承压水作用范围)

8.1.2 平推式滑坡的物理模拟试验[54]

鉴于物理模拟具有形象直观、资料数据可信、准确性高等优点，以垮梁子滑坡作为地质原型，采用物理模拟的方法，研究平推式滑坡的变形特征及成因机制，对已有的平推式滑坡启动判据进行验证。

8.1.2.1 物理模拟的基本原理

通过野外勘查工作查明了垮梁子滑坡的基本特征，室内试验获取了滑体和滑带的基本物理力学参数，为物理模拟试验的模型配制提供了依据。

以相似原理为基础，建立研究对象和模型试验间的相似关系，从而保证模型试验中的物理现象与原型相似。但在实际应用时，由于技术和经济等方面的原因，一般很难完全满足相似条件做到模型和实物完全相似，常采用不完全相似模型，略去某些次要因素，抓住主要因素，仍可以保证结果的准确性。滑坡体是物质结构复杂的地质体，模型和原型结构材料的应力、应变、刚度相似很难满足，因此本试验采用不完全相似模型。

根据垮梁子滑坡的实际尺寸，按照 1∶150 的比例缩小，受模拟装置的宽度限制，模型只能对滑坡进行二维模拟，对该滑坡稳定性影响较大的参数相似比例需满足以下条件。

(1) 几何条件相似系数：$L_p/L_m = C_l$，$C_l = n = 150$。

(2) 物理性质相似系数：$\gamma_p/\gamma_m = C_\gamma$，受材料限制，试验用的饱和红色黏土砖重度为 21.5kN/m³，其重度相似系数 $C_\gamma = 1.116$。

(3) 力学条件相似系数：①内摩擦角相似系数。$\varphi_p/\varphi_m = C_\varphi$，由于滑坡刚形成时滑带强度应为峰值强度，故滑带土的 φ_p 值选择单轴试验和三轴试验黏土段饱和状态下的峰值强度平均值，即 φ_p 取 10°，通过配比试验得，模型滑带土的饱和强度值 φ_m 为 6.9°，故选择的 φ_p 值为 $C_\varphi = 1.5$ 时的值。②黏聚力相似系数。$c_p/c_m = C_c$，滑带土的 c_p 值选择单轴试验和三轴试验黏土段饱和状态下的峰值强度平均值，即 c_p 取 29.1kPa，受材料限制，通过配比试验得，模型滑带土的饱和强度值 c_m 为 1.8kPa，$C_c = 16.2$。另外，水头高度 $H_p/H_m = C_H$，$C_H = n$。

8.1.2.2 物理模拟模型的建立

1. 试验设备

试验设备采用成都理工大学地质灾害防治与地质环境保护国家重点实验室自主研制的地质环境模拟实验装置。该装置由槽首、槽身和槽尾组成。槽首为蓄水装置，槽身和槽首均设计有溢水装置，槽身侧壁和底面安装有测压管，可以测试裂隙静水压力。槽规格为 3.8m×0.76m×1.0m，模型箱是模型的主体部分。槽尾排水系统能够控制上下水位，整个蓄、排水系统为闭路式水循环系统。装置的下部为液压升降系统,可对模型体 0°～20°范围内坡度进行升降。装置整体结构如图 8-6 及图 8-7 所示。

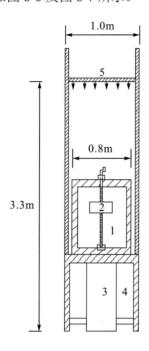

1. 地质体模拟箱;2. 供水箱水位调节;3. 升降装置;4. 储水箱;5. 降雨系统

图 8-6 地质环境模拟实验装置(侧视图)

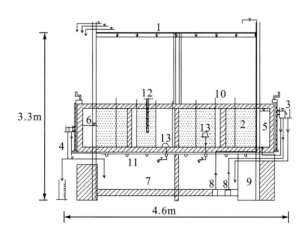

1. 降雨系统;2. 地质体模拟箱;3. 供水箱水位调节器;4. 排水箱水位调节器;5. 供水箱;6. 排水箱;7. 储水箱;8. 水泵;
9. 升降系统;10. 测压管;11. 采样口;12 钻孔;13. 地下洞室

图 8-7 地质环境模拟实验装置(正视图)

2. 模型的建立

垮梁子滑坡初次平推式滑动发生于 1949 年汛期，因此物理模型还原了垮梁子滑坡 1949 年滑动前的地质剖面，该剖面形态主要是根据现场调查、勘查和访问等方式综合得出的。建立的物理模型如图 8-8 所示。

图 8-8 垮梁子滑坡物理模拟侧视照片

1）模型尺寸

物理模型几何相似系数为 150，设计模型长度为 150cm，滑坡体后缘高均为 60cm，模型宽度均为 75cm。

2）材料选用

（1）滑体材料。采用饱和黏土砖模拟滑体的砂泥岩，平均重度为 21.5kN/m³，而现场滑体重度为 22～24 kN/m³，相对于现场实际情况，重度相似系数为 0.915：1。由于本滑坡滑体结构面特征对滑坡整体稳定性影响不大，故选取黏土夹砂作为砖与砖之间的黏合剂，以此简易模拟结构面。

（2）基岩材料。由于基岩重度、力学性质等对滑坡基本无影响，因而，基岩重度及摩擦系数没有严格要求，考虑到后缘蓄水的容易性，物理模拟试验以试验槽的有机玻璃底板作为滑床。

（3）滑带土材料。滑带土由细黏土和极细颗粒的石英砂组成，为了降低滑带土的黏聚力，但又能满足内摩擦角要求，使之更加满足相似比要求，故采用 80%左右的极细石英砂夹 20%左右的细黏土作为滑带材料，铺设厚度为 3cm 左右。滑带上下都铺设薄膜，底部薄膜下侧和上侧薄膜上都铺设 3cm 左右的颗粒状夹有碎石的粉质黏土，以此模拟滑坡滑带土两侧软弱的岩体破碎带。

3）物理模型铺设过程

试验时先在有机玻璃板上铺设 3～4cm 厚的粒状夹有角砾的粉质黏土，平整、压实；

然后在上面用极细的黏土夹细石英砂铺设滑带土,由于滑带土呈软塑状,黏性好,所以须从水槽附近开始往外铺设,并且边铺边用木板压平;铺好滑带土后在滑带土上面铺设聚乙烯薄膜,以用来防止后缘水槽内的水涌入滑体,造成静水压力损失;在聚乙烯薄膜上铺设3~4cm厚的颗粒状夹角砾的粉质黏土;最后在上面堆砌滑体。在铺设滑带土和滑带土上侧的薄膜、含角砾粉质黏土及附近几排砖时,必须用大木板垫底,以防止堆砌模型时踩动对滑带土产生的扰动过大。

4) 边界处理

由于裂隙水主要作用于滑体后缘,为了尽量避免裂隙静水压力的损失,同时使滑体与滑带土接触面的摩擦系数满足试验要求,需在滑体底面和侧面铺设聚乙烯薄膜。在薄膜与两侧边界之间,采用极细颗粒、呈软塑状的黏土进行部分充填,一方面可以防止后缘水通过侧边界损失,也可模拟滑坡两侧受一定阻挡作用的侧边界条件。在滑体后面设置一木板,使得滑体后缘静水压力均匀地作用在滑体上,以减少静水压力的损失;在滑坡模型前缘剪出口附近用细黏土封闭防水。

滑坡物理模拟试验模型简图如图8-9所示。

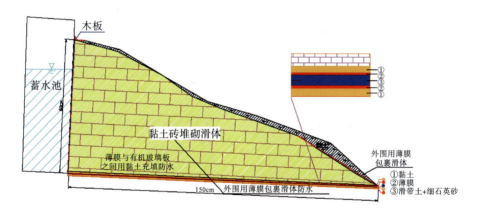

图8-9 滑坡物理模拟试验模型简图

8.1.2.3 物理模拟过程及结果分析

1. 物理模拟的过程和现象

在按照上述方法制作好试验模型,做好前期准备工作后,即可开始试验。主要试验步骤如下:先将滑面固定在真倾角(角度为5°),再向槽内注水,模拟地质原型中降雨引起滑坡后缘裂隙(拉陷槽)充水的过程,并及时记录不同水头高度时,模型的变形情况,对整个过程进行摄像和拍照。

滑坡模型整个变形过程主要如下。

(1) 固定好滑面倾角后向水槽内预注水,注水高度为15cm左右,这个过程主要是查看模型的密水性;同时也可以观测滑坡模型在自身重力作用下后缘的变形情况。

(2) 缓慢向水槽内注水至最高水位 50cm 处，在此过程观测模型未发现滑坡有明显变形迹象。在 50cm 高水位处静置 4min 后发现，注入滑坡后缘的水从滑坡前缘剪出口处有渗出现象，如图 8-10(a)所示。同时滑坡后缘逐渐产生小裂缝，如图 8-10(b)所示。侧边界处的黏土被往前推挤并逐渐产生破坏，小裂缝的产生时间相对于整个滑动过程较长，从

(a) 模型前缘水渗出

(b) 滑坡开始启动后缘产生小裂缝

(c) 滑坡滑动，水头高度逐渐下降

(d) 滑坡快速滑动

(e) 加水保持水头高度，滑坡继续缓慢滑动

(f) 水头高度下降，滑坡停止滑动

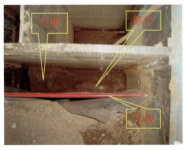
(g) 滑带上的擦痕

(h) 滑体产生裂缝

图 8-10　模型变形过程

滑坡开始缓慢滑动到(从肉眼能观测到的变形开始)形成宽度为 1cm 左右的小裂缝共经历了 76s,平均滑动速率为 0.13mm/s。此时水头高度从 48cm 下降到 46cm,为了模拟滑坡在滑动过程中仍受到降雨补给,继续给水池注水。

(3)滑坡开始快速运动,从 1cm 左右的小裂缝发展成 15cm 宽的裂缝共经历了 63s,平均滑动速率为 2.22mm/s,此时前缘水大量渗出,侧边界破坏,后缘水大量涌出,槽内水头高度从 46cm 下降到 41cm,如图 8-10(c)和图 8-10(d)所示。

(4)滑坡滑速有所降低,从 15cm 宽的拉槽发展成 19cm 宽的拉槽共经历了 75s 左右,平均滑动速率为 0.53mm/s,水槽内水头高度从 41cm 下降到 40cm;从 19cm 宽的拉槽发展成 20cm 宽的拉槽共经历了 90s,平均滑动速率为 0.11mm/s,此时水头高度约为 39.5cm。

(5)从 20cm 宽的拉槽发展成 21cm 宽的拉槽共经历了 97s,平均滑动速率为 0.10mm/s,此时水头高度约为 39.5cm,如图 8-10(e)所示。滑坡停止滑动,水位缓慢下降,如图 8-10(f)所示。模型滑动后在滑坡后缘出露的滑面上有明显的擦痕,滑体中部产生裂缝,如图 8-10(g)和图 8-10(h)所示。

滑体模型制动后,在未加水的情况下静置 4 天,模拟的滑带黏土一直处于饱和状态,测量滑坡变形数据未见有明显的位移现象,说明在没有后缘水头影响的情况下,滑坡在自身重力条件下很难启动。

2. 物理模拟结果分析

根据试验记录数据可得后缘水头高度、滑动位移、滑动速率与时间的关系,如图 8-11(a)所示;滑坡启动到停止运动过程的速率变化值,如图 8-11(b)所示;后缘水头高度值与时间的关系,如图 8-11(c)所示。

通过对物理模拟过程中现象的分析可知,滑坡的整个滑动过程为缓慢滑动—平推式快速滑动—减速制动—缓慢滑动的过程。

在 A 段和 B 段,后缘水槽缓慢加水,从 0 加到 50cm 处模型都没有发生变形迹象,当水头在 50cm 附近静置 4min 左右时,模型前缘开始渗出少量的水,滑坡模型开始发生缓慢的变形。该现象说明水槽内的水无法从侧边界渗出时将沿滑坡底面逐渐向前缘渗透,这个过程中,滑体底部扬压力逐渐增大,潜在滑带随着含水量的增大强度逐渐降低。滑坡逐渐由稳定状态转变为极限平衡状态,当极限平衡状态受到破坏时,斜坡就开始产生缓慢的变形。

在 C 段,滑坡由缓慢变形阶段逐渐过渡为快速滑动阶段,分析主要原因为平推式滑动启动的瞬间,滑面强度由静摩擦强度降低至动摩擦强度,抗滑力的陡降会使滑体产生加速变形,滑动速率快速增大。随着位移量的增大,水槽内水头高度快速下降,在本阶段中后段,滑动速率开始减小,滑坡开始减速运动。

在 D 段,滑坡的滑动速率大幅度减小。从图中可以看出,后缘水头高度从 430mm 降低到 410mm 的过程中,滑动速率由 2.0mm/s 迅速减小到 0.58mm/s;后缘水头高度从 410mm 降低到 395mm 的过程中,滑动速率由 0.58mm/s 减小到 0.11mm/s。从明显的变形情况来看,这个阶段的总体特点是滑坡减速,侧边界处破坏,前缘水流增大,水头高度迅速下降。

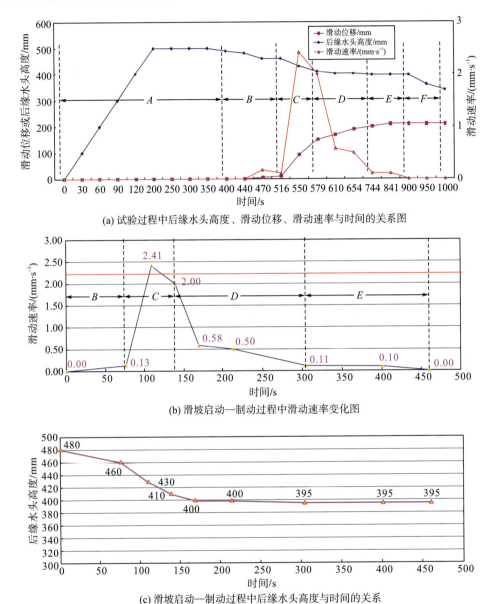

(a) 试验过程中后缘水头高度、滑动位移、滑动速率与时间的关系图

(b) 滑坡启动—制动过程中滑动速率变化图

(c) 滑坡启动—制动过程中后缘水头高度与时间的关系

图 8-11 物理模拟结果分析图

在 E 段,滑坡在 395mm 左右的静水头高度下发生缓慢的变形,分析主要原因为滑坡经过平推式滑动后,滑带彻底饱和破坏,强度已降到饱和残余强度,前缘大量渗水说明扬压力基本消失,滑坡在残余静水头压力、自重应力的作用下发生缓慢的运动,运动模式也由平推式滑动向缓慢滑动转变。

模型停止滑动后,在未加水的情况下静置 4 天,观测滑坡未见有明显的位移现象,而滑带仍旧处于长期饱和状态。说明此类滑坡在自重应力条件下很难大规模滑动。

图 8-12(a)所示为底滑面各测点水压力随时间的变化图,截取初期 1h 的变化图形(试验监测时间为 6h)。可以看出,试验开始后,随着水分由后缘到前缘逐渐渗流,各测点处依次形成水压力。在各测点水压力达到最大值后,基本维持稳定状态。图 8-12(b)所示为随着后缘裂隙内水分渗入,水压力沿底滑面处随时间的初期形成过程。横坐标代表距离后缘裂隙的距离,孔隙水压力传感器沿滑面依次布置。可以发现,试验开始后,随着水分由后缘到前缘逐渐渗流,各测点处依次形成水压力,滑面处水压力呈近三角形分布模式,且三角形逐渐向前缘延伸发展。在水分到达前缘坡脚渗出后,水压力便以此近三角形分布模式发展,达到峰值后处于基本稳定状态。

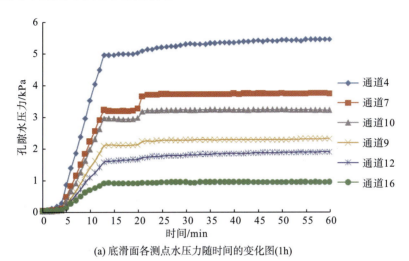

(a) 底滑面各测点水压力随时间的变化图(1h)

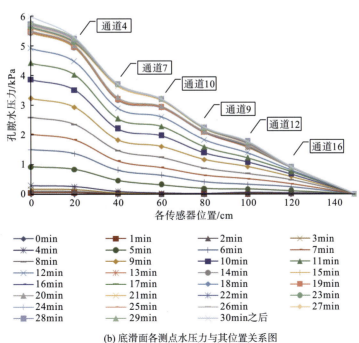

(b) 底滑面各测点水压力与其位置关系图

图 8-12 底滑面孔隙水压力(扬压力)随时间的变化图[55]

在试验过程中,可以发现,一组试验结束后,滑带可以在相对较长的时间内处于润湿状态(弱透水性的滑带持水效果更佳),尽管滑带的渗透性较弱,但在后来的试验过程中,扬压力的形成速度要比没有前期试验润湿的情况下快很多。也就是说,在滑坡实例中,有前期降雨的后续降雨过程滑面处扬压力的形成速度加快,坡体稳定性更易受到破坏。

8.1.2.4 概念模型物理模拟定量分析

为了进一步分析平推式滑坡滑面倾角与促使滑坡启动的临界水头高度之间的关系,同时对平推式滑坡启动判据进行进一步的验证。

按前述方法制作好物理模型,做好前期准备工作后,即可开始试验。试验步骤主要如下:先将滑面固定在某一角度(0°~10°),再向槽首注水,模拟地质原型中降雨引起滑坡后缘裂隙(拉陷槽)充水的过程,并及时记录不同水头高度时,模型的变形情况及沿滑面不同位置处的扬压力,对整个过程进行摄像和拍照。

首先将滑面倾角固定在 0°,缓慢注水至最高水位,然后将滑面倾角依次固定在 3°、5°、6°、7°、8°、9°和 10°,观测到滑坡变形具有如下共同点。

随着滑坡后缘水头高度的逐渐增大,滑坡在某一水头高度开始发生整体滑动(启动),滑动过程中伴有一些裂缝的产生和前缘鼓张等现象,随着变形的发展,滑坡后缘裂隙逐渐变宽,水头高度也随之下降,使促使滑坡启动的静水压力和沿滑面的扬压力均有所减小,滑坡减速滑动,最终停止,如图 8-13 所示。试验过程中发现,在滑带土和滑体物理力学参数一定的条件下,促使滑坡启动的临界水头高度,随滑面倾角的增大而减小。换言之,滑面倾角相对较大的平推式滑坡比滑面倾角相对较小的,更容易启动,也更难制动。此外,启动后的滑动速率和位移也比滑面倾角相对较小的平推式滑坡大。

通过物理模拟不仅观察到了滑坡上述变形破坏现象,而且分析得出了在滑带土和滑体物理力学参数一定的条件下,促使滑坡启动的临界水头高度与滑面倾角之间的定量关系。此外,将物理模拟观测到的临界水头高度与计算得出的临界水头高度值进行比较,进一步验证了平推式滑坡启动判据的正确性和实用性。

(a) 滑面倾角为3°时滑动前的照片　　　　(b) 滑面倾角为3°时滑动后的照片

(c) 滑面倾角为7°时滑动过程中照片

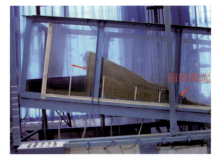
(d) 滑面倾角为7°时滑动后的照片

(e) 滑坡滑动过程中产生的裂隙

(f) 滑动过程中滑坡前缘隆起、开裂

图 8-13 物理模拟过程

根据试验条件，确定几何相似系数为 70，设计 6 组模型，前 3 组模型长 100cm，后 3 组模型长 150cm，滑坡体后缘高均为 50cm，模型宽均为 80cm。限于篇幅，仅列出第一组和第四组的试验参数及数据，见表 8-1 和表 8-2。

表 8-1 第一组试验参数及数据

倾角/(°)	摩擦角/(°)	重度/(kN·m^{-3})	模型尺寸		临界水头高度		位移/cm
			长度/m	滑体后缘高/m	实测值/cm	计算值/cm	
0	12.8	20.8	1.0	0.5	—	—	—
3	12.8	20.8	1.0	0.5	37.2	39.63	6.5
5	12.8	20.8	1.0	0.5	35.9	34.49	9.7
6	12.8	20.8	1.0	0.5	31.1	31.67	11.0
7	12.8	20.8	1.0	0.5	29.0	28.65	14.7
8	12.8	20.8	1.0	0.5	26.8	25.37	12.2
9	12.8	20.8	1.0	0.5	16.5	21.74	13.3
10	12.8	20.8	1.0	0.5	13.0	17.66	23.3

表 8-2　第四组试验参数及数据

倾角/(°)	摩擦角/(°)	重度/(kN·m⁻³)	模型尺寸		临界水头高度		位移/cm
			长度/m	滑体后缘高/m	实测值/cm	计算值/cm	
0	12.8	20.8	1.5	0.5	—	—	—
3	12.8	20.8	1.5	0.5	47.80	45.60	3.2
5	12.8	20.8	1.5	0.5	40.00	39.45	4.8
6	12.8	20.8	1.5	0.5	36.50	36.09	7
7	12.8	20.8	1.5	0.5	30.50	32.50	9.4
8	12.8	20.8	1.5	0.5	27.00	28.60	8.3
9	12.8	20.8	1.5	0.5	18.80	24.33	9.1
10	12.8	20.8	1.5	0.5	15.20	19.54	12

第一组和第四组促使滑坡启动的临界水头高度与滑面倾角之间的定量关系，如图 8-14 和图 8-15 所示。

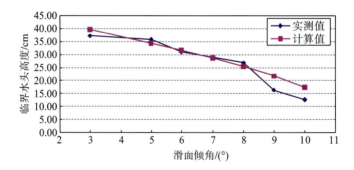

图 8-14　第一组试验临界水头高度与滑面倾角的关系曲线

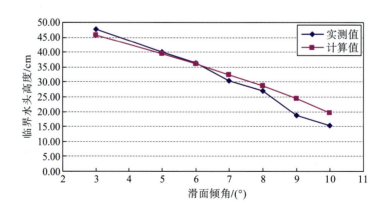

图 8-15　第四组试验临界水头高度与滑面倾角的关系曲线

从图中可以看出，在试验及计算所取滑带土和滑体物理力学参数一定的条件下，两组试验实测所得的临界水头高度与滑面倾角的关系曲线与计算所得的该曲线的变化趋势基本相同，二者拟合较好。当滑面倾角大于8°时，实测曲线和计算曲线的斜率均有所增大，即临界水头高度的下降幅度有所增大，但有所不同的是，实测曲线的下降幅度更大，表明当平推式滑坡的滑面倾角大于8°时，更容易在暴雨诱发下产生滑动。对比表8-1和表8-2可知，模型尺寸变大时，促使滑坡启动的临界水头高度也相应地有所增大。

对比表8-3中滑坡后缘裂隙水头高度和扬压力水头高度可知，二者基本相同，后者较前者稍小。说明前述滑坡概念模型假定后缘裂隙底部静水压力与同一点处的扬压力相同是正确的，也是符合地质原型的。扬压力水头高度比裂隙水头高度稍小的原因主要有两个方面：一是受仪器限制，测量扬压力水头高度的测压管与静水压力测量点还存在一定距离；二是水在流动过程中，存在一定的水头损失。

表8-3 后缘裂隙水头高度与扬压力水头高度对比表

倾角/(°)	第一组试验		第四组试验	
	裂隙水头高度/cm	扬压力水头高度/cm	裂隙水头高度/cm	扬压力水头高度/cm
3	10	9.5	—	—
	20	19.4	20	18.9
	30	28.5	30	27.8
5	10	9.1	—	—
	20	18.9	20	18.8
	30	28.6	30	28.2
9	11	10.4	10	9.2
	15	14.1	15	13.8
	16	15.0	17	15.7

物理模拟实测的临界水头高度值，与平推式滑坡启动判据理论公式所得的临界水头高度值拟合情况较好，进一步验证了平推式滑坡启动判据的正确性和实用性。物理模拟结果表明，裂隙充水的水头高度是促使滑坡启动的主要因素。因此，对于平推式滑坡，降雨历时和降雨强度对滑坡稳定性影响较大。

8.2 多级平推式滑坡成因机理

通过对2004年四川省宣汉县天台乡滑坡的研究结果表明，多级平推式滑坡是以单级平推式滑坡为基础，从前向后，从中间向两侧逐渐发展而成的。图8-16显示了多级平推式滑坡发生过程及成因机理。

图8-16(a)为多级平推式滑坡的剖面概化模型。其中，①、②、③分别代表由裂隙Ⅰ、

Ⅱ、Ⅲ切割形成的次级滑块。在强降雨作用下，雨水透过地表残坡积层沿着泥岩层内的裂隙下渗，在裂隙中形成静水压力，并在滑面底部形成扬压力。裂隙充水后一方面会对前一滑块(如裂隙Ⅰ中水对滑块①)产生静水压力，另一方面会对后一滑块(如裂隙Ⅰ中水对滑块②)产生与之大小相等、方向相反的静水压力。由于滑体厚度基本相同，且滑面近于水平，滑块②、③边界所受的静水压力基本可相互抵消($\gamma H_Ⅰ \approx \gamma H_Ⅱ \approx \gamma H_Ⅲ$)，最后真正受到近水平静水压力的只有滑块①。于是将图 8-16(a)各滑块的受力图简化为图 8-16(b)。

由于斜坡体中前部的临空条件较好，在底部扬压力作用下，斜坡体的抗滑能力大大降低，前部滑块在后侧裂隙中静水压力的推动下首先启动并快速滑出。后部由于裂隙Ⅰ中静水压力在滑块①滑动后迅速消散，滑动一段距离后便自行停止，如图 8-16(c)所示。

由于坡体中前部滑块整体滑出，其后部滑体[图 8-16(c)中滑块②]具有了良好的临空条件。这时滑块②的受力条件将发生改变[8-16(c)]，滑块②在底部扬压力和后侧裂隙静水压力的共同作用下，发生平推式滑动。滑块②后侧裂隙中静水压力逐渐消散，当水头高度低于促使滑坡启动的临界水头高度后，滑块②自行停止滑动。依此类推，便产生了滑坡过程中所观察到的从前至后、从中间向两侧逐渐扩展的、后退式的多级平推式滑坡模式，如图 8-16(d)所示。

受地形和降雨时间的影响，坡体逐级下滑到一定程度和范围后，滑动过程逐渐停止，并由此在其后缘留下一个明显的多级拉陷槽和反坡台坎，如图 8-16(e)所示。

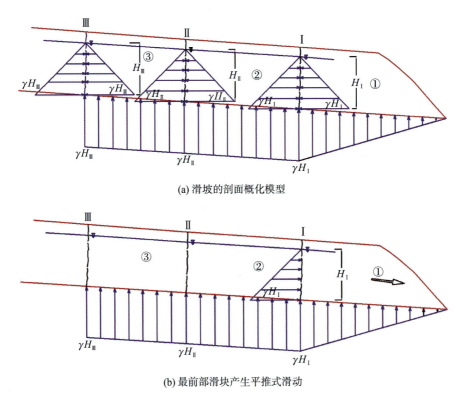

(a) 滑坡的剖面概化模型

(b) 最前部滑块产生平推式滑动

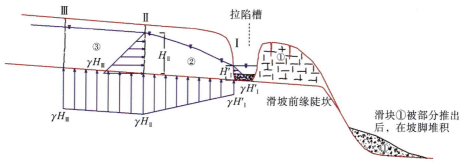

(c) 前部滑块滑动后形成拉陷槽，使其后部滑块受力条件发生改变

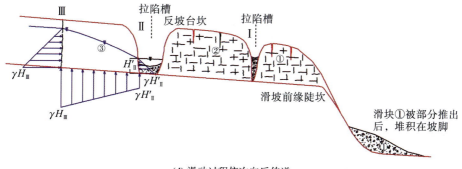

(d) 滑动过程依次向后传递

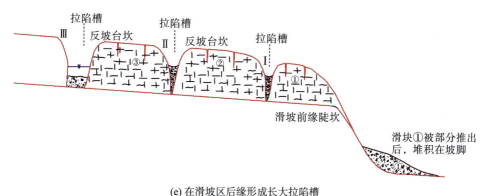

(e) 在滑坡区后缘形成长大拉陷槽

图 8-16　多级平推式滑坡形成过程及成因机制示意图

同理，板梁状平推式滑坡也按照如图 8-17 所示的形式发生从前往后的多级平推。

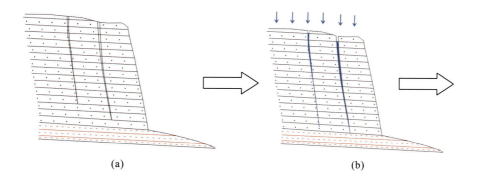

(a)　　　　　　　　　　　　(b)

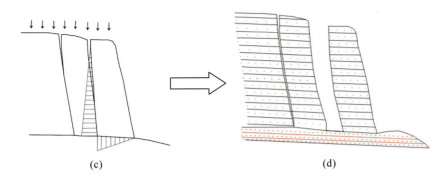

图 8-17 板梁状多级平推式滑坡形成过程及成因机制示意图

8.3 缓倾岩层滑坡成因机理

缓倾岩层滑坡的形成和发展演化主要经历如下几个阶段。

(1) 成坡阶段。在地质构造作用下地层倾斜,形成单斜地层,层间强烈的剪切错动产生大量层间剪切、破碎带。河谷下切临空面附近岩体产生卸荷回弹,与临空面平行的节理受到张裂作用形成卸荷裂隙,如图 8-18 所示。

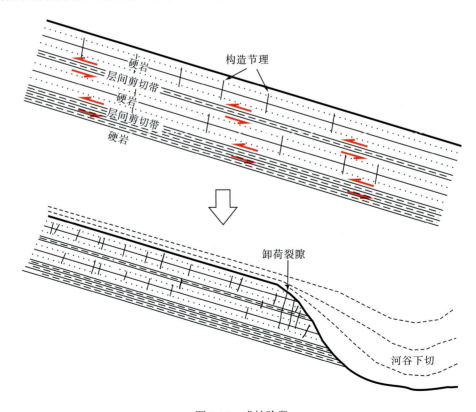

图 8-18 成坡阶段

(2) 时效变形阶段。在长期的自重应力作用下层间软岩或剪切带向临空面产生蠕变，使节理张开形成导水结构面，为降雨下渗提供通道。降雨及地表水通过导水结构面、卸荷裂隙进入岩体。在地下水长期作用下岩体变形增加，在斜坡中后部产生拉应力集中带，形成竖向裂隙密集分布的拉裂变形区。此阶段坡体不会产生较大变形，地表裂缝大部分被黏土、杂草掩盖，很难发现。雨水可以通过优势通道轻易下渗至软弱层，持续劣化、泥化泥岩夹层，降低其物理力学参数，形成潜在滑面，如图 8-19 所示。

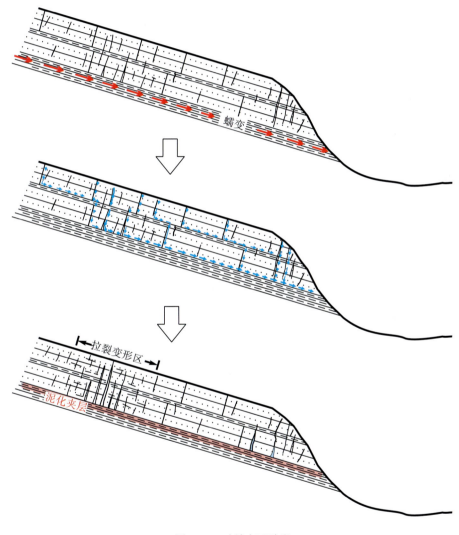

图 8-19　时效变形阶段

(3) 变形破坏阶段。在持续强降雨条件下，坡体处于完全饱和状态，造成"水盆效应"，坡表像被一个装满水的巨大水盆盖住，造成有压入渗，覆盖层内地下水挤入岩体裂隙，滑带处于完全饱和状态，地下水在滑面处犹如产生一层很薄的水膜，在浮托力和扬压力作用下，形成"镜面效应"和"水垫效应"，使滑带和滑体接触面摩擦力急剧降低。当滑面贯通时，滑坡迅速启动。运动过程中，后部岩体逐渐解体，前缘脱离滑床产生长距离滑动，当临空条件不好时会出现隆起和反翘，如图 8-20 所示。

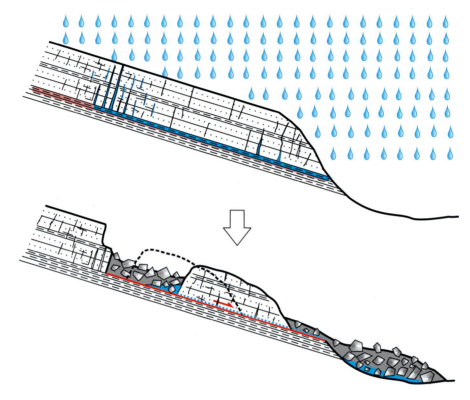

图 8-20　变形破坏阶段

8.4　红层地区平缓岩层斜坡渗流模型[56]

降雨是致使红层地区发生滑坡的直接原因，要揭示红层地区岩质滑坡发生的原因，首先得查明降雨是如何入渗到坡体内部的。现场调查结果表明，四川盆地红层地区不同的地质条件和岩体结构类型，其降雨入渗模式是有所差别的。在现场调查的基础上，总结归纳出如下几类斜坡的渗流模型。

8.4.1　近水平层状结构平缓斜坡渗流模型

层状结构的斜坡体中切层的结构面不发育，其普遍特征是地下水的运移主要沿顺层节理和层面进行。地下水在层面汇集后向岩层倾向方向渗透就近排泄。因此部分滑坡案例具有滑坡边界滑前无泉眼，滑后出现泉眼的情况。

厚层互层状结构平缓岩层斜坡渗流模型如图 8-21 所示。在厚层砂岩中，切层节理发育较多，垂直渗透网络较发育，不考虑砂岩的渗透性，可将厚层砂岩岩体视为地下水运移的离散介质。在厚层泥质类岩层中，切层节理发育较少，网状裂隙较发育，裂隙交错形成彼此联系的网络，可将泥岩等效于连续介质。由于泥岩中裂隙张开度较小，单条裂隙规模小、延伸长度短，因而地下水主要沿切层的优势结构面继续下渗。厚层砂岩岩体的平均渗透系数总体大于厚层泥岩岩体，若砂岩在上，泥岩在下，则地下水在砂泥岩层面汇集后来不及渗入泥岩层内而顺层面渗透直至排泄点。若泥岩在上，砂岩在下，则很少出现沿砂泥岩顶面排泄的情况。

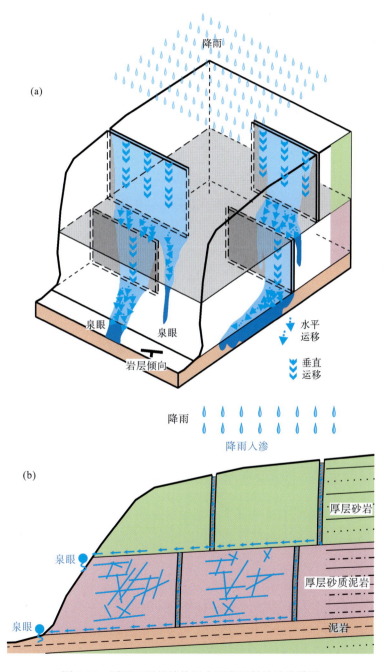

图 8-21　厚层互层状结构近水平岩层斜坡渗流模型

泥岩为主的层状结构近平水岩层斜坡渗流模型如图 8-22 所示。地下水总体都沿陡倾切层节理垂直下渗。厚层泥岩中通常相变较大，其中可能夹有岩性变化的透镜体和连续分布的夹层，形成相对隔水或透水层，使厚层泥岩内的入渗网络更加复杂。斜坡中具备导水性质的穿层结构面是地下水垂直下渗直达底部隔水层的最快通道。

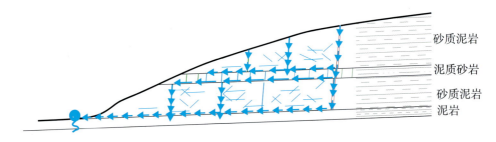

图 8-22　泥岩为主的层状结构近水平岩层斜坡渗流模型

中厚—薄层互层状结构近水平岩层斜坡渗流模型如图 8-23 所示。该结构渗流模式与泥岩为主的层状结构相比，有一定的相似性，导水结构面对地下水的下渗都有强烈的控制作用。中厚—薄层状的砂岩、泥质砂岩透水性高于泥质类岩层，该互层状结构总体渗透性因此略高于泥岩为主的层状结构。

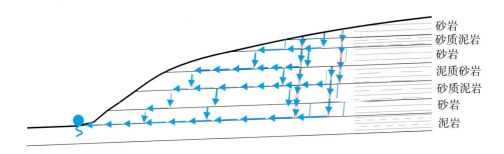

图 8-23　中厚—薄层互层状结构近水平岩层斜坡渗流模型

8.4.2　巨厚层砂岩为主的斜坡渗流模型

含巨厚层砂岩的平缓岩层斜坡渗流模型如图 8-24 所示。平缓斜坡主体由厚层—巨厚层砂岩组成，厚层砂岩内分布的节理多为切层节理，降雨及地表水通过导水张节理可直接渗透到岩性变化界面，地下水汇集后向岩层倾向方向渗透就近排泄。当岩体含穿层张节理时地下水能垂直渗透到最底层的相对隔水层，再沿该层汇集水平渗透，穿层张节理规模普遍大于层内节理或切层节理，因此会大量截获沿层间相对隔水层水平渗透的地下水，增加底层相对隔水层的汇水量。板柱状结构平缓岩层斜坡渗流模型如图 8-25 所示，其垂直入渗模式与平板状结构基本类似，水平渗流距离较短。

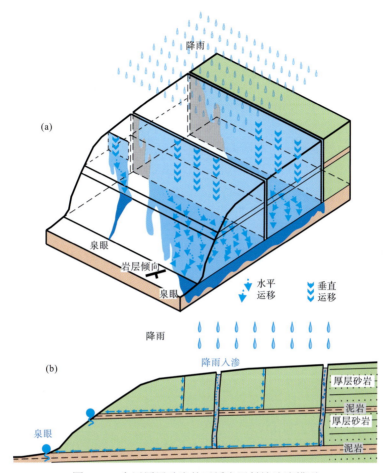

图 8-24 含巨厚层砂岩的平缓岩层斜坡渗流模型

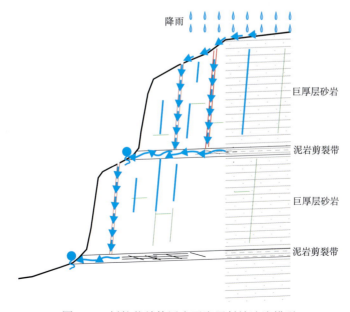

图 8-25 板柱状结构近水平岩层斜坡渗流模型

8.4.3 块状结构斜坡渗流模型

块状结构近水平岩层斜坡渗流模型如图 8-26 所示。块状结构近水平岩层斜坡风化卸荷裂隙发育,透水性较好,一般降雨情况下,地下水沿三维渗流网络逐步下渗[图 8-26(a)~图 8-26(c)],在底部隔水层汇集向坡外排泄。数值模拟结果[图 8-26(e)]显示,坡体内部孔隙水压力分布类似于三角形。在特大暴雨情况下,坡体内部孔隙水压力分布范围扩大,更接近地表[图 8-26(d)、图 8-27],此时的水力学作用分析,既要考虑裂隙网络内产生的动水压力,又要考虑底部产生的浮托力。

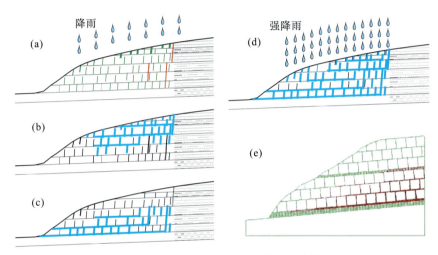

图 8-26 块状结构近水平岩层斜坡渗流模型

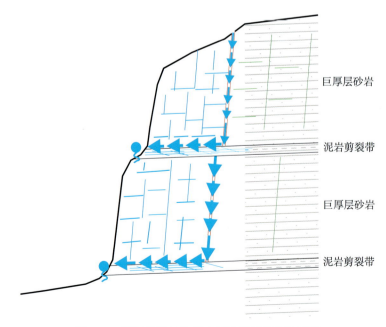

图 8-27 厚层块状结构近水平岩层斜坡渗流模型

8.4.4 缓倾互层结构斜坡渗流模型

缓倾互层结构斜坡渗流模型如图 8-28 所示。基于现场观测、试验及物探，提出了具有蠕变特性的缓倾岩层斜坡降雨入渗模型。降雨主要通过斜坡中后部因砂泥岩变形不协调产生的张拉裂缝呈连续带状或裂隙网络入渗，斜坡中部通过节理交汇点呈零星点状入渗，靠近临空面处沿卸荷裂隙呈单裂隙入渗或裂隙网络入渗，地下水下渗后沿底部相对隔水层向坡外排泄。

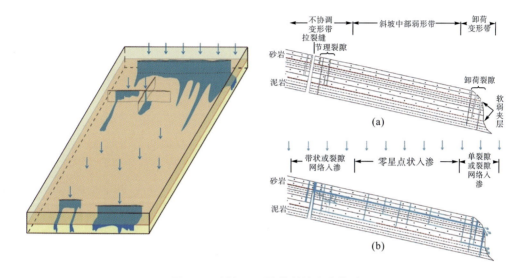

图 8-28 缓倾互层结构斜坡渗流模型

8.5 红层地区滑带泥化与软化特性及机理

前已述及，受地下水水平推力的限制，近水平岩层平推式滑坡的规模往往都较小，一般为数万至数十万立方米。多级平推式滑坡由于包含了多个滑坡的滑动，其体积可能较大。例如，宣汉县天台乡滑坡的规模为 2500 万 m^3。也有一些近水平岩层滑坡的规模巨大，但并无多级平推活动特征，最为典型的就是四川省中江县冯店垮梁子滑坡。该滑坡宽约 1100m，纵长 360～390m，滑体平均厚度为 50m，最大厚度约为 90m，面积约为 0.51km^2，体积约为 2550 万 m^3，岩层倾角仅为 5°。据调查访问，在 1949 年和 1981 年的两次极端强降雨期间，该滑坡先后两次发生整体平推式滑坡，并在滑坡后部形成两条宽度达 20～30m 的拉陷槽(图 5-23、图 5-43)。如此规模巨大的滑坡，仅靠水的推力很难形成，定有其他方面的原因和作用。通过大量的现场调查和研究发现，地下水对滑带土的泥化和软化作用，使滑带土抗剪强度大大降低，是近水平岩层能发生大规模滑动的另一内在原因。

泥化是指红层软岩(一般为层间挤压破碎带，砂泥岩接触界面的泥岩等)在长期的地下水作用下，由原来的泥岩逐渐变成"泥巴"(黏土)的过程。尤其是挤压破碎带，因其中的细小节理、裂隙密集发育,水与岩土体接触作用面积大,很容易被泥化。一般的泥岩在长期的地下水作用下,也可能发生泥化。大多数斜坡中被泥化后的泥化夹层仅在汛期尤其是强降雨期间处于饱和状态,在平时大部分时间处于非饱和状态,强降雨期间地下水会对已泥化的滑带土进行进一步软化,使其强度再次降低,也是滑坡主要发生在降雨期间的原因之一。为此,我们对泥岩泥化和软化作用的过程和机理进行了专门研究。

8.5.1 红层软岩泥化机理[57]

8.5.1.1 软弱夹层泥化过程物理模拟

泥质岩的泥化是一个复杂的物理化学过程,一般经历较漫长时间才会逐渐演化成泥化夹层。为了探究这一复杂过程,开展了软弱夹层泥化过程的物理模拟试验研究。

通过对2011年"9.16"强降雨诱发南江县群发性滑坡的现场调查发现,岩质滑坡大多沿泥化夹层发生滑动。为此,对一些典型滑坡进行现场取样试验。取样点为南江县东榆镇文光村2社小榜上滑坡后缘边界外(图8-29)及南江县南江镇断渠滑坡右前缘边界外(图8-30),试样编号及试样类型见表8-4。两个取样点地层均为侏罗系沙溪庙组。小榜上滑坡共取2组试样分别为剪切破碎带(试样2-1)、泥化夹层(试样3-1);断渠滑坡共取6组试样,其中泥岩(试样1-1及1-2)、剪切破碎带(试样2-2及2-3)、泥化夹层(试样3-2及3-3)各2组,其天然含水率及天然密度均在现场测试(详见表8-4)。除试样2-2、3-1及3-2为原状样外,其余均为重塑样(结构重塑,含水率保持天然状态),泥化夹层及软弱夹层原状样取样如图8-31所示。

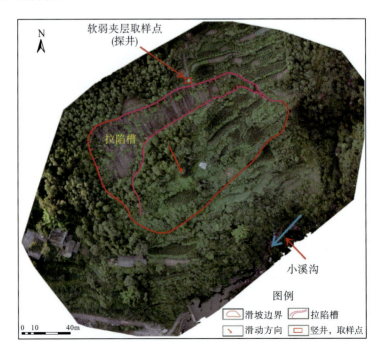

第 8 章 四川盆地红层平缓岩层滑坡成因机理研究

图 8-29 南江县小榜上滑坡全貌及软弱夹层取样位置

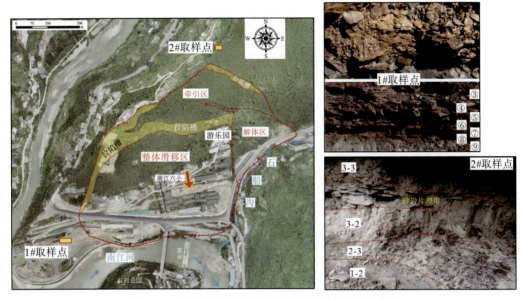

图 8-30 南江县断渠滑坡平面图及软弱夹层取样位置

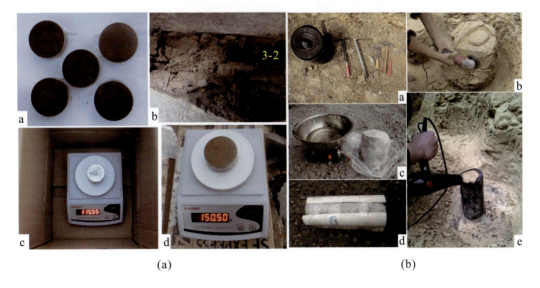

图 8-31 泥化夹层及软弱夹层原状样取样

表 8-4 试样天然状态基本参数表

试样编号	取样地点	岩土类型	天然密度 /(g·cm^{-3})	天然含水率/%	液限	塑限
1-1	断渠滑坡	泥岩	2.7	3.36		
1-1′	断渠滑坡	泥岩	2.7	3.36		
1-2	断渠滑坡	泥岩	2.6	4.27		
2-1	小榜上滑坡	泥岩剪切带	2.2	6.06		
2-2	断渠滑坡	片理状粉砂质泥岩	2.33	12.7		
2-3	断渠滑坡	泥岩剪切破碎带	2.3	3.67		
3-1	小榜上滑坡	黏性土	2.83	46.10	57.5	36.2
3-2	断渠滑坡	黏性土	1.89	35.38	48.1	26.25
3-3	断渠滑坡	黏性土	1.76	9.85	38.4	22.8

注：试样编号为连续编号，1-.泥岩，2-.软弱夹层(尤指层间剪切带)，3-.泥化夹层。

试验模拟的重点为层间剪切带的泥化过程，因此，以原状样 2-2 及重塑样 2-3、2-3、3-3 为模拟材料进行模拟，通过对比 2-2 和 2-3 泥化后的矿物成分、颗粒级配及溶液的离子成分和相对百分含量，揭示泥化过程的演化特征。另外设计一组不施加压力的模拟试验，试样编号为 2-1、3-1。

断渠软弱夹层泥化模拟采用如图 8-32 所示的装置，该装置为高强度玻璃钢加工而成，主要由样仓和水槽两部分组成，中间圆柱为样仓，样仓表面每隔 5cm 打一个直径为 2mm 的透水孔，样仓下底嵌入水槽底部且可拆卸，样仓内试样顶部为承压板，水槽顶板切割直径略大于传力块的圆洞，传力块传递轴向应力。加去离子水后密封(图 8-33)。小榜上软弱夹层直接浸泡到透明塑料小桶中(图 8-34)。

 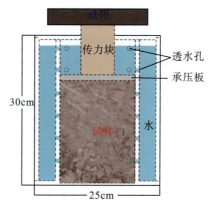

图 8-32 围压状态下泥化模拟装置

(1)试样基本参数测试。包括天然密度 ρ_0、天然含水率 ω_0、干密度 ρ_d 等参数。

(2)施加围压的泥化模拟。装置倾斜，将原状样慢慢放入样仓，称量装置的质量及装样后的质量，扶正装置，将已经称量好的去离子水缓缓从样仓顶部倒入，顶部施加 25kg

砝码。为模拟低氧环境，将装置密封。

(3) 无围压的剪切带泥化模拟。同样称量试样和去离子水的质量，模拟过程中保持一定的土水比(质量比)，所用装置为透明带盖塑料桶，可直接密封，虽然塑料桶内有一定的空气，但空气含量较低，可认为是低氧环境。在模拟过程中定时测上层清液的离子成分、离子浓度、PH、电导率、试样矿物成分等，每次取样保证土水比不变。

图 8-33 围压状态下的泥化过程模拟

图 8-34 无围压状态下的泥化过程模拟

试验模拟结果如图 8-35 所示。软弱夹层试样 2-1、2-2 及 2-3 均出现了细粒土，特别是试样 2-1 浸水不久，溶液变得浑浊，在静置情况下仍然浑浊，表明黏土颗粒及黏土矿物大量溶解于去离子水中，使溶液呈现出浑浊状，为黏土矿物胶体和黏土颗粒混合液。软弱夹层试样 2-2、2-3 也出现了大量细粒土，容器下段溶液也呈浑浊状。泥岩试样 1-1，浸水 50 天便可在容器底部见微量土颗粒，浸水 125 天后可见土颗粒成团堆积于容器底部，溶液较清澈。模拟试验表明结构破碎的软弱夹层或剪切破碎带在水中更易发生泥化，这与野外调查结果相吻合。

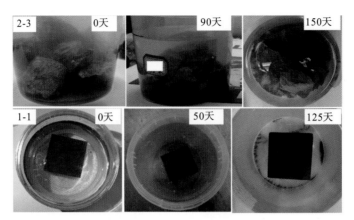

图 8-35 泥化过程模拟

8.5.1.2 泥化过程中微观结构的变化特征

为探究剪切破碎带在泥化过程中的微观结构变化特征,采用 S-3000N 扫描电子显微镜(SEM)进行观察、成像。

1. 沉积软岩、层间剪切带、泥化夹层天然状态下的微观结构对比

1)小榜上滑坡夹层微观结构特征

软弱夹层[图 8-36(a)]骨架矿物长石、石英与黏土矿物排列较紧密,部分区域可见书页状高岭石,表面较光滑,页针状绿泥石、伊-蒙混层呈团块出现,同时可见大量孔隙。放大到 1000 倍后[图 8-36(c)],可见排列较紧密的呈绒球状、玫瑰花状的绿泥石,有的脱离骨架矿物分散于视窗表面,有的填充在孔隙中。

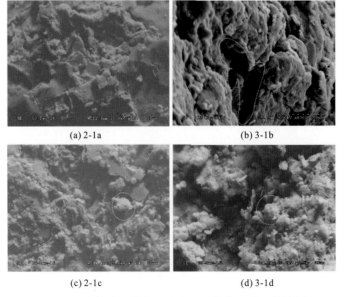

图 8-36 小榜上滑坡软弱夹层、泥化夹层微观结构图

泥化夹层[图 8-36(b)和图 8-36(d)]疏松多孔，结构松散，大量石英被黏土矿物包裹。可见从剪切破碎带到泥化带的演变过程中，结构变得更加松散，黏土矿物特别是绿泥石、伊利石增多，长石等骨架矿物变少。

2) 断渠滑坡泥岩、软弱夹层、泥化带天然状态微观结构特征

图 8-37(a)、图 8-37(c)、图 8-37(e)分别是断渠滑坡后缘泥岩、剪切破碎带、泥化带的微观结构图；图 8-37(b)、图 8-37(d)、图 8-37(f)分别为断渠前缘软弱夹层在不同放大倍数下的微观结构图。从对比中可见泥岩中骨架矿物(长石、石英)和伊利石排列紧密，蒙脱石、伊利石等黏土矿物呈片状紧紧叠置，高岭石、绿泥石呈绒球状分布于裂隙中和颗粒表面。从泥岩到黏土，黏土矿物转变的黏土逐渐增多(照片中小于 50μm 的颗粒为黏土)，软弱夹层(2-3)结构变松散，存在细小的黏土颗粒，软弱夹层(2-2f)表面明显可见矿物被溶蚀之后留下的小坑及小沟槽。泥化带(3-3)黏土矿物颗粒呈聚集状，以连续的、非定向的排列方式形成薄层。

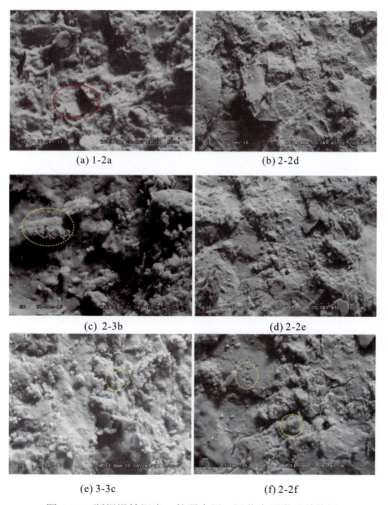

图 8-37　断渠滑坡泥岩、软弱夹层、泥化夹层微观结构图

从泥岩到泥化黏土的过程中，结构越来越疏松，黏土矿物含量逐渐增加，蒙脱石、伊利石、绿泥石呈堆叠结构，主要为绿泥石，呈玫瑰花状；伊利石和蒙脱石混层形成较大薄片和丝状，泥岩中可见板状高岭石，而泥化夹层中没有板状高岭石存在。

2. 软弱夹层(层间剪切带)浸水之后微观结构变化特征

软弱夹层在天然状态[图 8-38(a)]和浸水 40 天后[图 8-38(b)]均有微裂隙，因试样在扫描之前都要烘干，烘干过程中失水形成干缩裂隙，可见浸水后失水会加强黏土岩崩解。天然试样微结构较密实，表面零星分布有鳞片状集合体，集合体中有的松散堆叠体存在微空隙，浸水 40 天后视野中出现了大量蜂窝状、丝缕状伊-蒙混层。

图 8-38　断渠滑坡软弱夹层 2-2 天然状态、浸水 40 天后微观结构图

图 8-39 所示为断渠 2-3 剪切破碎带在天然状态[图 8-39(a)]和浸水 40 天后[图 8-39(b)]微观结构图，可见浸水之前只是零星团絮状黏土矿物分布于视野内，试样微裂隙不发育，较致密，在浸水 40 天后可见明显的微孔隙，黏土矿物脱离石英、长石等骨架矿物，结构松散。

图 8-39　断渠滑坡软弱夹层 2-3 天然状态、浸水 40 天后微观结构图

8.5.1.3 化学性质演化特征

1. 泥化过程中矿物成分的变化

矿物成分的变化直接反映了软弱夹层泥化过程中的矿物成分变化。将泥岩、层间剪切带、泥化夹层分别浸水 0 天、40 天、65 天、150 天，测定各试样的矿物成分，通过矿物成分分析其泥化过程中不同矿物成分的变化，揭示泥化过程中发生的化学变化。

1) 天然状态下各演化阶段矿物成分变化特征

(1) 天然状态下小榜上滑坡剪切带和泥化带矿物组成定量分析见表 8-5。泥化夹层的形成就是黏土矿物增加的过程，黏土矿物中除高岭石含量在减小外，伊利石、蒙脱石、绿泥石含量均在增大，石英有微弱降低，钠长石也大幅度降低，黄铁矿消失，长石水解生成黏土矿物。

表 8-5 天然状态下小榜上滑坡剪切带和泥化带矿物组成定量分析表

项目	高岭石/%	伊利石/%	蒙脱石/%	绿泥石/%	石英/%	钠长石/%	黄铁矿/%
2-1(剪切带)	10.98	7.12	6.34	5.42	43.84	22.3	4
3-1(泥化带)	5.84	13.58	14.3	27.02	40.28	5.4	0
变化	-5.14	+6.46	7.96	+21.6	-5.56	-18.9	-4

(2) 断渠滑坡软弱夹层演化三阶段(剪切破碎带→泥化带)矿物成分分析结果。天然状态下断渠滑坡后缘剪切带、泥化带矿物组成定量分析见表 8-6。泥化带与剪切带相比，黏土矿物中除高岭石外，其余含量均减小，石英和长石含量增大，方解石全部溶解。相关研究(图 8-40)表明，在排水较好，pH 较低的情况下，蒙脱石、伊利石会转化成高岭石，最终转变成最稳定的矿物 SiO_2，试样 3-3 中高岭石矿物含量高于伊利石，而剪切带中不含高岭石，表明高岭石为新生黏土矿物。

表 8-6 天然状态下断渠滑坡后缘剪切带、泥化带矿物组成定量分析表

项目	高岭石/%	伊利石/%	蒙脱石/%	绿泥石/%	石英/%	钾长石/%	方解石/%	黄铁矿/%
2-3(剪切带)		8.61	12.16	25.25	44.07	7.24	2.67	
3-3(泥化带)	6.74	6.54	5.02	7.35	52.69	21.66		
变化	+6.74	-2.07	-7.14	-17.9	+8.62	+14.42	-2.67	

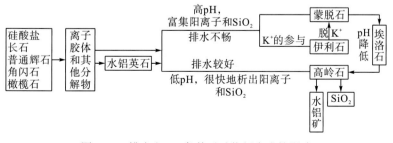

图 8-40 排水和 pH 条件对矿物新合成的影响

(3) 天然状态下断渠滑坡前缘剪切带、泥化带矿物组成定量分析见表 8-7。黏土矿物高岭石消失、石英相对含量基本保持不变，钠长石减少了 4.3%，蒙脱石增加了 2.71%，伊利石增加了 7.98%，钠长石转化成伊利石或蒙脱石。

表 8-7　天然状态下断渠滑坡前缘剪切带、泥化带矿物组成定量分析表

项目	高岭石/%	伊利石/%	蒙脱石/%	绿泥石/%	石英/%	钠长石/%	方解石/%	黄铁矿/%
2-2(剪切带)	8.08	7.21	7.89	16.51	50.7	9.61		
3-2(泥化带)		15.19	10.69	17.39	51.42	5.31		
变化	-8.08	+7.98	+2.71	+0.88	+0.72	-4.3		

通过小榜上滑坡及断渠滑坡层间破碎带矿物组成分析结果可知，剪切破碎带到泥化带的演化过程中黏土矿物相对含量增大，而钾长石、钠长石含量减小，说明黏土矿物和石英是泥化的主要产物，方解石、钾长石和黄铁矿在泥化过程中很难保存。

2) 不同浸水天数下矿物成分的变化特征

从表 8-8 中可见，断渠滑坡前缘完整泥岩(浸水试样为 50mm 的正方体)在一直浸水和干湿循环浸水两种条件下黏土矿物含量均有减小，石英、钾长石、斜长石含量几乎无变化，黄铁矿含量也没有明显变化，可见完整泥岩在浸水 80 天内矿物成分并没有发生较大变化。根据矿物成分变化可以认为，干湿循环对泥岩影响最大的是物理结构，而矿物成分发生改变的前提是泥岩本身结构的破坏，增大其与水反应的表面积，水对完整泥岩的作用是溶蚀表面易溶盐。同时也可以认为短时间地下水作用于完整泥岩，对改变其黏土矿物含量的作用比较微弱。

表 8-8　不同浸水天数下 1-1 泥岩矿物组成定量分析表

浸水时间/d	黏土矿物总量/%	石英/%	钾长石/%	斜长石/%	方解石/%	黄铁矿/%
0	33	33	7	19	5	4
80	30	33	7	21	5	4
60(干湿)	31	34	7	20	4	4

图 8-41 所示为小榜上滑坡软弱夹层 2-1 不同浸水天数下矿物成分变化特征。可以看出，剪切破碎带 2-1 在浸水 40 天内，高岭石相对含量明显减小，其后保持缓慢减小，伊利石、蒙脱石相对含量有少量增大，其中绿泥石增加量最大，黏土矿物总量增大；黄铁矿相对含量缓慢减小，钠长石相对含量大幅度减小，从 22.3%减小到 6.6%，蒙脱石向伊利石和绿泥石发生转化。

第8章 四川盆地红层平缓岩层滑坡成因机理研究

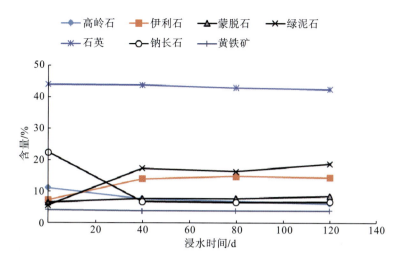

图 8-41　不同浸水天数下 2-1 剪切破碎带矿物组成变化

图 8-42 所示为断渠滑坡前缘软弱夹层 2-2 不同浸水天数下矿物成分变化特征。可以看出，软弱夹层 2-2 在浸水后出现钾长石相对含量大幅度减小，斜长石相对含量轻微减小，黏土矿物总量由原来的 27% 增大到 34%。

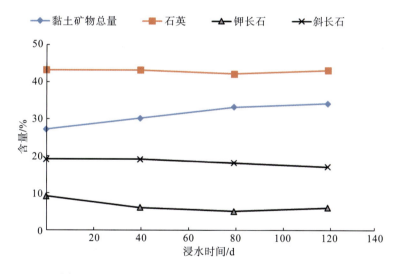

图 8-42　不同浸水天数下 2-2 剪切破碎带矿物组成变化

综上所述，泥化过程中长石等硅酸盐矿物含量减小，伊利石、蒙脱石、绿泥石等黏土矿物含量增大，泥化过程就是其他硅酸盐矿物向黏土矿物转化的过程，在地下水排泄条件较好的情况下，地下水介质 pH 较低时，最终转化成 SiO_2。通过试验发现，完整泥岩在短时间内浸水（120 天），矿物成分并没发生太大变化，表明发生矿物成分转化必须具备一定的分散度，使得水能够与矿物充分作用；泥化夹层在浸水之后黏土矿物、长石的相对含量均会减小，相应地石英含量会增大。

2. 泥化过程中溶液离子浓度的变化特征

溶液中阴阳离子成分及浓度测试能较直观地反映出泥化过程中易溶物质溶解及在水作用下矿物之间发生的化学反应。

将浸水试样溶液按照试验设计在不同浸水时间取样，测试水溶液的阴阳离子及元素（Na^+、K^+、Ca^{2+}、Mg^{2+}、Al^{3+}、$Fe^{3+(2+)}$、NH_4^+、Si、Cl^-、NO_3^-、SO_4^{2-}、CO_3^{2-}、HCO_3^-、OH^-）的浓度。

1) 天然裂隙水主要离子成分

天然裂隙水及雨水化学成分测试结果见表 8-9。可见裂隙水主要阳离子为 Ca^{2+}、Na^+、K^+、Mg^{2+}，阴离子主要为 HCO_3^-、Cl^-、SO_4^{2-}；溶液中还含有大量硅酸盐和硅的化合物，根据矿物成分分析，各试样中石英的含量特别高，但是石英常温下很难溶解于水，因此可以认为溶液中检测到的硅元素来源于硅酸盐；溶液中铁元素含量非常低，可以认为水对铁化合物的溶蚀作用较微弱。雨水中也含有裂隙水中的矿物离子，但浓度远小于裂隙水，表明雨水在岩体裂隙水中渗流时溶蚀了裂隙岩体中大量的矿物离子。在地下水的长期作用下岩石原有的长石、云母、方解石、黄铁矿慢慢变少甚至完全消失，取而代之的是氧化铁、氧化铝、氧化硅或次生硅酸盐(如蒙脱石、伊利石、高岭石)。当 pH 较高，排水不畅时，容易形成蒙脱石和高岭石；当 pH 较低，排水较好时，则析出阳离子和 SiO_2，形成高岭石。

表 8-9 天然裂隙水及雨水化学成分测试结果

水样类型	pH	电导率	阳离子/(mg·L^{-1})				阴离子/(mg·L^{-1})			元素/(mg·L^{-1})	
			Na^+	K^+	Ca^{2+}	Mg^{2+}	Cl^-	HCO_3^-	SO_4^{2-}	Fe	Si
断渠裂隙水	7.14	233	10.78	2.74	24.6	8.8	12.73	82.02	15.12	0.2	12.2
小榜上裂隙水	6.76	118	0.86	—	14.8	0.52	7.2	—	3.15	0	1.72
雨水	6.33	118	0.63	—	6.18	0.07	5.14	—	3.12	0	0.49

2) 泥化模拟实验中不同浸水天数下离子浓度变化规律

浸水 10 天测得各取样点层间剪切带、泥化带浸水溶液离子浓度，主要离子为 Na^+、K^+、Ca^{2+}、Mg^{2+}、Al^{3+}、$Fe^{3+(2+)}$，剪切带和泥化带浸水之后，溶解的阳离子比例关系基本相同，但不同取样点的岩样的矿物成分具有一定差异，溶液中离子的相对含量也存在差异(图 8-43～图 8-45)。小榜上滑坡剪切带和泥化夹层浸水溶液中离子浓度最大的是 Al^{3+}；断渠滑坡前缘剪切带和泥化夹层浸水溶液中离子浓度最大的分别是 Na^+ 和 Ca^{2+}；断渠滑坡后缘剪切带和泥化夹层浸水溶液中离子浓度最大的是 Na^+。剪切带和泥化夹层各离子之间相对含量基本一致，表明泥化夹层和破碎带对水的敏感性相似，溶解在水中的离子也基本相同。

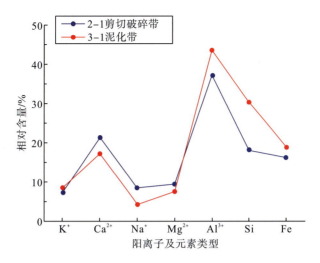

图 8-43　小榜上滑坡剪切破碎带和泥化带浸水溶液中阳离子及元素相对含量关系曲线

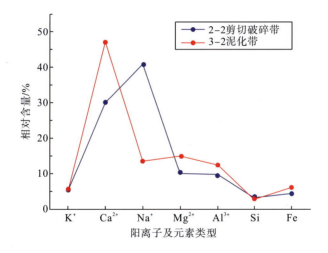

图 8-44　断渠滑坡前缘剪切破碎带和泥化带浸水溶液中阳离子及元素相对含量关系曲线

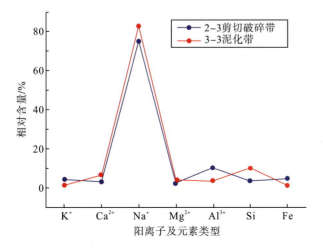

图 8-45　断渠滑坡后缘剪切破碎带和泥化带浸水溶液中阳离子及元素相对含量关系曲线

根据表 8-9，室内模拟试验中水主要溶蚀矿物中的 Na^+、Ca^{2+}、Mg^{2+}、Al^{3+}、K^+、HCO_3^-、Cl^-、SO_4^{2-} 等离子，与天然裂隙水所含离子成分基本相同，溶液中 HCO_3^- 在阴离子中占的比例最大，HCO_3^- 来源于 $NaHCO_3$ 等碳酸氢岩的溶解。HCO_3^- 在碱性环境下会生成 H_2O 和 CO_3^{2-}，没有检测到 CO_3^{2-}，同时测试结果显示溶液为弱碱性，表明溶液的碱性较低，$HCO_3^- + OH^- \rightleftharpoons H_2O + CO_3^{2-}$ 正方向反应无法进行，同时 HCO_3^- 的水解大于电离，可以认为使溶液 pH 变大的原因之一是 HCO_3^- 及其他弱酸根，如 SiO_4^{4-} 的水解。大量 HCO_3^- 少部分来源于矿物中盐的溶解，大部分来源于碳酸盐与游离的 CO_2 发生反应：

$$CO_3^{2-} + CO_2 + H_2O \longrightarrow 2HCO_3^-$$

HCO_3^- 比 CO_3^{2-} 在水中的溶解度大，因此，只要水中有游离的 CO_2 存在，反应就会持续，在自然界中，重碳酸根形成的盐比碳酸盐更易溶于水，以上反应将有助于碳酸盐矿物（如 $CaCO_3$）的溶解。

所用浸水溶液中 Na^+ 浓度都在增大，而 K^+ 浓度基本都在减小，只有试样 2-1、3-2 在浸水初期 K^+ 浓度出现短暂增大，随后均减小，随着溶液浸水时间的增加，pH 逐渐增大，K^+ 参与伊利石的形成，而钠长石含量只会因硅酸盐矿物的水解而增大，不会减小。

浸水之后和浸水溶液中检测出大量的硅元素和少量的铝、铁元素，硅元素的浓度并不与浸水时间成正比，而是出现一定的波动，在赋存弱酸盐（长石、角闪石、辉石等）的水环境中，pH 较低，排水条件较好时，硅元素含量的增大来源于硅酸盐矿物的水解，水解过程是矿物质发生深度化学破坏的最普遍过程，矿物水解是使结构破坏、物质发生转化的根本原因，硅酸盐矿物反应通式如下：

$$R(AlSi_3O_8)_m + H_2O \rightarrow R^{m+} + OH^- + [Si(OH)_4]_n + [Al(OH)_6]_n^{3-}$$

式中，R 代表 Ca^{2+}、Na^+、K^+、Mg^{2+} 等阳离子，水解过程缓慢，生成的碱使溶液呈弱碱性，水解过程中生成的都是 KOH、NaOH 等强碱，长时间水解过程会使溶液的 pH 增大。

当 pH 较低，排水较好时，长石水解方程如下：

$$4K[AlSi_3O_8](钾长石) + 6H_2O \longrightarrow 4KOH + Al_4[Si_4O_{10}][OH]_8(高岭石) + 8SiO_2(硅胶)$$

$$4Na[AlSi_3O_8](钠长石) + 6H_2O \longrightarrow 4NaOH + Al_4[Si_4O_{10}][OH]_8(高岭石) + 8SiO_2(硅胶)$$

黏土矿物在一定条件下也会发生水解反应，绿泥石的水解方程式如下：

$$Y_5Al_2Si_3O_{10}(OH)_8 + 5CaCO_3 + 5CO_2 \rightarrow 5CaY(CO_3)_2 + AlSi_2O_5(OH)_4 + SiO_2 + 2H_2O$$

式中，Y 主要代表 Mg^{2+}、Fe^{2+}、Al^{3+} 和 Fe^{3+}，该方程以 2+ 离子配平。

高岭石水解：

$$Al_4Si_4O_{10}(OH)_8 + H_2O + CO_2 \longrightarrow Al^{3+} + H_4SiO_4 + HCO_3^-$$

伊利石水解：

$$KAl_2[(Si，Al)_4O_{10}][OH]_2 + H_2O + CO_2 \longrightarrow K^+ + Al^{3+} + H_4SiO_4 + HCO_3^-$$

其他矿物水解：

石英
$$SiO_2 + H_2O \longrightarrow Si(OH)_4$$

方解石
$$CaCO_3 + H_2O \longrightarrow Ca^{2+} + HCO_3^- + OH^-$$

石膏
$$Ca^{2+} + SO_4^{2-} + 2H_2O \longrightarrow CaSO_4 \cdot 2H_2O$$

(1) 小榜上滑坡剪切带、泥化夹层浸水溶液离子浓度变化规律。如图8-46所示，溶液中离子浓度均在106天内出现显著增长，浸水120天后，离子浓度变化呈现稳定增长，浓度最大的是HCO_3^-，其次是Na^+、SO_4^{2-}，其他离子增幅不大，浸水80天后钠长石水解最明显，溶液中Na^+浓度明显增大。

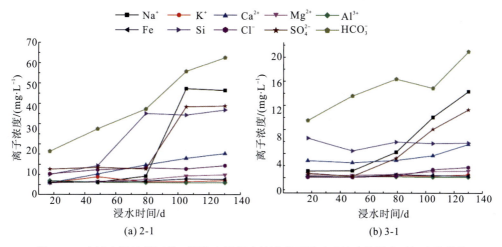

图 8-46 小榜上滑坡剪切带、泥化夹层浸水溶液离子及元素浓度随浸水时间变化曲线

(2) 断渠滑坡前缘层间破碎带、泥化夹层浸水溶液离子浓度变化规律。如图8-47所示，

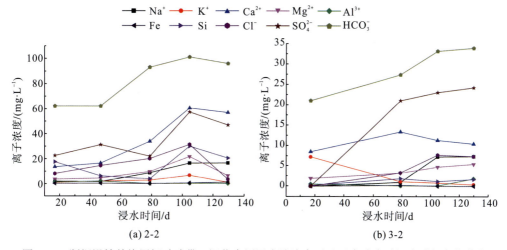

图 8-47 断渠滑坡前缘层间破碎带、泥化夹层浸水溶液离子及元素浓度随浸水时间变化曲线

层间破碎带及泥化夹层的离子浓度均随浸水时间逐渐增大,在浸水 106 天后增大到最大值,后期出现稳定或回落,阳离子中 Ca^{2+} 浓度大于其他阳离子,在矿物成分分析中未见方解石等矿物,Ca^{2+} 来源于矿物或地下水携带的易溶盐。

(3) 断渠滑坡后缘泥岩、层间破碎带、泥化夹层浸水溶液离子浓度变化规律。如图 8-48 所示,泥岩和层间破碎带的浸水溶液离子浓度变化比泥化夹层更加明显,泥化夹层取样点为历史地下水活动强烈区域,在地下水长期作用下,大部分可溶盐易流失,3-3 中 Na^+ 浓度增加量较大,可能是受黏土矿物水解的影响。从试样 1-2 到试样 3-3,不同泥化阶段的离子中 SO_4^{2-} 离子的浓度最大,可见从泥岩到泥化夹层的过程中,硫酸盐的含量是增大的。

从剪切破碎带到泥化夹层的过程中,硫酸盐增多,钙盐、钠盐减少,可能因离子交换作用使 Ca^{2+}、Na^+ 大量溶解于地下水中而流失,导致泥化夹层在浸水后溶液 Ca^{2+} 和 Na^+ 浓度远小于剪切破碎带。

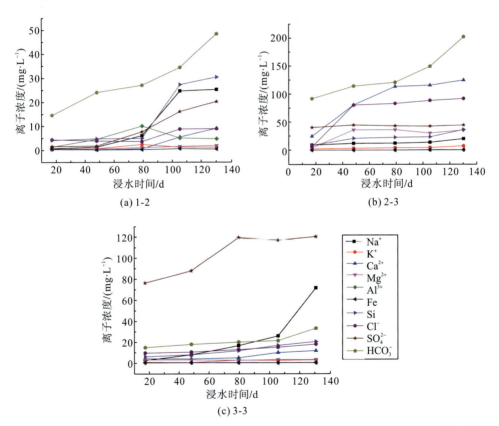

图 8-48 断渠滑坡后缘层间破碎带、泥化夹层浸水溶液离子及元素浓度随浸水时间变化曲线

3. 泥化过程中溶液酸碱度变化规律

泥岩、剪切破碎带、泥化夹层浸水时,水溶液的 pH 均有不同幅度的升高,如图 8-49 所示。部分去离子水在浸泡试样之后 pH 出现轻微下降,特别是泥化夹层 3-3 和软弱夹层 2-3,造成溶液 pH 降低的原因可能是松散体物质空隙中的 CO_2 溶解到水中,随着浸水时间的增加,

溶液 pH 逐渐升高。溶液 pH 升高的原因是可能是长石水解生成的强碱及 HCO_3^- 的水解。泥岩中只有 1-2 的 pH 增量不大，矿物成分分析结果显示长石含量较低，溶液离子浓度测试结果中该试样的浸水溶液 HCO_3^- 离子浓度也较低，可见长石在浸水过程中发生了水解。

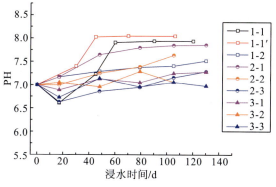

图 8-49　浸水试样溶液 pH 随时间变化曲线

泥岩在干湿循环和直接一直浸水试验中，干湿循环状态下 pH 升高得更快，干湿循环增加了试样的裂隙，进而增加了水与矿物的接触面积，加速了试样中易溶盐的溶解、水解等作用。

4. 泥化过程中溶液电导率变化规律

电导率能够在一定程度上(地质条件与水文条件相同，补给条件相同，地球物理条件相近)反映溶液的矿化度；根据试样浸水溶液离子成分及浓度测试结果，溶液主要为常见的八大离子，其他离子浓度较低，电导率值直接反映了八大离子的浓度，即水中离子的总量；阳离子电荷越低电导率越高、离子的半径越小电导率越高，因此，电导率变化可以在一定程度上反映离子总量变化、离子交换等作用的发生。

电导率随浸水天数变化曲线如图 8-50 所示。从图中可见，各试样在浸水之后溶液电导率曲线总体上均呈上升趋势，表明溶液中溶解离子在随时间增加，曲线虽有轻微波动，但下降幅度较小，可能是因为浸水一段时间发生阳离子交换及离子吸附作用。

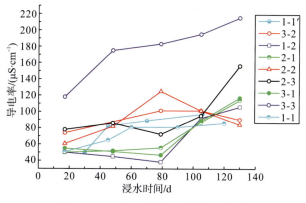

图 8-50　电导率随浸水天数变化曲线

5. 泥化过程中元素的变化规律

为获取剪切破碎带在泥化前后化学成分的变化情况，对两组剪切破碎带和泥化带进行矿物成分分析。小榜上滑坡：天然剪切破碎带(2-1)，天然泥化夹层(3-1)，模拟试验中浸水 150 天后剪切破碎带(2-1′)；断渠滑坡：剪切破碎带(2-2)，泥化夹层(3-2)，浸水 150 天后剪切破碎带(2-2′)。

试验结果见表 8-10。表中为测试元素换算的理论氧化物相对含量，部分含量小于 0.01%的未列入表中。分析结果表明，泥化夹层和剪切破碎带的氧化物相对含量基本相同，主要为 SiO_2、Al_2O_3、Fe_2O_3，表明在泥化过程中硅、铝、铁元素的相对含量没有发生太大变化，主要变化在于元素在化合物之间的转化，因此，可以说泥化过程主要是物理破碎及化合物转化的过程。对比剪切破碎带和泥化带矿物成分可见，SiO_2、Na_2O、K_2O、TiO_2 等矿物含量明显减小，但相对含量稳定增大的矿物不存在，说明泥化过程中的确有部分元素流失，使其相对含量减小。模拟过程中，Al_2O_3、Fe_2O_3、Na_2O、K_2O 相对含量减小，可能是部分元素以离子或胶体形式溶解到水中，造成相对含量减小，可以看出泥化过程中钠和钾的化合物最容易流失。

表 8-10 软弱夹层泥化前后矿物成分分析表(%)

编号	SiO_2	Al_2O_3	Fe_2O_3	MgO	CaO	Na_2O	K_2O	TiO_2	P_2O_5	MnO	BaO
2-1	61.43	20.76	6.94	4.04	0.83	0.67	3.85	0.99	0.22	0.08	0.07
3-1	60.55	18.67	5.32	2.59	0.9	0.55	3.32	0.84	0.2	0.17	0.04
2-2	57.05	19.79	5.69	0.09	1.6	1.14	3.88	0.92	0.29	0.09	0.09
3-2	56.05	20.7	6.16	3.18	1.52	0.86	3.84	0.9	0.29	0.11	0.1
2-1′	58.8	19.3	6.3	3.7	0.85	0.67	3.4	0.87		0.08	
2-2′	61	19.27	5.09	2.15	1.08	1.1	2.89	0.92	0.17	0.09	0.08

8.5.1.4 滑带泥化过程分析

1. 机械破碎作用

泥化过程中起重要作用的是黏土岩的机械破碎和分散度增大。机械破碎有两种途径：一是构造应力作用下，层间软岩发生剪切破碎形成常见的层间剪切破碎带(图 8-51)；二是近地表软弱夹层在季节性温度变化、干湿交替的情况下，发生崩解，形成分散度较大的碎屑颗粒(图 8-52)。发生机械破碎的剪切破碎带和碎屑带在地下水的作用下最后形成细粒土体。

2. 化合物的溶解

大部分硅酸盐与水反应都是在酸性环境下进行的，当溶液呈酸性时，硅酸盐矿物的溶解速率与 H^+ 浓度成正比，当溶液呈碱性时，硅酸盐矿物的溶解度与 OH^- 的浓度成正比。

当 pH<7 时，随酸盐的溶解相当于离子交换作用，H^+ 置换了矿物中的金属阳离子，而当 pH>7 时，铝硅酸盐也能与碱反应，因此，无论溶液是呈酸性还是呈碱性，都能促进矿物的溶解。

图 8-51 地质构造作用形成剪切破碎带

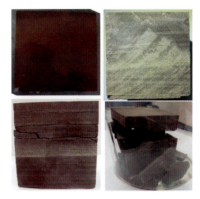

图 8-52 干湿循环形成碎屑颗粒

相关研究表明，矿物的溶解反应与矿物与水接触的比表面积有直接关系，但矿物的溶解速率与比表面积不是简单的正比关系，还受矿物颗粒粒径的影响。溶解反应是物质组分以离子的形式进入溶液中，相关研究认为自然界中的物质几乎都能溶解，即便是铝硅酸盐这一类难溶的化合物，也能在水中形成游离的 Na^+、Ca^{2+}、Mg^{2+} 等离子。溶解反应是矿物与水最直接、最基本的反应，也是岩石泥化和软化的最根本原因之一。链接矿物颗粒的易溶盐溶解削弱颗粒黏结，游离离子随着地下水的运移与其他矿物发生离子交换作用。常见的溶解反应如下：

$$CaSO_4 \rightleftharpoons Ca^{2+}+SO_4^{2-}$$

$$NaCl \rightleftharpoons Na^++Cl^-$$

根据模拟试验中矿物成分分析、浸水溶液离子浓度测试，发现泥岩在浸水作用下溶蚀了大量的易溶盐离子，特别是干湿循环作用下更利于溶解反应进行，相同质量的泥岩浸泡在相同体积的去离子水中，所测得的干湿循环作用下的浸水溶液离子浓度大于一直浸水的试样，干湿循环过程中特别是失水过程，黏土矿物失水产生的拉应力使泥岩产生大量的微裂纹，甚至崩解，增加了泥岩与水的接触面积，加速了溶解反应。试验中剪切破碎带的溶解反应大于泥岩和泥化夹层，泥岩的结构较好，与水的接触面积小，不利于溶解反应的进行，层间剪切破碎带不仅易溶盐含量丰富，且结构破碎，有利于溶解反应的发生，而泥化夹层在天然条件下已经受到地下水的反复溶蚀，大部分可容盐流失，导致试验中溶液的离子浓度较低。

3. 水解作用

泥化过程主要发生硅酸盐的水解，水的四面体结构与硅酸盐的四面体结构在形态和大小上都极其相似，因此，硅酸盐四面体容易被水分子置换，造成硅酸盐晶格破坏。硅酸盐在发生机械破碎之后,特别是层间剪切破碎带,结构破碎近似分散状态,在地下水的反复循环和温度季节性变化的作用下,发生深度水解,形成弱硅酸和碳酸的碱金属和碱土性金属,最终与水一起形成半饱和二氧化硅溶液。

在模拟试验中,矿物成分分析结果表明,剪切破碎带中黏土矿物(蒙脱石、伊利石、绿泥石)含量增大伴随钠长石和高岭石含量减小,可以认为钠长石水解反应生成伊利石、蒙脱石等黏土矿物。以下列举泥岩中常见的水解反应。

碳酸钙水解:
$$2CaCO_3+2H_2O \Longleftrightarrow Ca(OH)_2+Ca(HCO_3)_2$$

钙长石水解时生成SiO_2和碱土性化合物:
$$CaAl_2Si_2O_8+2H_2O \Longleftrightarrow Ca(OH)_2+H_2Al_2Si_2O_8$$
$$H_2Al_2Si_2O_8+H_2O \longrightarrow 2SiO_2 \cdot H_2O+Al_2O_3$$

同理,钠长石水解形成硅酸胶体:
$$NaAlSi_3O_8+4H_2O+4H^+ \longrightarrow Na^++3H_4SiO_4+Al^{3+}$$

4. 氧化还原作用

泥化过程中同样会发生大量的氧化还原反应,剪切带中铁、锰等元素发生氧化反应,从低价向高价变化,砂泥岩中二价铁被氧化成三价后呈红色。硫化物在水的参与下发生氧化反应形成游离的硫酸,酸的形成加速溶解和离子交换作用,硫酸与碳酸盐和铝硅酸盐反应生成硫酸盐,模拟试验中泥化夹层SO_4^{2-}浓度比剪切破碎带中高,表明泥化过程中发生了其他矿物向硫酸盐的转化。黄铁矿的氧化反应如下:
$$2FeS_2+7O_2+2H_2O \longrightarrow 2FeSO_4+2H_2SO_4$$

生成的硫化亚铁会被继续氧化:
$$12FeSO_4+2O_2+36H_2O \longrightarrow 4[Fe(SO_4)_3 \cdot 9H_2O]+2Fe_2O_3$$

在砂泥岩互层,特别是缺氧的裂隙中,总是有微生物存在,在微生物的生命过程中会消耗铁、锰化合物中的氧,起到还原作用,形成活动性更强的二价铁和锰的碳酸氢岩化合物,模拟试验中浸水溶液HCO_3^-离子浓度最高,很可能来源于还原环境下形成的碳酸氢岩化合物。试样3-3泥化带HCO_3^-浓度最低,取样点为地下水排泄口,氧气充足,发生还原反应的可能性较小。

5. 离子吸附和交换作用

离子吸附和交换作用也是泥化过程中普遍的水岩作用。吸附作用表现为地吸水溶液中的物质吸附到岩土体表面,土壤中的阳离子与地下水中的阳离子发生交换为阳离子的交换作用,吸附作用往往与离子交换作用同时进行。泥化过程中形成的硅胶($SiO_2 \cdot nH_2O$)、活性氧化铝($Al_2O_3 \cdot nH_2O$)等都有较强的吸附作用,吸附作用会改变岩土体表面裂纹的结构,进而影响岩土体的力学性质。离子交换作用导致黏土矿物双电层厚度增加,层组间离子作用力降低,从而改变岩土体的物理性质。下面是泥化过程中蒙脱石发生的阳离子交换作用(图 8-53)：

$$2Na^+—蒙脱石+Ca^{2+} \longrightarrow Ca^{2+}—蒙脱石+2Na^+$$
$$Na^+—蒙脱石+K^+ \longrightarrow 伊利石+Na^+$$
$$蒙脱石—Ca^{2+}+2H^+ \rightleftharpoons 蒙脱石—2H^++Ca^{2+}$$

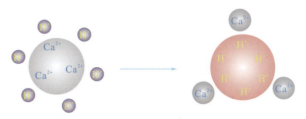

图 8-53　离子交换作用示意图

综上所述，通过物理模拟实验表明黏土岩在水中会发生泥化，但泥化的过程非常缓慢，泥化过程中最明显的特征是形成含硅化合物胶体，模拟试验揭示了泥化过程的微观变化特征。

(1)结构越破碎、黏土矿物含量越大，泥化速率越快，干湿循环作用主要使泥岩发生结构破碎，也会增加试样的比表面积加速易溶盐溶解，但不会明显加速水化学反应。

(2)剪切破碎带到泥化带的演变过程中，结构变得松散，黏土矿物特别是绿泥石、伊利石等黏土矿物增多，长石等骨架矿物变少。电镜扫描图片中可见叠瓦状、玫瑰花瓣状绿泥石含量和蜂窝状蒙脱石含量明显增大。

(3)泥化过程中黏土矿物含量增大、方解石等易溶盐溶解，伊利石、蒙脱石、绿泥石含量的增大主要来源于长石的水解和高岭石的转化，天然剪切带中高岭石含量比泥化带大，模拟试验中浸水后高岭石含量也明显减小，表明在弱碱性环境下高岭石会向其他黏土矿物转化或水解。

(4)软弱夹层浸水后主要溶蚀 Na^+、Ca^{2+}、Mg^{2+}、Al^{3+}、K^+、HCO_3^-、Cl^-、SO_4^{2-} 等离子，阳离子相对浓度 $c(Na^+)>c(Ca^{2+})$，阴离子相对浓度 $c(HCO_3^-)>c(SO_4^{2-})>c(Cl^-)$，主要溶蚀 $NaHCO_3$、$Ca(HCO_3)_2$、Na_2SO_4、$CaSO_4$ 等易溶盐。

(5)模拟试验中浸水溶液 pH 和导电率都出现了不同幅度地升高，浸水过程中离子浓度随浸水时间升高，长石水解生成了强碱使水溶液呈弱碱性。

泥化过程就是泥岩等黏土岩在发生机械破碎之后发生一系列溶蚀、水解、氧化还原、离子吸附和交换作用，形成黏土的过程。

8.5.2　红层岩土遇水软化特征及机理

水会削弱岩土体的力学性质，软弱层泥化过程中物理化学性质的削弱伴随力学强度的衰减，不同岩土体对水的敏感程度不同。分别对四川盆地不同红层地区粉砂质泥岩、泥岩、软弱夹层、泥化夹层、滑带土进行了饱和后的物理力学性质测试。

8.5.2.1 红层泥岩遇水软化特征

泥质类岩石在一定的渗透压力或水动力条件下产生的物理、化学和力学作用是导致裂隙扩张、结构破坏,甚至发生整体变形破坏的根本原因。为了探究地下水长期作用对泥岩强度的影响,采用岩石直剪试验对不同浸水时间后的泥岩进行强度测试。

1. 粉砂质泥岩遇水软化特征

试样为巴中市南江县某抗滑桩开挖的新鲜粉砂质泥岩(图8-54),粉砂质泥岩的基本物理参数见表8-11。

图8-54 粉砂质泥岩取样与岩样制备

表8-11 粉砂质泥岩物理参数表

矿物成分含量/%							天然密度/(g·cm^{-3})	天然含水率/%
伊-蒙混层	高岭石	绿泥石	石英	斜长石	方解石	黄铁矿		
19	8	13	32	19	5	4	2.62	2.7

对同一岩样在天然状态、浸水7天、浸水21天、浸水42天、浸水63天时,开展力学性质试验,共设计5组试验。粉砂质泥岩的峰值强度在不同浸水天数后出现明显衰减现象(图8-55),其衰减点的拟合曲线呈逻辑函数关系,拟合优度均超过0.97,在浸水7天前出现明显下降,随着浸泡时间的增加,峰值强度衰减幅度逐渐降低,在设计浸水时间段内粉砂质泥岩的抗剪强度最终趋于稳定。

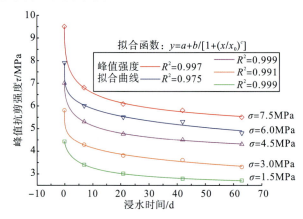

图8-55 不同浸水天数下泥岩的峰值强度变化曲线

粉砂质泥岩的试样浸水后，黏聚力和内摩擦角都有不同程度的衰减（图8-56）。黏聚力和内摩擦角衰减曲线均呈逻辑函数特征，先出现快速衰减，随着时间增加衰减逐渐趋于缓慢。随着浸水时间的增加泥岩的黏聚力衰减幅度与内摩擦角的衰减幅度出现不同步，且内摩擦角的衰减幅度逐渐小于黏聚力的衰减幅度。

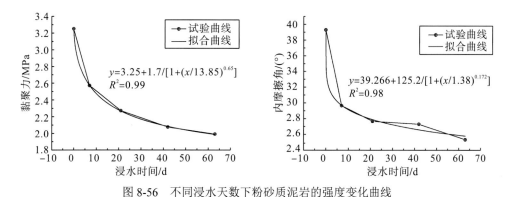

图 8-56　不同浸水天数下粉砂质泥岩的强度变化曲线

2. 泥岩遇水软化特征

泥岩岩样取自中江县垮梁子滑坡Ⅰ区前缘探槽内，取样深度为6m。泥岩的基本物理参数见表8-12。

表 8-12　泥岩物理参数表

矿物成分含量/%						天然密度/(g·cm^{-3})	天然含水率/%
蒙脱石	伊利石	绿泥石	石英	长石	方解石		
8	31	12	30	9	11	2.1	12.2

对泥岩峰值抗剪强度与浸水时间的关系进行研究。试验设计了天然状态和浸水1天、2天、3天、5天、10天、15天、20天、30天、45天9个不同浸水时间，对不同浸水时间的泥岩抗剪强度变化进行研究。

泥岩试样黏聚力随着浸水时间的变化趋势具有阶段性。如图8-57所示，泥岩浸水1天后黏聚力衰减了9.6%；浸水至第10天黏聚力共衰减了45%；浸水至20天时黏聚力共衰减了51.4%；浸水20天后泥岩的黏聚力衰减速率进一步降低，进入缓慢衰减阶段。内摩擦角的衰减与黏聚力的衰减有着相似的规律。总体上看，垮梁子滑坡泥岩试样抗剪强度参数均衰减了50%左右，其剧烈衰减的临界点为20天。

8.5.2.2　软弱夹层遇水软化特征

软弱夹层取样部位为巴中市南江县断渠滑坡右前缘边界外，首先对天然状态试样进行剪切试验，其余每组试样先要进行浸水处理。浸水处理采用自由吸水法。软弱夹层物理参数见表8-13。

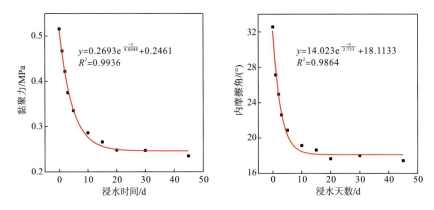

图 8-57 不同浸水天数下泥岩的强度变化曲线[58]

表 8-13 软弱夹层物理参数表

矿物成分含量/%							天然密度/	天然含水
蒙脱石	高岭石	绿泥石	伊利石	石英	钾长石	斜长石	(g·cm^{-3})	率/%
5.4	5.5	11.2	4.9	43	9	19	2.33	12.7

分别对天然状态、饱和状态、浸水 5 天、浸水 10 天、浸水 20 天、浸水 40 天的软弱夹层进行直接剪切试验。通过统计分析获得软岩饱和后软弱夹层的力学强度随浸水时间的变化规律。

软弱夹层 6 组直接剪切试验都有一个共同的特点（图 8-58～图 8-63），有明显的峰值点，峰值强度随正应力增大而变大，说明在一定轴压下其抗剪强度与正应力呈正相关关系。浸水时间小于 10 天时其应力应变关系曲线表现为有明显的下降趋势，与岩石的应力应变曲线很相似，在天然状态下软弱夹层（木泥化）受到一定的应力挤压，密实度较好，其抗剪强度介于原状土样和岩样之间；当浸水时间超过 10 天之后，随着水的作用，部分易溶细颗粒物质被溶蚀，同时破坏了颗粒与颗粒之间、碎屑与碎屑之间的泥质胶结，导致峰值抗剪强度逐渐降低，试样软化，软化后的抗剪强度虽然还远大于土样的抗剪强度，但其应力应变曲线的形态规律已与土体的很相似。

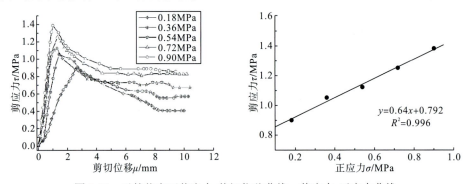

图 8-58 天然状态下剪应力-剪切位移曲线、剪应力-正应力曲线

（含水率 w=12.7%，干密度 2.067，孔隙比 0.437）

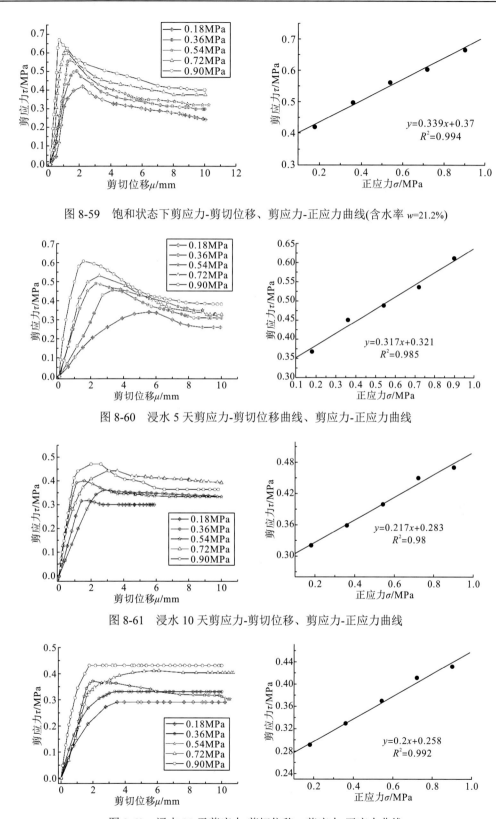

图 8-59 饱和状态下剪应力-剪切位移、剪应力-正应力曲线(含水率 w=21.2%)

图 8-60 浸水 5 天剪应力-剪切位移曲线、剪应力-正应力曲线

图 8-61 浸水 10 天剪应力-剪切位移、剪应力-正应力曲线

图 8-62 浸水 20 天剪应力-剪切位移、剪应力-正应力曲线

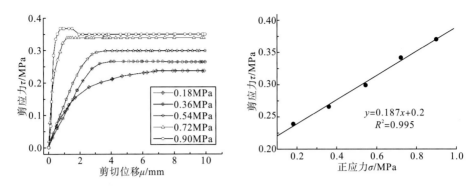

图 8-63 浸水 40 天剪应力-剪切位移、剪应力-正应力曲线

根据剪应力-剪切位移曲线，曲线上屈服点不明显，因此参考其峰值强度和残余强度作为试样强度变化指标。如表 8-14 所示，在正应力均为 180kPa 时，天然状态的残余强度为 400kPa，浸水 40 天之后仅为 240kPa，强度衰减显著，且每一级围压下均有下降趋势。同时可以看出，不同正应力下峰值强度和残余强度衰减程度不同，即正应力越大衰减越显著。因不同正应力下峰值强度均随浸水时间出现不同程度的衰减，以正应力为 540kPa 为例（图 8-64），峰值强度与浸水天数呈逻辑函数关系，开始几天出现陡降（呈幂函数关系），随着浸水时间增加，衰减速率降低，最终趋于稳定。试样浸水 2.25 天后即达到饱和状态，含水率几乎不再增大，而试样的抗剪强度（黏聚力、内摩擦角）仍然继续衰减，因为试样的可溶物质溶蚀，碎屑的软化导致强度继续降低。

表 8-14 不同浸水天数下软弱夹层的抗剪强度参数

浸水时间/d	强度	正应力 σ/MPa				
		0.18	0.36	0.54	0.72	0.9
0	峰值强度	0.9	1.05	1.12	1.25	1.38
	残余强度	0.4	0.57	0.68	0.84	0.88
2.25	峰值强度	0.42	0.5	0.56	0.61	0.67
	残余强度	0.24	0.3	0.25	0.37	0.4
5	峰值强度	0.37	0.45	0.49	0.54	0.61
	残余强度	0.26	0.32	0.36	0.35	0.38
10	峰值强度	0.32	0.36	0.4	0.45	0.47
	残余强度	0.3	0.35	0.34	0.38	0.36
20	峰值强度	0.29	0.33	0.37	0.41	0.43
	残余强度	0.28	0.34	0.33	0.40	0.42
40	峰值强度	0.24	0.267	0.3	0.34	0.37
	残余强度	0.24	0.26	0.3	0.33	0.35

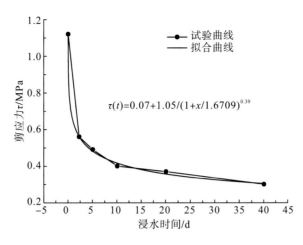

图 8-64　剪应力峰值强度随浸水天数变化曲线（正应力为 0.54MPa）

从图 8-65 中可见，软弱夹层的内摩擦角随浸水时间逐渐衰减，从原状样的 32.64°衰减到 10.59°，衰减的拟合曲线呈二阶指数关系，拟合优度达 0.997。浸水时间到 15 天之后摩擦角衰减趋于稳定，浸水前 10 天，内摩擦角及黏聚力衰减量远大于后 30 天。造成这种现象的原因是浸水初期，软弱夹层孔隙率大，试样含水率低，吸水量大，吸水速率快，易溶物质含量高。相对而言黏聚力衰减对浸水时间更敏感，因为颗粒间易溶物质溶解、阳离子交换会削弱分子间的吸引力，而颗粒及碎屑软化需要更长时间，易溶盐的长时间溶蚀累积效应才会削弱颗粒联结及咬合力。

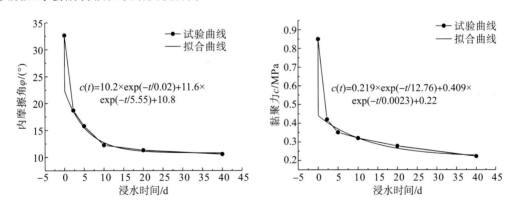

图 8-65　内摩擦角及黏聚力随浸水天数变化曲线

8.4.2.3　泥化夹层（滑带土）遇水软化特征

1. 泥化夹层遇水软化特征

泥化夹层取样部位为南江县东榆镇文光村 2 社小榜上滑坡后缘边界外，采用环刀压入土体进行取样，运输过程采用蜡封并做防震处理。取样时间为暴雨后第二天，夹层内仍然有地下水浸出，故试样含水率较高。试样全部为原状样，为土黄色粉质黏土，含水率较高，湿，呈软塑状，手搓有滑腻感。详细物理参数见表 8-15。

表 8-15 泥化夹层物理参数表

密度/(g·cm⁻³)	含水率/%	相对密度	干密度/(g·cm⁻³)	孔隙比	塑限/%	液限/%
1.89	35.38	2.21	1.396	1.1274	26.6	48.25

通过直接剪切试验，获得了泥化夹层天然、浸水、浸水 7 天后的抗剪强度，浸水 7 天后内摩擦角 φ 和黏聚力 c 的值均有下降（图 8-66），φ 由 7.85°降低到 7.18°，降幅为 8.5%；c 值由 11.85kPa 降低到 9.0kPa，降幅为 24%，黏聚力的下降幅度大于内摩擦角。所取天然状态下泥化夹层含水率为 35.38%，饱和度为百分之百时含水率为 37.96%，天然状态下已经接近饱和，浸水 7 天之后含水率为 37.1%，变化幅度不大，因此抗剪强度衰减并不明显，暴雨后天然状态下泥化夹层的抗剪强度已经接近最低值。

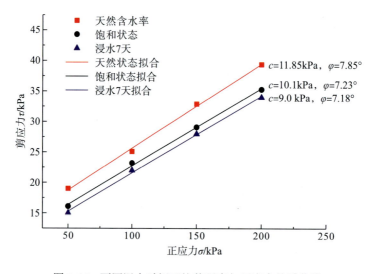

图 8-66 不同浸水时间下抗剪强度与正应力关系曲线

浸水前后试样的含水率变化虽然不大，但其形状变化较明显，天然试样剪切破坏后试样可见明显的剪切破坏面，而浸水 7 天后试样剪切破坏面不明显，土体呈现出"液化"现象，说明浸水过程中土的结构也发生了破坏。同一试样，含水率、矿物成分的变化都会导致土体的结构发生破坏，因此，浸水也会使土体矿物组分发生变化，从而影响其力学强度。

2. 滑带土遇水软化特征

滑带土土样取自垮梁子滑坡 I 区前缘隆起探槽，滑带土呈紫红色，层厚约为 20cm。通过测试获得滑带土物理参数，见表 8-16。采用 X 射线衍射对其进行矿物成分分析。测试结果表明，垮梁子滑坡滑带土中含蒙托石 26%，伊利石 28%，石英 37%，斜长石 5%，方解石 4%。黏土矿物主要为蒙托石和伊利石，分别占 49%和 51%。

对滑带土不同浸水天数条件下的抗剪强度变化规律进行研究。试验设计了浸水 1 天、5 天、10 天、15 天、30 天、60 天 6 组试验，对其峰值抗剪强度变化规律进行研究。试验采用应变控制式直剪仪进行剪切试验。为了研究滑带土在扬压力形成后的强度衰减情况，为使滑带土试样与水充分接触，将滑带土进行饱和后再放入水中浸泡。

表 8-16 垮梁子滑带土物理参数

密度/(g·cm^{-3})	相对密度	含水率/%	孔隙比	塑限/%	液限/%	塑性指数/%
1.91	2.6	19	0.38	31.518	56.437	24.9195

从图 8-67 可知，滑带土黏聚力随浸水时间衰减速率逐渐减小，但衰减趋势没有明显阶段性。浸水 60 天后其黏聚力为 15.12kPa，相对于浸水 1 天的试样衰减了 6.2kPa，试样内摩擦角随着浸水时间变化的阶段性较明显，试样浸水前 15 天内摩擦角呈现出剧烈衰减趋势，15 天时间内内摩擦角共衰减了 5.8°；在浸水 15 天后试样的内摩擦角基本趋于稳定，约为 12°。

垮梁子滑坡滑带土样的抗剪强度随着浸水时间呈逐渐衰减趋势，前 30 天衰减剧烈，30 天后衰减幅度明显降低。因此滑带土在浸水条件下抗剪强度剧烈衰减的临界时间为 30 天。

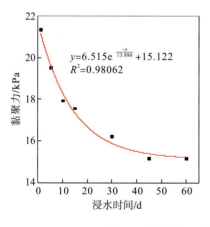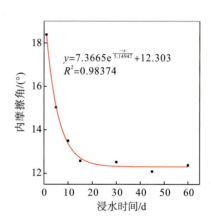

图 8-67 黏聚力、内摩擦角随浸水时间变化曲线[58]

8.5.3 红层软岩遇水软化机理

红层软岩宏观力学抗剪强度上的衰减实质上是红层软岩遇水内在微观结构衰变的外在表现。红层软岩之所以遇水表现显著的软化性，根本原因在于其含有大量的黏土矿物成分，如蒙脱石、伊利石、高岭石等。黏土矿物遇水膨胀、失水收缩，导致其结构衰变，强度衰减。

但是，四川盆地红层软岩黏土矿物成分以伊利石为主，蒙脱石相对含量较小，不含高岭石，按照含蒙脱石等膨胀型矿物含量分类，研究区的红层软岩只属于弱膨胀岩。因此，其遇水软化特性与前人[24]所研究的万州地区富含蒙脱石的膨胀型泥岩有一定的差异。不同于蒙脱石上下相邻的层面皆为 O 面，晶层间引力以分子间的范德华力为主，层间引力较弱，水分子易进入晶层，属膨胀性黏土矿物，而伊利石由于在 Si-O 四面体中发生晶格取代作用产生的负电荷由 K^+ 离子平衡，晶层间引力以静电力为主，引力强，水分子难以进入晶层之间，晶体本身不具有膨胀性，属非膨胀型黏土矿物。因此有必要深入讨论研究区富含伊利石的红层软岩的水化作用机理。

从图 8-68 可以看出，伊利石的晶体结构单元是由两层硅片中间夹一层铝片组成的三层结构晶胞。晶胞与晶胞之间联结不是很紧密，并且存在一定数量的反离子，泥岩遇水后，伊利石晶胞之间的反离子逸出，晶胞间的结合力减小，使得水分子得以挤入晶胞内，导致晶胞间距增大，使颗粒自身发生膨胀，不同于蒙脱石的层间膨胀机制，这属于分子内部膨胀机制，如图 8-69 所示。

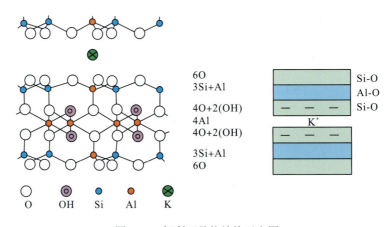

图 8-68 伊利石晶体结构示意图

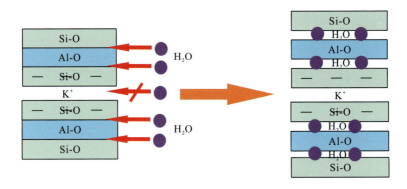

图 8-69 伊利石水岩作用下的分子内部膨胀劣化机理示意图

此外，泥岩黏粒表面具有游离态的原子和离子，具有较强的静电引力，使黏粒表面形成静电引力场，而水分子为偶极体，可为静电引力所吸引，使黏粒的结合水膜增厚，而导致分子间的结合力降低，使得黏粒发生膨胀，力学性质劣化，这种作用的宏观表现就是泥岩黏土矿物表面的水膜化效应，这属于胶结膨胀机制，如图 8-70 所示。

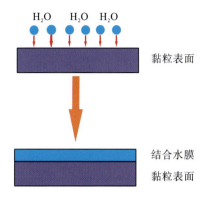

图 8-70　伊利石水岩作用下的胶结膨胀(水膜化)劣化机理示意图

以上两种不同的膨胀机制表明，泥岩与水相互作用时，水在静电引力下会在黏土矿物颗粒表面形成极化的水分子层，而形成的水分子层又可以进一步吸水扩层，造成黏土矿物的外部膨胀。与此同时，水分子挤入伊利石的晶胞内部，形成晶胞内部水层，造成黏土矿物的内部膨胀。无论是哪种膨胀机制，都会引起由吸水膨胀的不均匀性而产生的不均匀应力，使之产生大量的微孔隙，从而破坏泥岩的内部微观结构体系，最终导致矿物颗粒的结构衰变，引起软化解体。软化解体的黏土矿物胶结方式由最初的面-面连接转变为面-边，边-边、边-角连接(图 8-71)，并且无序分散状堆积于孔隙与黏粒表面，这不仅导致了联结力丧失引起力学强度的降低，而且增大了黏粒颗粒与水作用的有效接触积，进一步增强了水的吸附、软化作用，更多的水吸附于黏粒，会产生楔裂力使孔隙向深处发展，导致其强度进一步降低。这也从侧面解释了泥岩遇水后微观结构的表面孔隙率没有增大而抗剪强度却发生了衰减这一现象产生的原因。

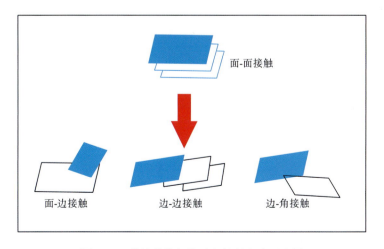

图 8-71　黏粒软化解体过程接触方式示意图

8.6 平推式滑坡滑动距离估算[59]

前已述及，平推式滑坡是以滑块形式整体被水压力推出而滑动的，其距离不会太大，一般为数米至数十米。既然是滑块被推出，就可利用能量守恒原理估算出滑坡距离。在前述概念模型的基础上建立平推式滑坡的滑动距离计算模型，推导平推式滑坡运动距离计算理论公式，分析控制滑动距离的关键因素，采用物理模拟方法和实际案例对理论公式进行验证。

8.6.1 理论公式推导

8.6.1.1 运动模型

基于式(8-1)分析平推式滑坡启动时的受力变化，在滑坡开始启动时，滑面强度从静摩擦强度降低至动摩擦强度，抗滑力 S_r 陡降，而下滑力 S_m 变化较小，使滑体产生一定的初始加速度。在滑体的运动过程中，滑面抗剪强度参数应取值残余强度参数。

平推式滑坡运动过程示意图如图 8-72 所示。假设条件及理由如下：

(1) 假设滑坡后部裂缝中水的体积不变。现实中平推式滑坡滑动期间地下水排泄引起的裂缝内水的总体积变化量非常小，可以忽略不计。

(2) 两侧及前缘无侧阻力。现实中平推式滑坡边界临空条件良好，对滑体的整体约束较小。

(3) 滑动过程由于滑带黏聚力 c 接近零，因此模型中不予考虑，同时假设滑动过程中滑带强度参数保持不变。

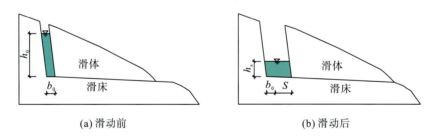

图 8-72 平推式滑坡运动过程示意图

图 8-72(a)中，h_0 为滑坡启动时的水头高度，b_0 为滑坡启动时的初始裂缝宽度；图 8-72(b)中，S 为滑动距离，h_s 为滑坡制动后的水头高度。设 x 为裂缝宽度变量，$x \in [b_0, b_0+S]$，h 为水头高度变量，在滑坡运动过程中，随着 x 增大 h 逐渐降低，通过假设条件(1)可以得到式 [8-26(a)]，结合式 [8-26(b)] 及式 [8-26(c)] 可得到下滑力 S_m 及抗滑力 S_r 与裂缝宽度 x 的函数关系，见式(8-27)。计算模型及推导过程首先考虑基底扬压力的分布形态为三角形。

$$\begin{cases} h = \dfrac{b_0 h_0}{x} & \text{(a)} \\ S_r(h) = \left[W\cos\alpha - \dfrac{1}{2}\gamma_w h L - \dfrac{1}{2}\gamma_w h^2 \cos(\theta-\alpha) \right]\tan\varphi & \text{(b)} \\ S_m(h) = W\sin\alpha + \dfrac{1}{2}\gamma_w h^2 \sin(\theta-\alpha) & \text{(c)} \end{cases} \quad (8\text{-}26)$$

$$\begin{cases} S_r(x) = \left[W\cos\alpha - \dfrac{1}{2}\gamma_w \dfrac{b_0 h_0}{x} L - \dfrac{1}{2}\gamma_w \left(\dfrac{b_0 h_0}{x}\right)^2 \cos(\theta-\alpha) \right]\tan\varphi \\ S_m(x) = W\sin\alpha + \dfrac{1}{2}\gamma_w \left(\dfrac{b_0 h_0}{x}\right)^2 \sin(\theta-\alpha) \end{cases} \quad (8\text{-}27)$$

8.6.2.2 公式推导

通过式(8-27)可绘制下滑力 $S_m(x)$ 及抗滑力 $S_r(x)$ 与裂缝宽度 x 变化的关系示意图(图 8-73),分别将下滑力 $S_m(x)$ 及抗滑力 $S_r(x)$ 在区间 $[b_0, b_0+S]$ 上积分可得各自在滑动过程中做的功,分别设为 W_m 及 W_r[式(8-28)]。图 8-73 中在 $x=b_{re}$ 处,$S_m(b_{re})=S_r(b_{re})$,因此在 $[b_0, b_{re}]$ 区间,滑坡处于加速运动状态,在 $[b_{re}, b_0+S]$ 区间,滑坡处于减速运动状态。根据能量守恒原理,从滑坡启动到滑坡制动,$W_m=W_r$,即图 8-73 中阴影面积 $A+B=B+C$,可得式(8-29)。

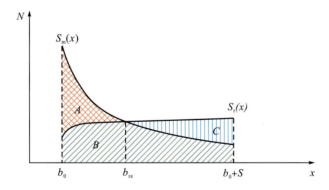

图 8-73 下滑力 S_m 及抗滑力 S_r 与裂缝宽度 x 变化关系示意

$$\begin{cases} W_r = \int_{b_0}^{b_0+S} S_r(x)\mathrm{d}x \\ W_m = \int_{b_0}^{b_0+S} S_m(x)\mathrm{d}x \end{cases} \quad (8\text{-}28)$$

$$\int_{b_0}^{b_0+S} S_r(x)\mathrm{d}x = \int_{b_0}^{b_0+S} S_m(x)\mathrm{d}x \quad (8\text{-}29)$$

分别计算 W_r 及 W_m:

$$W_{\mathrm{r}} = \int_{b_0}^{b_0+S} \left[W\cos\alpha - \frac{1}{2}\gamma_{\mathrm{w}} \frac{b_0 h_0}{x} L - \frac{1}{2}\gamma_{\mathrm{w}} \left(\frac{b_0 h_0}{x}\right)^2 \cos(\theta-\alpha) \right] \tan\varphi \mathrm{d}x$$

$$= \left[W\cos\alpha \left|x\right|_{b_0}^{b_0+S} - \frac{1}{2}\gamma_{\mathrm{w}} b_0 h_0 L \left|\ln x\right|_{b_0}^{b_0+S} - \frac{1}{2}\gamma_{\mathrm{w}} (b_0 h_0)^2 \left|-\frac{1}{x}\right|_{b_0}^{b_0+S} \cos(\theta-\alpha) \right] \tan\varphi \quad (8\text{-}30)$$

$$= \left[W\cos\alpha \cdot S - \frac{1}{2}\gamma_{\mathrm{w}} b_0 h_0 L \ln\left(\frac{b_0+S}{b_0}\right) - \frac{1}{2}\gamma_{\mathrm{w}} b_0 h_0^2 \frac{S}{b_0+S} \cos(\theta-\alpha) \right] \tan\varphi$$

$$W_{\mathrm{m}} = \int_{b_0}^{b_0+S} \left[W\sin\alpha + \frac{1}{2}\gamma_{\mathrm{w}} \left(\frac{b_0 h_0}{x}\right)^2 \sin(\theta-\alpha) \right] \mathrm{d}x$$

$$= W\sin\alpha \left|x\right|_{b_0}^{b_0+S} + \frac{1}{2}\gamma_{\mathrm{w}} (b_0 h_0)^2 \left|-\frac{1}{x}\right|_{b_0}^{b_0+S} \sin(\theta-\alpha) \quad (8\text{-}31)$$

$$= WS\sin\alpha + \frac{1}{2}\gamma_{\mathrm{w}} b_0 h_0^2 \frac{S}{b_0+S} \sin(\theta-\alpha)$$

联立式(8-28)～式(8-31)可得

$$(W\cos\alpha\tan\varphi - W\sin\alpha)S - \frac{1}{2}\gamma_{\mathrm{w}} b_0 h_0 L\tan\varphi \ln\left(\frac{b_0+S}{b_0}\right)$$
$$- \frac{1}{2}\gamma_{\mathrm{w}} b_0 h_0^2 \left[\cos(\theta-\alpha)\tan\varphi + \sin(\theta-\alpha)\right] \frac{S}{b_0+S} = 0 \quad (8\text{-}32)$$

整理式(8-32)得到式(8-33)。式(8-33)即为基底扬压力分布形态为三角形时平推式滑坡的运动距离计算公式,当分布形态为矩形时,计算公式为式(8-34)。求解式(8-33)及式(8-34)中的 S 可得到平推式滑坡的滑动距离,b_0+S 为裂缝张开后形成的拉陷槽宽度。

$$\begin{cases} AS - C\ln\left(\dfrac{b_0+S}{b_0}\right) - B\dfrac{S}{b_0+S} = 0 \\ A = W\cos\alpha\tan\varphi - W\sin\alpha \\ B = \dfrac{1}{2}\gamma_{\mathrm{w}} b_0 h_0^2 \left[\cos(\theta-\alpha)\tan\varphi + \sin(\theta-\alpha)\right] \\ C = \dfrac{1}{2}\gamma_{\mathrm{w}} b_0 h_0 L\tan\varphi \end{cases} \quad (8\text{-}33)$$

$$\begin{cases} AS - C\ln\left(\dfrac{b_0+S}{b_0}\right) - B\dfrac{S}{b_0+S} = 0 \\ A = W\cos\alpha\tan\varphi - W\sin\alpha \\ B = \dfrac{1}{2}\gamma_{\mathrm{w}} b_0 h_0^2 \left[\cos(\theta-\alpha)\tan\varphi + \sin(\theta-\alpha)\right] \\ C = \gamma_{\mathrm{w}} b_0 h_0 L\tan\varphi \end{cases} \quad (8\text{-}34)$$

8.6.2 理论公式的物理模拟试验校验

物理模拟的方案是建立平推式滑坡物理模型模拟储水裂缝在不同宽度及水头高度作

用下的运动过程。

8.6.2.1 模型相似比的确定

物理模拟以相似原理为基础,建立研究对象和模型试验之间的相似关系,从而保证模型试验中出现的物理现象与原型相似。模型与研究对象相似,需要在几何条件、受力条件和摩擦系数方面满足一定的关系。具体如下:

$$C_L = \frac{L_p}{L_m} \tag{8-35}$$

$$C_\gamma = \frac{\gamma_p}{\gamma_m} \quad \text{或} \quad C_\sigma = \frac{\sigma_p}{\sigma_m} \tag{8-36}$$

$$C_f = \frac{f_p}{f_m} \tag{8-37}$$

式(8-35)~式(8-37)中,C 为相似系数;L、γ、σ、f 分别为几何尺寸、重度、应力、摩擦系数;下标 p 和 m 分别代表原型和模型。

本次模拟采用的是相似材料的机制模拟法,满足如下条件:

$$C_\delta = C_\sigma = C_\gamma \cdot C_L \tag{8-38}$$

$$C_f = 1 \tag{8-39}$$

式(8-38)和式(8-39)中:

$$C_\delta = \frac{\delta_p}{\delta_m}, \quad C_\sigma = \frac{\sigma_p}{\sigma_m}, \quad C_\gamma = \frac{\gamma_p}{\gamma_m}, \quad C_L = \frac{L_p}{L_m}, \quad C_f = \frac{f_p}{f_m} \tag{8-40}$$

式中,C 为相似系数;δ 为位移。

根据试验条件确定模型几何相似系数为280。设计模型长为25cm,高为15cm,宽为39.4cm。取重度相似系数 $C_\gamma = 1$(包括滑坡岩土体和水的重度)。根据相似理论得到模型试验的相似条件为式(8-41)及式(8-42):

$$C_\delta = C_\sigma = C_L = C_\gamma C_L = 280 \tag{8-41}$$

$$C_\varphi = C_f = 1 \tag{8-42}$$

式中,φ 为内摩擦角。

8.6.2.2 动摩擦系数的确定

动摩擦系数采用如下方法测试:用 PVC 板制作一斜坡和一水平滑道,表面均用膨润土敷设,并使其饱和,将土块于斜坡上释放,土块由斜坡滑下后滑至水平滑道上停止,量测出滑块的释放位置高度 h 及其到停止位置时的水平距离 L,代入式(8-44)中,即可求得动摩擦系数 μ。式(8-44)通过式(8-43)推导得到。测试原理图如图 8-74(a)所示;测试装置如图 8-74(b)所示。经过反复测试后得出滑带动摩擦系数为0.1。

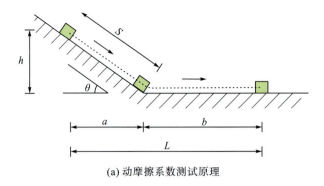

(a) 动摩擦系数测试原理

(b) 动摩擦系数测试装置

图 8-74 动摩擦系数测试原理与装置

$$\begin{aligned} mg \cdot h &= \mu \cdot mg \cdot \cos\theta \cdot S + \mu \cdot mg \cdot b \\ &= \mu \cdot mg \cdot a + \mu \cdot mg \cdot b \\ &= \mu \cdot mg \cdot (a+b) = \mu \cdot mg \cdot L \end{aligned} \qquad (8\text{-}43)$$

$$\mu = \frac{h}{L} \qquad (8\text{-}44)$$

式(8-43)及式(8-44)中，mg 为土块重力；h 为土块到水平滑道之间的垂直距离；μ 为动摩擦系数；θ 为斜坡滑道倾角；S 为土块在斜坡滑道上的运动距离；a 为土块在斜坡滑道上的水平运动距离；b 为土块在水平滑道上的运动距离；L 为土块在斜坡和水平滑道上的水平运动距离。

8.6.2.3 物理模型建立

物理模型如图 8-75(a)所示。物理模型在水槽中建立，为了保证底面平整，首先在水槽底部铺设细砂层，如图 8-75(b)所示；然后在其上铺设 PVC 板，如图 8-75(c)所示。为了保证模型后部的密封性，水槽四周采用 PVC 板铺设并粘连在一起，如图 8-75(d)所示；

水槽底部敷设一层膨润土模拟滑带，厚 2cm，如图 8-75(e)所示。在两侧壁板上敷设一层膨润土降低模型两侧边界的摩阻力，如图 8-75(f)所示。为满足相似原理，$C_\gamma=1$，滑体模型由膨润土与砾石按 65：35 的比例配合而成，重度为 20.8kN/m³，单宽重力为 0.39kN。模型断面大致呈三角形，后壁设水位尺测量水位高度，滑面倾角设为 0°。

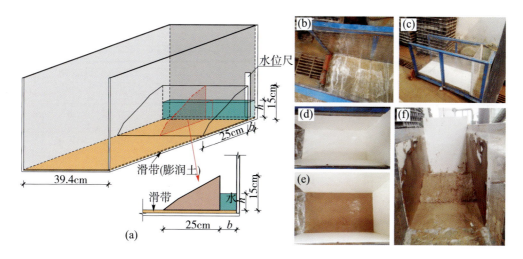

图 8-75 物理模拟试验装置和模型建立过程

(a)物理模拟试验装置示意图；(b)~(f)模型建立过程

8.6.2.4 物理模拟过程及结果

物理模拟步骤主要如下：设置好滑体模型后部裂缝宽度 b_0，向后部裂缝缓慢注水至 8cm 左右，静置至水从滑坡模型剪出口处渗出时，表明此时的基底扬压力正在生效，再缓慢升高水位至 10~13cm，记录每次启动水位 h_0。滑坡产生滑动到制动后，记录裂缝宽度 (b_0+S)，计算运动距离 S。物理模拟过程照片如图 8-76 所示。为了初步校验理论公式，首先完成了第Ⅰ组试验，考虑 b_0 和 h_0 同时产生变化的情况。第Ⅰ组物理模拟获得的试验数据见表 8-17。

(a)Ⅰ-1试验滑动前照片　(b)Ⅰ-1试验滑动后照片　(c)Ⅰ-2试验滑动前照片　(d)Ⅰ-2试验滑动后照片

图 8-76 物理模拟过程照片

物理模型变形过程可大致分为 3 个阶段：①初期缓慢蠕滑，当后部水头高度达到 h_0 后 2～3min 内，滑坡的变形非常缓慢，这期间滑带逐渐被地下水软化，也是滑带土从初始蠕变到加速蠕变的过程；②平推式滑动，滑面贯通，滑坡出现短暂的加速过程，在静水压力作用下，运动速度快速上升；③减速制动，随着滑距的增加，滑坡后缘裂隙逐渐变宽，水位降低，静水压力减小，滑坡从加速状态进入减速状态，最终制动。

表 8-17　第 I 组物理模拟试验结果汇总　　　　　　　　　　　单位：cm

试验编号	试验参数				S 计算结果	
	h_0	b_0	b_0+S	S	式（8-33）	式（8-34）
I-1	12	5	13	8	7.1	10.7
I-2	12.6	6	21.5	15.5	10	14.7
I-3	12.6	7	24.8	17.8	11.7	17.1
I-4	12.5	8	27.8	19.8	13	19.3
I-5	11.5	9	25	16	11.1	17
I-6	12.8	10	32	22	17.5	25.5
I-7	11.5	11	30	19	13.5	20.9
I-8	11	12	29	17	12.5	19.9

8.6.2.5　理论公式校验

采用理论公式(8-33)及式(8-34)对第 I 组物理模拟试验的运动距离进行验算，计算值与实测值对比见表 8-17、图 8-77 及图 8-78。可以看出，采用式(8-34)得到的计算值与实测值的误差远低于式(8-33)。二者的主要区别在于基底扬压力的分布形态，从试验过程来看，第 I 物理模拟前缘仅有小股水呈点状渗出，而未出现整体渗水的情况。由此可以判断，当地下水排泄口沿前缘呈少量点状排泄时，基底扬压力分布形态整体上与矩形更加接近，运动距离应按式(8-34)计算，稳定性计算应按式(8-5)计算。当地下水排泄口沿前缘呈线状分布时，基底扬压力分布形态整体上才与三角形更加接近，运动距离应按式(8-33)计算，稳定性分析应按式(8-1)计算。

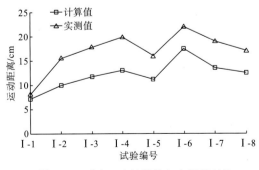

图 8-77　式(8-33)计算值与实测值对比

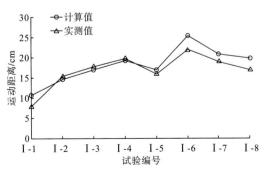

图 8-78　式(8-34)计算值与实测值对比

为了进一步校验理论公式，进行了第Ⅱ组、第Ⅲ组试验。第Ⅱ组试验固定 h_0，设置不同的 b_0，其中编号Ⅱ-1、Ⅱ-2试验堵塞前缘，理论公式采用式(8-32)，其他编号设置前缘整体渗水，理论公式采用式(8-33)。第Ⅲ组试验固定 b_0，设置不同的 h_0，第Ⅲ组试验设置前缘整体渗水，理论公式采用式(8-33)。

物理模拟试验数据及理论计算值见表8-18、表8-19、图8-79及图8-80。可以看出，第Ⅱ组、第Ⅲ组试验实测运动距离 S 与理论公式计算值之间误差较小，进一步论证了理论公式的可靠性，同时主要验证了扬压力为三角形分布形态时理论公式(8-33)的适用性。其中，编号Ⅱ-4试验运动距离实测值 S 与计算值差距相对较大，是滑体与侧板密封未做好，滑动过程中后部裂隙内的储水从侧边界渗出了一部分所致。

表8-18 第Ⅱ组物理模拟试验结果汇总

试验编号	h_0/cm	b_0/cm	S/cm	理论计算值/cm	扬压力分布形式
Ⅱ-1	11.5	9	16	17	矩形分布
Ⅱ-2	11.5	11	19	20.9	
Ⅱ-3	11.5	13	17	17.6	三角形分布
Ⅱ-4	11.5	14	13.5	17.7	
Ⅱ-5	11.5	15	18.3	18.5	
Ⅱ-6	11.5	19.6	23.9	24.1	

表8-19 第Ⅲ组物理模拟试验结果汇总

试验编号	h_0/cm	b_0/cm	S/cm	理论计算值/cm	扬压力分布形式
Ⅲ-1	10	16	9.6	11.1	三角形分布
Ⅲ-2	10.5	16	15.1	14.5	
Ⅲ-3	11.5	16	18.1	19.8	
Ⅲ-4	12.5	16	26.9	26.1	
Ⅲ-5	13.5	16	29.9	33.3	

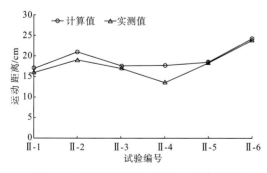

图8-79 第Ⅱ组试验计算值与实测值对比

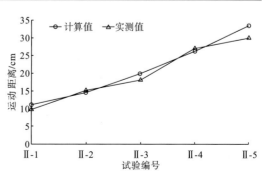

图8-80 第Ⅲ组试验计算值与实测值对比

由第Ⅱ组试验数据可知,平推式滑坡是否启动与 b_0 无关,而与 h_0 是否达到临界水头高度相关。在启动水头高度 h_0 和其他条件相同的情况下,滑坡的滑动距离与裂缝初始宽度 b_0 呈正相关关系。这是由于当 h_0 一定时,b_0 越大,运动过程中水位下降的速度越慢,加速过程越长,运动距离越大。

由第Ⅲ组试验数据可知,在初始裂缝宽度 b_0 和其他条件相同的情况下,滑坡的滑动距离与启动水头高度 h_0 呈正相关关系。这是由于当 b_0 一定时,h_0 越大,滑坡启动时获得的加速度越大,能达到的最大速度越大,运动距离越大。

8.6.3 典型案例验算

为了验证理论公式的可行性,以狮子山滑坡为案例进行运动距离计算分析。狮子山滑坡位于成都市新津区邓双镇,于2013年8月8日凌晨6时左右发生剧烈运动。滑坡纵向长121m,横向宽145m,滑体厚3～15m,滑坡体积约为7.5万m³,主滑方向约为30°。滑坡区基岩地层为上白垩统夹关群(K_2j)厚层状砂岩与紫红色薄层状泥岩互层,地层产状为25°～40°∠5°。滑坡工程地质平面图及剖面图如图8-81及图8-82所示。滑坡前缘及左侧边界完全临空,右侧不具备临空条件。滑坡滑动后形成的拉陷槽平面上呈右窄左宽的形态。滑动后拉陷槽及滑坡体内地下水大量从左侧边界缓慢排泄,形成了两处溜滑体。经过钻探及槽探揭露可以确定前缘滑体覆盖了原有耕地,并伴有0.5～1m的少量隆起。

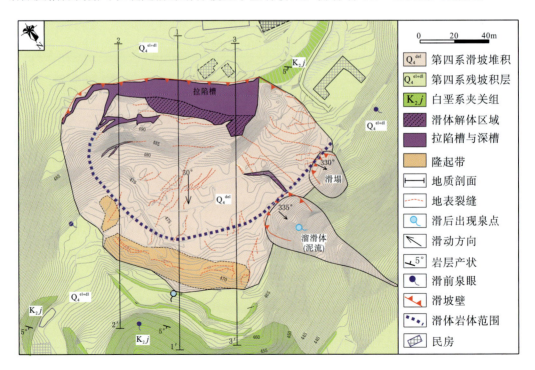

图 8-81 狮子山滑坡工程地质平面图

主滑体基本保持了基岩产状与结构,只有在 1-1′剖面及 3-3′剖面范围内滑体后部完全解体呈大块石。基于拉陷槽后侧陡壁平面形态及走向,对滑体后部边界进行恢复,如图 8-81 及图 8-82 所示。经过测算后得到了各个剖面拉陷槽的实际宽度。通过裂缝初始宽度(据滑坡监测员记录),得到滑坡各剖面运动距离,见表 8-20。

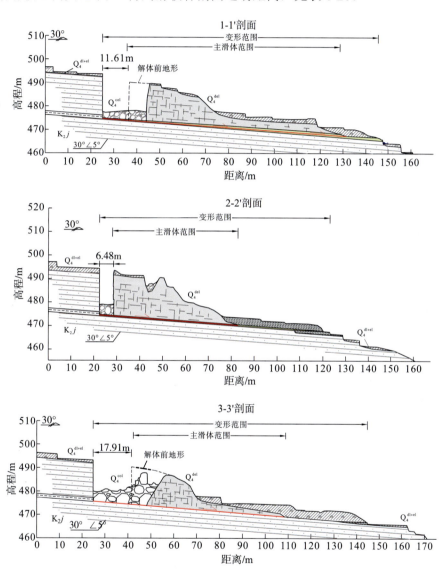

图 8-82 狮子山滑坡工程地质剖面图

表 8-20 狮子山滑坡各剖面实际运动距离 单位:m

剖面编号	拉陷槽宽度 b_0+S	裂缝初始宽度 b_0	运动距离 S
1-1	11.61	1.5	10.11
2-2	6.48	1.5	4.98
3-3	17.91	2.0	15.91

狮子山滑坡运动距离计算参数见表 8-21。根据当地村民对滑动前拉陷槽旁红层找水所打水井内水位的描述，h_0 取 9.5m。滑带的残余强度取值依据土工试验结果，单宽重力、裂缝倾角及滑面长度根据工程地质平面、剖面图量测及实地调查得到。狮子山滑坡滑动前前缘无地下水渗出，滑动后在前缘出现了一处渗水点，因此选择式(8-34)计算滑坡的运动距离。将表 8-21 中参数代入式(8-34)得到各剖面滑坡运动距离计算式，如式(8-45)所示。

表 8-21 狮子山滑坡运动距离计算参数

剖面编号	滑体重度/(kN·m^{-3})	充水高度 h_0/m	水的重度 γ_w/(kN·m^{-3})	滑体单宽重力 W/kN	滑面长度 L/m	裂缝倾角 θ/(°)	滑面倾角 α/(°)	初始宽度 b_0/m	残余内摩擦角 φ/(°)
1-1′	23.6	9.5	10	15914.2	92	88	5	1.5	6.22
2-2′	23.6	9.5	10	14152.92	54.1	88	5	1.5	6.22
3-3′	23.6	9.5	10	11457.8	67.7	88	5	2.0	6.22

$$\begin{cases} 340.8422S - 1428.8322\ln\left(\dfrac{1.5+S}{1.5}\right) - 680.8201\dfrac{S}{1.5+S} = 0 & 1\text{-}1'\text{剖面} \\ 303.12S - 840.2155\ln\left(\dfrac{1.5+S}{1.5}\right) - 680.8201\dfrac{S}{1.5+S} = 0 & 2\text{-}2'\text{剖面} \\ 245.3973S - 1401.9122\ln\left(\dfrac{2.0+S}{2.0}\right) - 907.7602\dfrac{S}{2.0+S} = 0 & 3\text{-}3'\text{剖面} \end{cases} \quad (8\text{-}45)$$

各剖面计算结果与实际运动距离对比见表 8-22。可以看出，1-1′剖面及 3-3′剖面计算误差较小，分别为 3.31%、0.96%；2-2′剖面误差较大，为 29.36%，计算值大于实际值。究其原因可归结为，1-1′剖面和 3-3′剖面与计算模型的假设条件(2)较为接近，而 2-2′剖面靠近右侧边界，该侧不具备临空面，滑动过程中受到的阻力较大，致使实际滑动距离小于理论公式的计算结果。

表 8-22 计算结果与实际运动距离对比

剖面编号	实际运动距离/m	理论公式计算结果/m	绝对误差/m	相对误差/%
1-1′	10.11	10.44	0.33	3.31
2-2′	4.98	6.44	1.46	29.36
3-3′	15.91	15.76	0.15	0.96

现实中的平推式滑坡除前缘外，两侧边界中至少有一侧具有良好的临空条件。实际应用中无须对滑坡的每个剖面进行计算，只需选取靠近临空条件较好边界侧的剖面获取参数进行计算，即可得到较高的计算精度。

综上所述，本书推导的平推式滑坡运动距离计算公式计算结果误差较小，具有良好的适用性。

以上研究表明，储水裂缝水头高度是平推式滑坡能否启动的关键因素，滑坡启动后初始裂缝宽度 b_0 和水头高度 h_0，即储水量，是影响滑坡运动距离的主要因素。

8.7 平推式滑坡的复活

8.7.1 平推式滑坡复活的危害

前已述及，平推式滑坡一般仅发生短距离滑动，并在后缘留下一个拉陷槽。拉陷槽为地表水的汇集和下渗提供了良好的条件。当条件发生改变，如拉陷槽水流出口被封堵，前缘临空条件变得更好，以及遭遇比平推式滑坡发生时更强的降雨过程时，都有可能使历史上发生的平推式滑坡出现复活变形，甚至再次发生较大距离的整体滑动。表 8-23 列出了调查发现的一些平推式滑坡重新复活的情况。某些滑坡的复活造成了大量人员伤亡和经济损失，如五里坡滑坡、垮梁子滑坡、黑山坡滑坡；某些古(老)滑坡对重大建设工程存在严重威胁，如万州古滑坡群、重钢古滑坡和裂口山滑坡威胁到三峡库区，双家坪滑坡威胁到瀑布沟水电站库区。为此，对平推式滑坡的复活特征与机理进行探讨。

表 8-23　四川盆地红层古(老)滑坡统计

序号	滑坡名称	位置	形成年代	体积/万 m³	复活变形特征
1	五里坡滑坡	都江堰	明朝以前	264	2013 年 7 月 10 日剧滑
2	垮梁子滑坡	德阳中江	1949 年	2550	1981 年剧滑，逐年变形
3	裂口山滑坡	重庆云阳	隋唐时期	342	逐年变形，1770 年拉陷槽宽 10m，现今宽 25～40m
4	大包梁滑坡	重庆万州	1982 年	310	逐年变形，2009 整体滑动
5	小榜上滑坡	巴中南江	老滑坡	10.2	2012 年 9 月整体剧滑
6	南阳碥滑坡	达州渠县	古滑坡	784	1985 年以后逐年变形
7	重钢滑坡	重庆市	新世早期—晚更新世中晚期	约 1100	20 世纪 50 年代末，缓慢蠕变
8	太白岩滑坡	重庆万州	中更新世晚期	4236	局部复活
9	安乐寺滑坡	重庆万州	中更新世中期	2486	局部复活
10	草街子滑坡	重庆万州	中更新世中期	1696	局部复活
11	枇杷坪滑坡	重庆万州	中更新世晚期	5050	局部复活
12	吊岩坪滑坡	重庆万州	中更新世晚期	4747	局部复活
13	付家岩滑坡	重庆万州	古滑坡	1022	前缘逐年变形，2006 年 1 月变形加剧
14	断渠滑坡	巴中南江	晚更新世晚期	904	近年来局部出现轻微变形现象
15	永安中学滑坡	巴中通江	古滑坡	80	2005 年 6 月
16	双家坪滑坡	雅安石棉	古滑坡	956	2007 年 7 月
17	黑山坡滑坡	巴中平昌	古滑坡	156	2012 年 7 月 10 日剧滑

根据《滑坡防治工程勘查规范》(GB/T 32864—2016)的定义,将全新世以前发生滑动、现今整体稳定的滑坡定义为古滑坡,而把全新世以来发生滑动、现今整体稳定的滑坡称为老滑坡。据此划分标准,表8-23中编号1～5为老滑坡,6～17为古滑坡。从滑坡现今基本特征来看,老滑坡与古滑坡存在明显的区别,因而其复活特征与机理也具有显著差异。

1. 古滑坡以局部复活变形为主

古滑坡发生历史久远,受长期的风化、夷平、降雨及地下水活动等作用,其整体性和完整性已不能很好地保存。总体上讲,古滑坡滑体以强风化的块(孤)石、块碎石土、粉质黏土夹碎块石等松散结构为主,滑体原始结构已不复存在,部分古滑坡仅地貌上还保留后缘拉陷槽和条形山脊。这类古滑坡多数在人类工程活动、河流侵蚀、江河水位涨落等因素影响下局部复活。

2. 老滑坡以整体变形为主

老滑坡发生时间相对较短,所以大量老滑坡仍然能基本保持初次滑动后的岩体结构特征,因此再次复活能继承初始拉陷槽产生整体变形,在汛期产生蠕滑变形,个别老滑坡在特殊极端气候条件下还能产生平推式滑动。

8.7.2 整体蠕滑变形

对于那些稳定性相对较差的平推式滑坡,受降雨等因素的影响很容易发生整体性蠕滑变形,对滑坡及其相关区域人民生产生活造成很大的麻烦甚至构成威胁,现举两例来加以说明。

8.7.2.1 垮梁子滑坡复活变形

调查研究结果表明,垮梁子滑坡是在1949年的一场特大暴雨期间发生平推式滑动,并产生后缘长大拉陷槽(图5-23)。1981年7～9月四川盆地遭到特大暴雨袭击,多日降雨强度超过200mm/d,垮梁子滑坡再次产生平推式滑动,形成滑坡Ⅱ区(图5-23)。通过现场调查访问,结合历史遥感影像分析,发现垮梁子滑坡一直在持续缓慢的变形,滑坡区因变形致使地表形态波状起伏,在右侧前缘更是因挤压推覆出现带状隆起和反坡(图8-83)。据调查访问,滑坡区某些居民因滑坡变形不得不多次搬离。

为了查明垮梁子滑坡的变形特征,2013年我们在垮梁子滑坡上建立了一个监测剖面(图8-84、图8-85),利用GPS、雨量计、孔隙水压力计、水位计等对滑坡的变形情况及其影响因素进行了实时自动监测。图8-86所示为主要监测结果。图8-86表明,在日常情况下垮梁子滑坡也在发生缓慢蠕滑变形,其变形速率为0.2mm/d左右,汛期一般大于0.5mm/d,降雨期间变形速率最大能超过7.5mm/d(2013年7月)。监测成果同时还显示,降雨、拉陷槽地下水位、位移速率之间具有良好的对应关系。

图 8-83 垮梁子滑坡右侧前缘的带状隆起和反坡地形

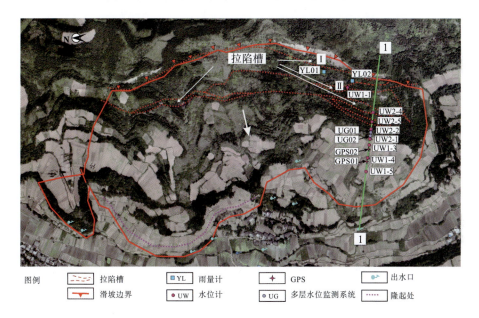

图 8-84 垮梁子滑坡监测平面布置图

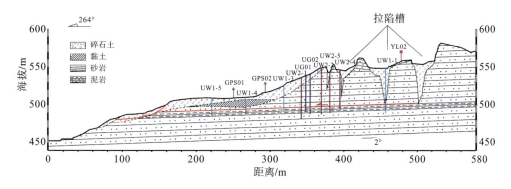

图 8-85 垮梁子滑坡监测剖面布置图

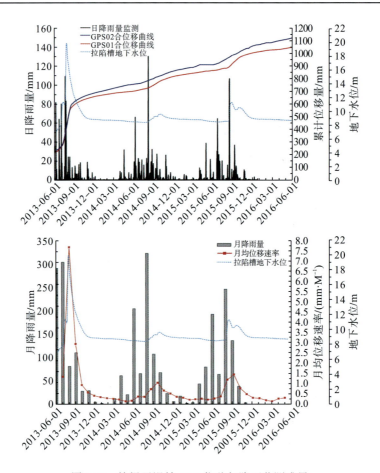

图 8-86 垮梁子滑坡 GPS 位移与降雨监测成果

通过现场取样进行滑带土剪切蠕变试验，饱和条件下滑带土峰值抗剪强度 C=32.6kPa，φ=12.7°；而残余抗剪强度 C=2.9kPa，φ=7.3°。当滑带剪应力与残余强度比值达到 0.9631 时，滑带土试样开始发生较明显的变形，变形速率约为 0.14mm/d，与垮梁子滑坡无降雨情况下的蠕变速率比较接近。考虑日常状态拉陷槽低水位产生的静水推力及基底扬压力作用对滑坡进行稳定性验算，滑带强度依据蠕变试验取值为按 0.9631 折减后的残余强度值，计算得到滑坡稳定性系数为 1~1.05。

剪切蠕变试验结果说明，垮梁子滑坡现阶段在拉陷槽的水位虽然较低，但仍然能在滑带土中以极低的剪应力（低于残余强度），引起滑坡沿着滑带土发生蠕滑变形。当降雨量较大时拉陷槽水位升高，静水推力增大，滑面受到的剪应力也相应增大，滑坡蠕变变形由此出现阶跃。

8.7.2.2 云阳裂口山滑坡复活变形

三峡库区云阳裂口山滑坡也是一处典型的古老平推式滑坡。滑坡发生后残留下特征非常显著的平推式滑坡地貌特征，即拉陷槽（裂口）和紧靠裂口的横向条形山脊（图 8-87）。

第 8 章 四川盆地红层平缓岩层滑坡成因机理研究

图 8-87 三峡库区云阳裂口山滑坡地貌特征

监测结果表明，近年来裂口山滑坡也在发生整体蠕滑变形，且有顺时针旋转变形的特征，即左侧滑体累积位移量大于右侧滑体。从图 8-88 中可见，滑体蠕变变形特征与垮梁子滑坡类似，无降雨情况下蠕变速率为 0.02～0.06mm/d，降雨期间拉陷槽水位升高使蠕变速率明显增大，最大时接近 1mm/d（2007 年 5～7 月）。

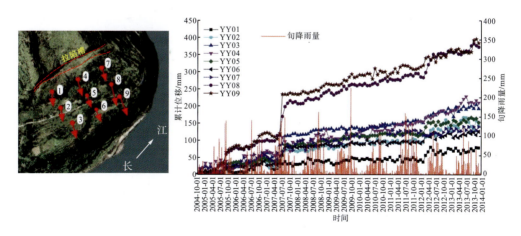

图 8-88 裂口山滑坡 GPS 累计位移量与降雨量监测成果[60]

8.7.3 整体平推式滑动

一些古老的平推式滑坡,在超强降雨条件下甚至可再次发生平推式滑动,产生新的灾害。其中,最为典型的就是2013年四川省都江堰市五里坡滑坡。该滑坡位于四川省都江堰市中兴镇三溪村,发生在2013年7月10日上午10时左右,导致11处民房被毁,52人遇难,109人失踪,造成重大人员伤亡和财产损失。2013年7月8日20时至10日20时,四川岷江流域发生强降雨,其中都江堰市有12个点位降雨量达到500mm以上,累计最大降雨量为1059mm,是1954年都江堰有气象记录以来降雨量最大的一次降雨。

通过遥感解译和现场调查访问发现,五里坡滑坡灾害发生前,滑前后缘就存在一条明显的拉陷槽,其长度约为150m,宽7~8m,深20~25m,明清时期就已存在,被当地人称为"杀人槽"。现场调查结果表明,这个"杀人槽"实际上就是历史上的一次平推式滑坡留下的拉陷槽。从灾害发生后的遥感影像可以判断,滑坡主要是老滑坡形成的拉陷槽(杀人槽)复活,如图8-89所示。

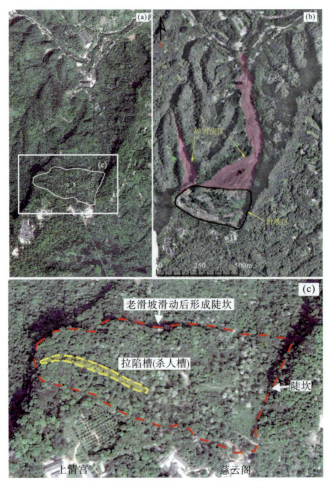

图8-89 五里坡滑坡滑动前后遥感影像

8.7.4 古滑坡局部复活

平推式古滑坡因为其形成年代较久远,已经历过各种极端降雨天气的考验,其整体稳定性一般较好。但环境条件的改变,尤其是地形、受力等条件的改变,可能使滑坡出现局部复活。

处于大型水体库区的涉水滑坡,库水位的升降将对滑坡稳定性产生明显的影响,甚至导致滑坡局部复活。例如,四川省达州市渠县南阳碥古滑坡在1985年某水电站修建后,滑坡前缘被库水长期浸泡,每年库水位变动产生的渗透压力使滑坡中前部的稳定性降低,再加上后缘拉陷槽地下水补给充足,使滑坡主体的地下水位埋深很浅,大部分处于饱和状态,致使中前部出现复活变形迹象,大量房屋开裂。若再叠加前缘的开挖切脚,稳定性将进一步降低,石棉县双家坪古滑坡就是典型实例(图8-90)。在含水量本来就很丰富的滑坡区堆载,也会导致滑坡局部复活,如万州付家岩古滑坡就是由此造成的(图8-91)。

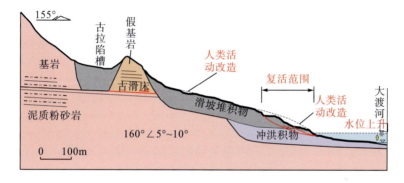

图8-90 石棉县双家坪古滑坡[61]

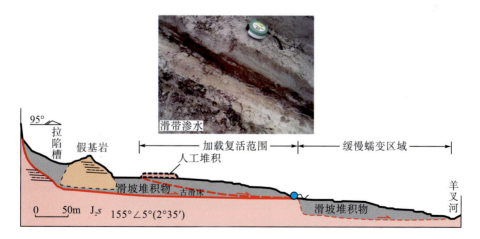

图8-91 万州付家岩古滑坡[62]

第 9 章 红层滑坡隐患早期识别与监测预警

前已述及，红层地区滑坡，尤其是平缓地区的滑坡具有较强的隐蔽性，提前主动防范的难度较大，但平缓岩质和土质滑坡都具有特殊的形成条件、成因机理及发展演化特征，据此可进行滑坡隐患的早期识别和监测预警。

9.1　红层地区滑坡隐患早期识别

滑坡隐患是指在近年来可能发生滑坡灾害的斜坡。早期识别是指在滑坡未发生大规模变形之前根据其形成的地质条件、地形地貌、已有变形迹象等特征提前识别和发现可能发生滑坡的隐患点。红层地区滑坡，尤其是平缓岩层滑坡具有较强的隐蔽性、突发性，隐患识别难度较大。本节在前述研究工作的基础上，分析总结了红层地区滑坡隐患的标志，初步建立其早期识别方法。

9.1.1　平缓岩层滑坡的早期识别

四川盆地的平缓岩层滑坡是红层滑坡中隐蔽性最高、突发性最强、危害性最大的一类滑坡。对该类平缓岩层滑坡准确的早期识别是降低其危害的有效途径，也是防灾减灾课题的一项重要任务。在查明平缓岩层滑坡发育条件和规律的基础上，从遥感图像和宏观地质特征去识别潜在滑坡的早期形态，并判定潜在滑坡的影响范围和区域，以期为平缓岩层滑坡防灾减灾工作提供一定的参考和依据。

9.1.1.1　古滑坡(变形体)往往是滑坡的最大隐患区

四川盆地许多大型平缓岩层滑坡都是历史上曾经发生过变形或滑动的古老变形体。这些变形体，一方面结构完整性相对较差，软弱层已产生过错动，抗剪强度较低；另一方面滑坡区具有张开的裂缝、沉陷带，强降雨期间地表水很容易通过这些通道进入坡体内部。一旦在外部影响因素影响下具备条件，将产生更大的整体滑移变形，因此古滑坡往往是滑坡发生的最大隐患区。

表 9-1 为前人研究总结的古滑坡识别标志。

表 9-1 古滑坡的识别标志

滑坡类型	标志		内容
	类别	亚类	
古(老)滑坡	形态	宏观形态	1.圈椅状地形
			2.双沟同源
			3.坡体后缘出现洼地或拉陷槽
			4.大平台地形(与外围不一致、非河流阶地、非构造平台或风化差异平台)
			5.不正常河流弯道
		微观形态	6.反倾坡内台面地形
			7.小台阶与平台相间
			8.马刀树、醉汉林
	地层	老地层变动	9.明显的产状变动(除了构造作用等特别的原因)
			10.架空、松弛、破碎
			11.大段孤立岩体掩覆在新地层之上
			12.大段变形岩体位于土状堆积物之中
		新地层变动	13.变形、变位岩体被新地层掩覆
			14.山体后部洼地内出现局部湖相地层
			15.变形、变位岩体上掩覆湖相地层
			16.河流上游出现湖相地层
	变形迹象等		17.后缘出现弧形拉裂缝,前缘隆起
			18.前方或两侧陡壁可见滑动擦痕、镜面(非构造成因)
			19.建筑物开裂、倾斜、下坐,公路、管线等下错沉陷
			20.构成坡体的岩土结构零散、强度低,开挖时易坍塌
			21.斜坡前部地下水呈线状出露
			22.古墓、古建筑变形,古树等被掩埋
	历史记载访问材料		23.发生过滑坡的记载或口述
			24.发生过变形的记载或口述

参考表 9-1 的古滑坡识别标志,结合四川盆地红层地区特有的地形地貌及滑坡形成演化过程,通过遥感影像和地面调查来总结平缓岩层滑坡的早期识别标志。

1. 遥感识别标志

1)斜坡前缘河道变窄向外凸出

通过河道的形态来对滑坡进行早期识别是非常直观有效的一条途径。例如,发现河道曲率突变并向外凸出,河道明显变窄,有时还有大块孤石、漂石堆靠河边,河道凸出变窄部分对应的斜坡体极有可能就是一古滑坡体。通过历史遥感影像能发现南江县窑厂坪滑坡、牛马场滑坡在整体大规模滑动前，河道经过滑坡前缘明显变窄（图9-1、图9-2）。

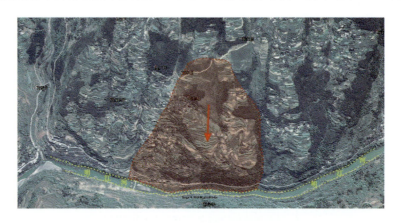

图9-1　窑厂坪滑坡发生前的遥感影像图（拍摄于：2002年4月）

图9-2　牛马场滑坡发生前的遥感影像图（拍摄于：2008年11月）

2）古拉陷槽或洼地

古拉陷槽和洼地均为斜坡体上的负地形，是平缓岩层古（老）滑坡的一个直接标志，在遥感影像图上也有其一定的识别特征。年代久远的古滑坡拉陷槽多形成相对较低的洼地，使比较平整的坡面失去连续性，并且往往出现在高度上低于周围原坡面的环谷状或簸箕状向临空面低倾的洼地地形，是斜坡变形留下的一个主要地貌特征。图9-3所示的南阳碥古滑坡为此类。年代相对较近的滑坡拉陷槽为一条切开斜坡体的直线，如一刀砍在斜坡体上留下的痕迹，如云阳裂口山滑坡（图8-87）所示。

某些年代久远的古滑坡在外动力夷平作用下，滑坡后部槽脊相间的地貌可能不太明显，需通过钻探等手段揭露地下槽状地形及槽内的多层崩塌堆积物，如万州安乐寺古滑坡、枇杷坪滑坡拉陷槽部位典型地貌特征已不可见，如图9-4和图9-5所示。

图 9-3 渠县南阳碥古滑坡拉陷槽

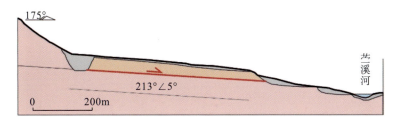

图 9-4 万州安乐寺古滑坡

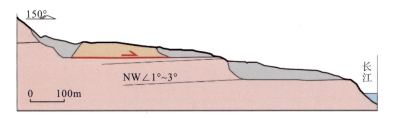

图 9-5 万州枇杷坪古滑坡

3）植被高低界限或疏密界限围成圈椅状

红层地区植被覆盖率高，如斜坡体发生轻微的变形下错，遥感图上沿着坡体变形边界的植被会出现由高变低的界线。此外，红层地区的斜坡体上的冲沟或陡崖通常沿着植被由密变疏的界线发育，冲沟和陡崖都代表了滑坡的边界临空条件。所以，在一些古滑坡的遥感图上通常可以看到植被的高低界线或疏密界线围成圈椅状。这样就可以通过遥感图上的植被状况对滑坡进行早期识别。

对比屋脊湾滑坡发生前后的遥感图（图9-6）可以看到，滑坡左侧边界和右侧的山脊陡崖边界沿着植被的疏密界限展布，滑坡后缘的圈椅沿着植被的高低界限展布。当滑坡在2012年发大规模变形破坏时，斜坡体正是以植被高低界线和疏密界线围成的圈椅状为边界发生的。

(a) 滑坡发生前的遥感影像

(b) 滑坡发生后的遥感影像

图 9-6　南江县屋脊湾滑坡发生前后的全貌对比图

2. 地面识别标志

1）斜坡先期变形留下的滑坡壁

基岩小陡壁是川东红层平缓岩层滑坡发生早期斜坡变形或错动留下的一个典型的地貌特征。这种小陡壁高度一般为 0.8～2.5m，当斜坡发生大规模变形破坏时，通常就以小陡壁为边界,发生拉裂下错,使陡壁加高,形成滑坡后缘。

南江县牛马场滑坡后缘至右侧以一基岩陡壁为界,陡壁高 0.5~17m,滑坡发生后该陡壁上有一条明显的差异风化界限(图 9-7),界限之下的岩体为滑坡发生出露地表。该陡壁为斜坡早期产生拉裂破坏形成,2010 年再次滑动时,坡体滑动范围也正是以此陡壁为界。窑厂坪滑坡后缘滑坡壁陡崖高 13~26m。某些单级平推式滑坡也存在类似特征,如图 9-8 所示。

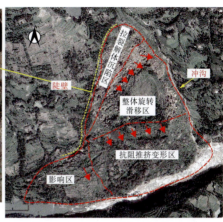

图 9-7 牛马场滑坡右侧边界陡壁

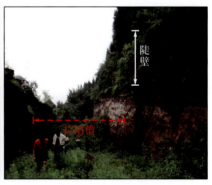

(a) 仪陇县黄连树坪滑坡　　　　　　　　(b) 仪陇县新佛寺滑坡

图 9-8 单极平推式滑坡后缘滑前存在陡壁

2)反倾坡内的台坎地形

反倾坡内台地(通常简称反坡台坎)是指斜坡体上存在的倾向与斜坡坡向相反的微地貌特征,也是斜坡早期变形留下的一个地面标志。在川东红层地区的缓倾岩层斜坡上,斜坡坡形大多呈平直形,除人为因素和其他变形作用外,很少存在反倾坡内的台地地形。当斜坡体发生变形时,在滑动部分与不滑动部分之间发生拉裂下沉,就容易形成反坡台坎地形。

南江县石板沟滑坡滑前斜坡中后部就存在一反坡台坎。该滑坡虽然滑移了近 300m，但整体滑移区后部仍然保留了该反坡台坎的形态。据调查访问，滑前该反坡台坎已存在多年，台坎部位还存在一蓄水池，滑动后仍然存在，如图 9-9 所示。在缓倾岩层形成的单面山或似单面山山体斜坡上，一般很少有自然形成的反坡负地形台地存在，这种地形只能是斜坡发生拉裂变形或滑动变形后形成。石板沟滑坡滑前斜坡中后部的反坡台坎应是其早期变形留下的遗迹。

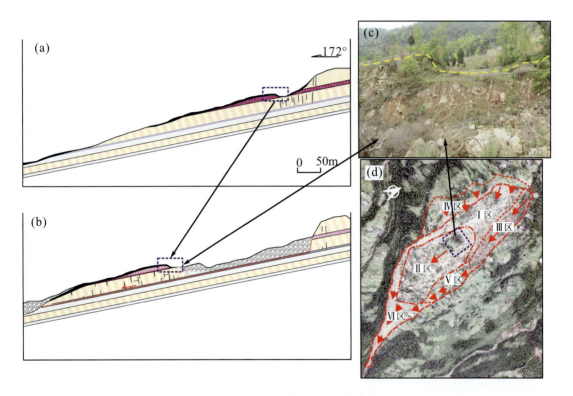

图 9-9　石板沟滑坡中后部的反坡台坎

(a)滑前剖面示意图；(b)滑后剖面示意图；(c)整体滑移区后部残留反坡台坎；(d)遥感影像平面分区

3) 层状碎裂岩体

四川盆地红层平缓岩层岩体结构面大多陡倾，与层面近乎垂直。发育滑坡的平缓岩层斜坡节理裂隙都较发育，岩体受节理切割呈块状，若斜坡发生过滑动变形，结构面必然加宽扩张，但基本保持原有的产状不变，形成层状碎裂结构的岩体，也是平缓岩层古(老)滑坡或变形体的一个识别标志。

南江县牛马场滑坡在发生前，滑坡前缘长石坝附近大面积的层状碎裂岩体出露，碎裂岩体由巨厚层砂岩所组成，被长大裂缝相互切割成独立的巨大块体，如图 9-10 所示。这些碎裂岩体受主滑体早期变形扰动，随后受前缘石龙江侵蚀影响产生时效变形而逐渐形成。

图 9-10 牛马场滑坡前缘右侧大面积出露层状碎裂岩体

中江县垮梁子滑坡Ⅱ区前缘靠近右侧边界岩体受压剪应力的作用产生张裂。后期随着下伏软弱层的蠕变，张裂结构面进一步张开，形成追踪构造节理的裂缝切割的层状碎裂岩体，裂缝张开度为 0.5~2.3m，可见深度为 3~6m，如图 9-11 所示。

图 9-11 垮梁子滑坡Ⅱ区前缘层状块裂结构

南江县断渠滑坡中后部剥除地表松散覆盖层后揭露出了滑体的层状碎裂结构特征，如图 9-12 所示。通过正射影像图分析主要节理裂隙走向与区域发育的 4 组优势结构面发育特征一致。滑坡变形引起结构面扩张加宽，张开度普遍大于 50cm，最大为 190cm。

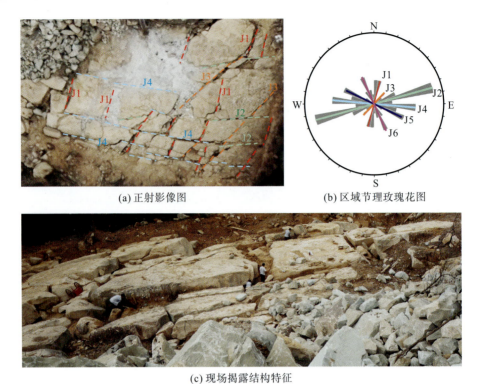

(a) 正射影像图　　　　　(b) 区域节理玫瑰花图

(c) 现场揭露结构特征

图 9-12　断渠滑坡中后部揭露层状块裂结构特征

4) 地层产状与周围明显不一致

地层产状与周围地层出现明显的不一致是古滑坡的一个典型的识别标志。在滑坡作用下，滑坡体地层发生错动、翻滚或者反翘，导致地层产状的变化。南江县断渠滑坡滑床基岩倾向为 SSE，左侧前缘石船沟侧的滑体产状与基岩产状完全不一致，如图 9-13 所示。对垮梁子滑坡Ⅱ区前缘隆起带探坑揭露发现岩层从倾向坡外变为反倾坡内，如图 9-14 所示。

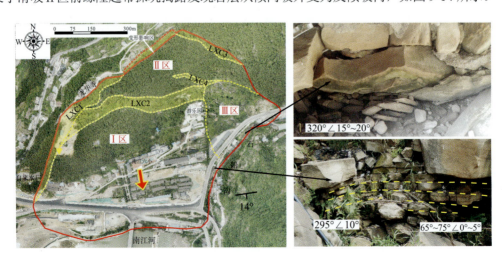

图 9-13　南江县断渠滑坡前缘滑体

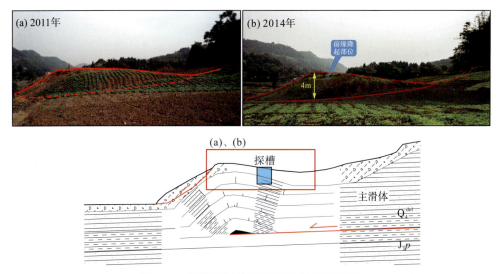

图 9-14　垮梁子滑坡Ⅱ区前缘岩层褶曲隆起

5) 岩层架空、松弛、破碎

斜坡内部岩层出现架空、松弛、破碎为古滑坡的另一识别标志。在滑坡作用下，斜坡内部岩层受到不同方向的推挤、碰撞，岩层通常变得破碎，局部地区还容易出现架空现象，这些都是斜坡为古滑坡的典型标志。图 9-15 所示为断渠滑坡中前部岩体破碎及架空现象。

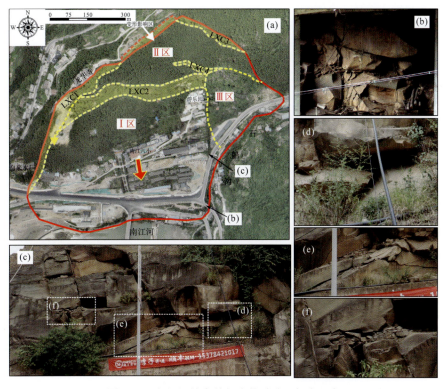

图 9-15　断渠滑坡中前部岩体破碎及架空现象

6) 马刀树

在斜坡发生变形的过程中，斜坡上的土体发生位移，土层上生长的树木就会随着土体的移动而歪斜，当斜坡体停止变形后，树木又因顶端优势而逐渐转为直立生长，从而形成上部直、下部弯，呈"马刀"形态的马刀树（图9-16）。马刀树是老滑坡的一个典型的地面识别标志，标志着斜坡体曾经发生过变形。对于新近发生过变形的滑坡，滑坡的位移会使坡面树木呈东倒西歪状，俗称"醉汉林"。

图9-16 垮梁子滑坡边界附近马刀树

7) 建筑物开裂、倾斜、下坐，公路、管线等下错沉陷

建筑物开裂、倾斜、下坐，公路、管线等下错沉陷现象是因斜坡体发生变形而导致的地物变形迹象，是古滑坡的一种很直观的识别标志。

3. 水文地质标志

1) 汇水标志：斜坡后缘有反坡台坎或贯通性拉裂缝等汇水地形

古滑坡或者变形体后缘通常具有良好的汇水条件。反坡台坎或拉陷槽都非常有利于地下水和地表水的汇集。新发生的滑坡因后缘呈张性，负地形很难蓄水。但对于古老滑坡，负地形经历长期的改造尤其是细颗粒物质的汇聚沉积，生成相对隔水层，可蓄积地表水流，形成滑坡湖。图9-17所示为斜坡后缘的反坡台坎，降雨过程中，在拉陷槽、反坡台坎或洼地内形成积水，其内堆积物与周边岩土体相比渗透系数更低，地表水更易入渗，在斜坡后部形成壅水区。

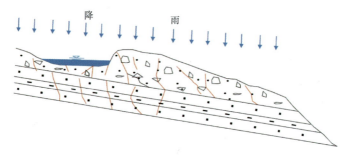

图9-17 平缓岩层古滑坡（变形体）后缘汇水地形

2)排泄标志：斜坡前缘存在湿地或泉眼分布

平缓岩层滑坡发生后，后缘一般都会生成拉陷槽、拉张裂缝、沉陷带等负地形，负地形外侧一般为相对较完整的滑动块体。在降雨过程中，大量雨水从后缘负地形及滑体坡面竖向入渗进入坡体内部，到达滑带被阻隔，转向沿滑带向坡外流动，最终在坡体前缘集中排泄，形成带状排水点，或低洼处形成湿地。滑动多年后的古(老)滑坡地下水渗透路径未受到外界的影响将仍然保持了前缘分布泉眼或湿地的水文特点，垮梁子滑坡及南阳碥滑坡前缘渗水特征如图 9-18 和图 9-19 所示。

图 9-18　垮梁子滑坡前缘渗水点分布

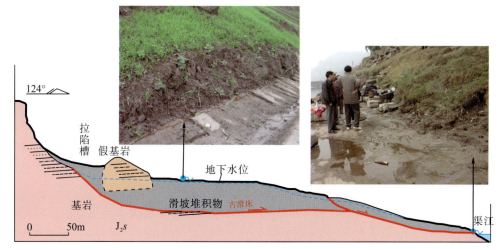

图 9-19　南阳碥古滑坡渗水特征

4. 早期变形迹象

平缓岩层滑坡在发生整体滑动变形之前通常会表现出一些变形迹象,这些变形迹象过于轻微,易于被忽视。例如,斜坡上的水池或水田渗漏,覆盖层表面的土洞、沉陷,以及斜坡地表横向分布的裂缝等。首先应确认是岩体变形引起的,而不是表层覆盖层变形产生的,通过适当开挖浅表覆盖层后应能揭露潜伏的贯通裂缝,裂缝沿岩体优势结构面发育,并向深处延伸,发育特点如图9-20所示。

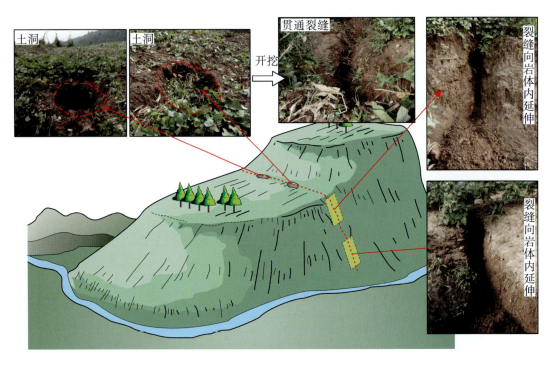

图 9-20 平缓岩层斜坡早期变形揭露示意图

这类变形迹象在斜坡时效变形阶段出现,并缓慢发展,变形出现部位具有一定的继承性,随着变形发展会逐渐形成一个带,随后形成贯通裂缝。通过总结得出早期变形的发展过程如图9-21所示。早期变形可能以图9-21中的任一形式出现,取决于地表覆盖层的厚度、密实度、土地用途等因素。一经探查,诱因属于深部岩体变形就应考虑产生平推式滑动的可能性。

一旦平缓岩层斜坡岩体中发现横向贯通并向深处延伸的裂缝就需要引起高度重视。这是由于平推式滑动中提供静水推力的后缘储水拉裂缝已基本形成,大量平缓岩层滑坡的案例反映出滑前拉陷槽部位基本都存在一条贯通裂缝。

桑树沟滑坡位于巴中市南江县东榆镇战斗村,2011年地质灾害巡排查记录了当时的裂缝特征,可见深度约为0.8m,张开宽度达25~50cm,延伸达35~40m,呈弧形展布,雨水可轻易通过该裂缝渗入坡体，贯通性良好，裂缝两端与冲沟相连。3 年后该滑坡在暴雨作用下产生了平推式滑动，形成长约 45m，宽约 17m，深 2.5~3.2m 的拉陷槽，槽底可见残留的强风化泥岩滑带，如图 9-22 所示。

图 9-21　平缓岩层滑坡早期变形发展示意图

图 9-22　南江县桑树沟滑坡横向拉裂缝(2011 年)演化为拉陷槽(2014 年)

9.1.1.2　各早期识别标志的等级划分

为了划分平缓岩层滑坡的各早期识别标志的等级，现将各标志总结编号，见表 9-2。

表 9-2 平缓岩层滑坡的识别标志及编号

滑坡类型	标志	内容	编号
古滑坡	遥感标志	河道受到斜坡坡脚推挤变窄呈凸型	①
		古拉陷槽或洼地	②
		植被高低界线或疏密界线围成圈椅状	③
	地面标志	斜坡先期变形留下的基岩陡壁	④
		反倾坡内的台地地形	⑤
		层状块裂岩体	⑥
		地层产状与周围不一致	⑦
		岩层破碎、松弛、架空	⑧
		马刀树、醉汉林	⑨
		建筑物开裂、下坐，公路、管线等下错沉陷	⑩
岩质滑坡	坡体结构标志	斜坡发育有顺坡向张裂缝	⑪
	地形地貌标志	斜坡坡度范围为 0°～25°	⑫
		斜坡剖面形态呈平直型	⑬
		具有较好临空条件的斜坡体（斜坡前缘发育有陡坎、河流或深切冲沟）	⑭
	地层岩性标志	斜坡体临空面以上发育有泥化夹层	⑮
	水文地质标志	汇水标志：斜坡后缘有反坡台坎或贯通性拉裂缝等汇水地形	⑯
		排水标志：斜坡前缘突然出现泉水，泉眼呈线状分布	⑰

在其众多的识别标志中，并不是说某个斜坡体具备了某个识别标志就会形成滑坡，不同类别的早期识别标志对滑坡形成的贡献等级是不同的，有的识别标志只要存在，那就可以判定斜坡为潜在的滑坡体，如拉陷槽等；而有的标志即使存在，也不一定就能准确判断斜坡为潜在滑坡体，如坡度在 0°～25°的斜坡体。将部分平缓岩层滑坡发生前所具有的标志进行统计，见表 9-3。

表 9-3 平缓岩层滑坡发生前所具有的遥感或地面标志

滑坡名称	滑坡发生前所具有的遥感或地面标志
牛马场滑坡	①+②+③+④+⑥+⑦+⑧+⑨+⑩+⑫+⑬+⑭+⑮
窑厂坪滑坡	①+④+⑦+⑨+⑩+⑫+⑬+⑭
将营村滑坡	③+⑤+⑥+⑦+⑨+⑩+⑫+⑬+⑭
垮梁子滑坡	②+⑥+⑦+⑨+⑩+⑫+⑬+⑭+⑯+⑰
屋脊湾滑坡	③+⑦+⑨+⑩+⑫+⑬+⑭
小榜上滑坡	②+⑥+⑨+⑩+⑫+⑬+⑭+⑯+⑰
学堂塝滑坡	⑥+⑧+⑩+⑫+⑬+⑭
葛马林滑坡	③+⑥+⑦+⑩+⑫+⑬+⑭
王家梁滑坡	③+⑨+⑩+⑫+⑬+⑭
大包梁滑坡	③+⑦+⑨+⑩+⑫+⑬+⑭+⑯
新塘滑坡	②+③+④+⑧+⑩+⑫+⑬+⑭
杨家河滑坡	③+⑨+⑩+⑫+⑬+⑭
火地湾滑坡	③+⑦+⑨+⑫+⑬+⑭
皂角树滑坡	①+⑨+⑫+⑬+⑭+⑯

将各标志出现频率进行统计，如图 9-23 所示。通过分析，出现频率越低的标志，对滑坡形成的贡献率越大，所属的识别等级越高。现将川东红层滑坡的各类识别标志分为 3 个等级（A 级、B 级、C 级），出现 1~4 次划为 A 级，4~10 次为 B 级，10~14 次为 C 级。A 级标志代表可以单独判定斜坡体为潜在滑坡体；两个 B 级标志，或一个 B 级标志、两个 C 级标志，或 4 个 C 级标志可判定斜坡体为潜在滑坡体。

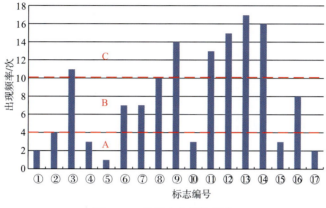

图 9-23 各标志出现的频率

通过对已有平缓岩层滑坡所具有的识别标志进行综合分析，A 级标志包括①②④⑤⑩⑮⑰；B 级标志包括⑥⑦⑧⑨⑪⑯；C 级标志包括③⑫⑬⑭。将各类识别标志和等级划分进行总结，见表 9-4。

表 9-4 平缓岩层滑坡各早期识别标志及等级划分表

滑坡类型	标志	内容	等级
古滑坡	遥感标志	河道受到斜坡坡脚推挤变窄呈凸型	A
		古拉陷槽或洼地	A
		植被高低界线或疏密界线围成圈椅状	C
	地面标志	斜坡先期变形留下的基岩陡壁	A
		反倾坡内的台地地形	A
		层状块裂岩体	B
		地层产状与周围不一致	B
		岩层破碎、松弛、架空	B
		马刀树、醉汉林	B
		建筑物开裂、下坐，公路、管线等下错沉陷	A
岩质滑坡	坡体结构标志	斜坡发育有顺坡向张裂缝的	B
	地形地貌标志	斜坡坡度范围为 0°~25°	C
		斜坡剖面形态呈平直型	C
		斜坡具有较好临空条件的斜坡体（斜坡前缘发育有陡坎、河流或深切冲沟）	B
	地层岩性标志	斜坡体临空面以上发育有泥化夹层的	A
	水文地质标志	汇水标志：斜坡后缘有反坡台坎或贯通性拉裂缝等汇水地形	B
		排水标志：斜坡前缘突然出现泉水，泉眼呈线状分布	A

9.1.2 平缓浅层土质滑坡的早期识别[63]

川东红层地区的平缓浅层土质滑坡具有分布密集、易触发、破坏性强等特点。2011年9月的特大暴雨就在川东地区诱发了数以千计的平缓浅层土质滑坡，造成了严重的人员伤亡和财产损失。川东红层地区平缓浅层土质滑坡的早期识别对保护川东地区的生命财产安全具有重要的实际意义。

9.1.2.1 平缓浅层土质滑坡的遥感识别标志

1. 植被疏密界线呈圈椅状

平缓浅层土质滑坡在遥感图上土质滑坡的平面形态有弧形、圈椅形、马蹄形、新月形、梨形、漏斗形、葫芦形、舌形等各种形态。植被覆盖情况是影响滑坡的一个重要因素，植被条件良好、地质条件稳定的区域常常不容易产生滑坡，植被差的地方就容易产生滑坡，植被覆盖率虽然不是直接产生滑坡的物源因素（如岩性、构造等地质因素），但它却直接控制着已有松散物是否能转化成滑坡物源。平缓浅层土质滑坡的周界通常就是植被的疏密界线。当疏密界线围成圈椅状时，也就是代表着斜坡体已经具备了三面临空的条件，在坡体内部作用和降雨诱发作用下，斜坡土体容易向着临空方向发生蠕变，并最终形成滑坡。

南江县黄梁树滑坡和廖家坪滑坡每年雨季均有局部的蠕滑、溜滑等现象。从图9-24中可以看出，两滑坡平面形态呈不规则的圈椅状，周界都非常清晰，正是沿着植被的疏密界线展布的。

图9-24 南江县黄梁树滑坡及廖家坪滑坡全貌

2. 阶梯型斜坡易发生平缓浅层土质滑坡

在红层地区，平缓斜坡多被居民开垦为耕地和水田，形成阶梯形斜坡，阶梯高度多为0.6~1.4m。阶梯形斜坡被人工改造过后，斜坡由于植被变得稀疏，同时又受到农业灌溉水的长期浸泡，导致斜坡稳定性反而较其他堆积层斜坡更差，降雨更易渗入深层。

图 9-25 所示为南江县二潢坪滑坡发生较大规模变形前的遥感影像图。可以看出，斜坡表层开垦为多级梯田，属于阶梯形斜坡。图 9-24 中的黄梁树滑坡及廖家坪滑坡同样为阶梯形斜坡。

图 9-25　二潢坪滑坡发生前的遥感影像图

9.1.2.2　浅层土质滑坡的地面识别标志

1. 坡体结构标志

1) 覆盖层发育有横向裂缝的斜坡体

覆盖层中的横向裂缝一般为斜坡体缓慢蠕变变形形成。南江县桐子院滑坡后缘的横向拉裂缝，走向为 257°，可见延伸长度为 44m，张开宽度为 10~45cm，可见深度为 25cm，形成于 2011 年，如图 9-26 所示。该滑坡 2011 年以后每年雨季均有不同程度的蠕滑现象。

图 9-26　桐子院滑坡后缘横向拉裂缝

2)盖层厚度为1~5m的斜坡体

前文通过试验和计算得出,对红层地区表层的红色黏土,大气的影响深度为5.37m。覆盖层在此深度范围内,更易产生滑坡。

2. 地形地貌标志

1)斜坡坡度为10°~30°的斜坡体

斜坡坡度对滑坡的发育起着重要的作用,它在一定程度上控制了坡体的应力分布、覆盖层的厚度及微地貌等。通过对一千多处红层平缓浅层土质滑坡进行统计发现(图9-27),有68.2%的平缓浅层土质滑坡都是发生在坡度为10°~30°的斜坡体上,坡度太陡和坡度太缓的斜坡中发育浅层土质滑坡的数量较少。因此,斜坡坡度为10°~30°可以作为平缓浅层土质滑坡的一个早期识别标志。

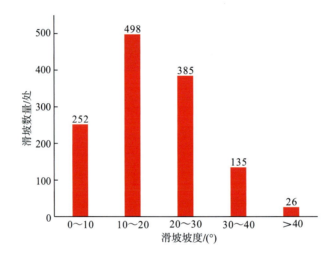

图9-27 平缓浅层土质滑坡发育斜坡坡度-滑坡数量关系图

2)斜坡体中前缘具有临空优势

临空面为斜坡的变形提供必需的空间条件,平缓浅层土质滑坡的发育同样如此。该类滑坡主要受降雨作用影响,力学性质多以牵引式为主,且滑动面(基覆界面)倾角缓倾,决定其不会发生大规模的整体滑移破坏,但在临空条件较好的地方却经常发生局部滑塌变形。

3. 水文地质标志

1)汇水条件标志:有完整基岩光面出露的斜坡体

在平缓斜坡体后缘,通常可以发现大面积的完整基岩光面出露,如图9-28所示。基岩光面的出露位置通常也可以看见基覆界面出露。同时,在基岩光面与斜坡覆盖层交界的位置形成一反坡台坎,这样在降雨过程中,斜坡体后缘的大量地表水沿着基岩光面径流,汇聚在与覆盖层交界处,并形成一定的水头(图9-28)。雨水就能直接通过出露的基岩光面轻易到达基覆界面，并沿着基覆界面运移，持续软化基覆界面附近的土体，降低其力学性质，诱发滑坡。

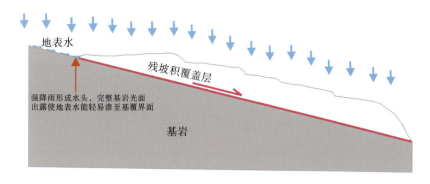

图 9-28　有完整基岩光面出露的斜坡体剖面示意图

南江县柏树梁滑坡、后湾里滑坡为典型的平缓浅层土质滑坡，在滑坡后缘可见完整的基岩光面出露（图 9-29、图 9-30）。

图 9-29　柏树梁滑坡后缘基岩光面　　　　图 9-30　后湾里滑坡后缘基岩光面

2) 排水条件标志：斜坡前缘或斜坡某临空面突然有泉眼出露

平缓浅层土质滑坡的形成与地下水的运移密切相关，泉眼突然出露是其一个重要的识别标志。泉眼出露意味着地下水在斜坡体内部已经形成了一稳定的渗流通道。当地下水对岩土体软化到一定程度时，上部覆盖层沿着基覆界面发生失稳形成滑坡。具有一定临空面条件的斜坡体，地下水在临空面形成泉眼，在地下水长期的软化下，覆盖层也有可能沿着临空面位置剪出。

9.1.2.3　各早期识别标志的等级划分

为了划分平缓浅层土质滑坡各早期识别标志的等级，总结各标志，见表 9-5。统计部分平缓浅层土质滑坡发生前所具有的标志，见表 9-6。

表 9-5 平缓浅层土质滑坡的早期识别标志及编号

滑坡类型	标志		内容	编号
平缓浅层土质滑坡	遥感标志		植被疏密界线或高低界线围成圈椅状	①
			斜坡剖面形态呈阶梯型	②
	地面标志	坡体结构标志	斜坡体发育有横向裂缝	③
			覆盖层厚度范围为 1~5m	④
		地形地貌标志	斜坡坡度范围为 10°~30°	⑤
			斜坡具有较好的临空条件（斜坡局部发育有陡坎或深切冲沟）	⑥
		水文地质标志	汇水条件标志：斜坡后缘有完整的基岩光面出露	⑦
			排泄条件标志：在斜坡前缘或者某临空面突然有泉眼出露	⑧

表 9-6 川东各平缓浅层土质滑坡发生前所具有的遥感或地面标志

滑坡名称	滑坡发生前所具有的遥感或地面标志
简家坡滑坡	①+②+③+④+⑤
干树湾滑坡	①+②+③+④+⑤+⑥
化浆坪滑坡	②+④+⑤+⑥
大地坪滑坡	②+④+⑤+⑧
大庙梁滑坡	②+③+④+⑤+⑥+⑦
后湾里滑坡	①+②+④+⑤+⑥+⑦
梨树湾滑坡	②+④+⑤+⑧
李家祠堂滑坡	②+④+⑤+⑦
南场湾滑坡	①+②+④+⑤
春芽树塝滑坡	①+②+④+⑤+⑧
田坪里滑坡	②+④+⑤
上大湾滑坡	①+④+⑤
下大湾滑坡	①+②+④+⑤+⑥

统计各平缓浅层土质滑坡各标志出现的频率，如图 9-31 所示。通过分析，出现频率越低的标志，对滑坡形成的贡献率越大，所属的识别等级越高。将平缓浅层滑坡各类识别标志分为 3 个等级（A 级、B 级、C 级），出现 1~4 次划为 A 级，4~8 次为 B 级，8~11 次为 C 级。A 级标志代表可以单独判定斜坡体为潜在滑坡体；两个 B 级标志，或一个 B 级标志、两个 C 级标志，或 4 个 C 级标志可判定斜坡体为潜在滑坡体。

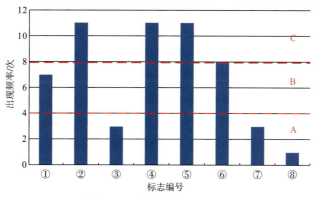

图 9-31　各标志出现的频率

通过对已有平缓岩层滑坡所具有的识别标志进行综合分析，A 级标志包括③⑦⑧，B 级标志包括①⑥，C 级标志包括②④⑤。将各类识别标志和等级划分进行总结，见表 9-7。

表 9-7　平缓浅层土质滑坡的早期识别标志和等级

滑坡类型	标志		内容	等级
平缓浅层土质滑坡	遥感标志		植被疏密界线或高低界线围成圈椅状	B
			斜坡剖面形态呈阶梯型	C
	地面标志	坡体结构标志	斜坡体发育有顺坡向裂缝	A
			覆盖层厚度范围为 1～5m	C
		地形地貌标志	斜坡坡度范围为 10°～30°	C
			斜坡具有较好的临空条件(斜坡局部发育有陡坎或深切冲沟)	B
		水文地质标志	汇水条件标志：斜坡后缘有完整的基岩光面出露	A
			排泄条件标志：在斜坡前缘或者某临空面突然有泉眼出露	A

9.2　基于地形和降雨因子的区域群发性滑坡预警

9.2.1　基于地形及降雨因子的红层岩质滑坡预警模型

影响滑坡的因素很多，但可以大体上划分为地形条件、地质条件、降雨条件(或诱发因素)三大类相互独立的综合条件。本章主要研究影响红层平缓岩层滑坡的地形条件和降雨条件，由地形条件因子和降雨因子构建滑坡预警模型。

9.2.1.1　地形因子

现场调研了巴中市南江县 2011 年"9.16"强降雨诱发的 75 处平缓岩层滑坡。其中，29 处滑坡滑动距离在 5m 以上，故认定为滑坡点；46 处滑坡未产生大规模变形，裂隙宽度或下坐变形量小于 1m，认定为变形点。这些滑坡隐患点都具备了滑坡的基本形成条件，仅因降雨和地形条件的差异导致滑坡变形剧烈程度存在差异。

调查统计这些滑坡隐患点的地形因子(T)，调查内容包括斜坡的坡度 α 与面积 A、上部坡度 β 与面积 A_U 及是否有临空面（$\gamma>\alpha$ 时有临空面），将临空面作为必要条件，如图 9-32 所示。

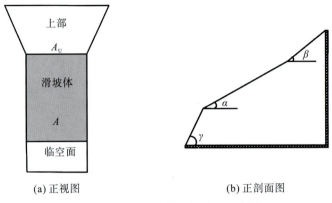

(a) 正视图　　　　　　　　　(b) 正剖面图

图 9-32　潜在滑坡的周围地形示意图

通过对 2011 年"9.16"降雨资料进行分析后，发现南江县东榆镇、槐树村、长赤镇和凤仪镇 4 个区域的最大和最小总降雨量之差在 30mm 以内，据此认为这 4 个区域内的本次降雨条件基本一致，为此，选取重点研究区域，进一步分析研究相关区域的地形条件。形成滑坡的地形条件包括：①坡度因子(S)，是滑坡的主要形成条件；②上部因子(U)，主要反映滑坡后缘裂隙内侧（后侧）斜坡汇集地表水并通过裂缝进入坡体内部的能力，坡度和平面投影面积越大，越有利于滑坡发生。由于两侧的地表水难以直接进入坡体内部，可不考虑。坡度因子和上部因子的表达式分别为

$$S = \tan\alpha \tag{9-1}$$

$$U = \frac{A_U \cos\beta}{A}\tan\beta = \frac{A_U}{A}\sin\beta \tag{9-2}$$

通过对 75 个平缓岩层滑坡隐患点的调查发现，临空面是滑坡产生的必要条件，若没有良好的临空条件，滑坡不可能发生。

图 9-33 所示为所调查的平缓岩层滑坡隐患点的坡度因子 S 与上部因子 U 的关系图。

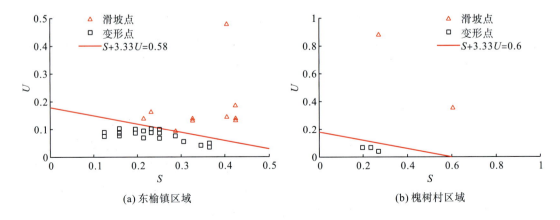

(a) 东榆镇区域　　　　　　　　　(b) 槐树村区域

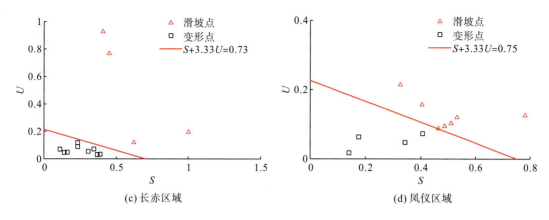

图 9-33 坡度因子 S 与上部因子 U 之间的关系

以最大程度地区分开滑坡点和变形点为目标,得到兼顾 4 个区域的 S 与 U 的关系式:

$$T = S + 3.33U \tag{9-3}$$

式中,T 为红层地区岩质滑坡地形因子;S 为滑坡体坡度因子;U 为滑坡体上部因子。

公式(9-3)即为红层地区岩质滑坡的地形因子 T 的计算公式。

9.2.1.2 降雨因子

红层平缓岩层滑坡滑移前必须有较长时间的降雨——有一定的持续时间和强度。在临滑前,还需要较大的降雨强度,才能使降雨入渗量大于斜坡地下水的排泄量,产生静水压力,诱发滑坡。因此,红层平缓岩层滑坡的降雨条件包括:①较长时间的降雨(有一定的降雨强度);②滑前较大的降雨强度。因此采用 $I\text{-}D$ 模型,D 为满足一定降雨强度的降雨时间(h),I 为平均降雨强度(mm/h)。

分析 2011 年 7 月 4~6 日、2011 年 9 月 16~18 日和 2015 年 6 月 27~28 日四川省南江县 3 次大范围的降雨过程,可总结如下:①2011 年 7 月 4~6 日的降雨过程基本没有岩质滑坡发生;②2011 年 9 月 16~18 日的降雨过程中,18 日 3~12 时发生大量岩质滑坡,18 日 3 时前可能没有滑坡发生;③2015 年 6 月 27~28 日降雨过程没有岩质滑坡发生。通过对这 3 次降雨过程的研究,可以确定岩质滑坡的 $I\text{-}D$ 关系,如图 9-34 所示。

对比的降雨值选择滑坡附近 20 个站点的降雨值。在 2011 年 9 月 16~18 日的降雨过程中,从 2011 年 9 月 16 日 22 时左右降雨开始,到 2011 年 9 月 18 日 3 时开始发生岩质滑坡,大约有 28h。2011 年 7 月 4~6 日和 2015 年 6 月 27~28 日的两次降雨过程中,因基本没有滑坡,所以在有的降雨站点选用了多个降雨时间和平均降雨强度值。

从图 9-34 可以得出降雨时间 D 与平均降雨强度 I 的关系,可用 $ID^{0.80} > C_r$ 表示。对于平缓岩层滑坡,降雨条件可归结为消除了地区降雨差异影响的标准化的降雨因子:

$$R = \left(\frac{I}{I_0}\right)\left(\frac{D}{D_0}\right)^{0.80} \tag{9-4}$$

式中，R 为降雨因子；I 为平均降雨强度，mm/h；D 为降雨历时，h；I_0 为当地多年 1h 最大降雨平均值，mm/h，可由当地水文手册查到；$D_0=1h$。

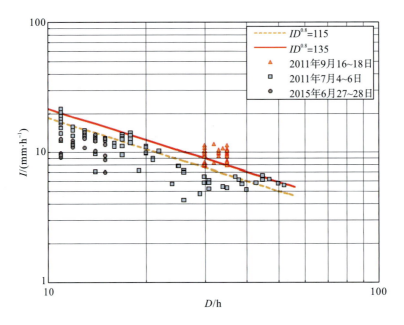

图 9-34　红层地区平缓岩层滑坡 I-D 关系图

9.2.1.3　预警模型

从地形因子 T 与降雨因子 R，对比滑坡点和变形点（图 9-35），可得到红层平缓岩层滑坡预警模型：

$$P = RT \geq C_r \tag{9-5}$$

式中，P 为预警判断值；C_r 为临界值，有 3 个值：$C_{r1}=2.4$，$C_{r2}=3.0$，$C_{r3}=4.0$。

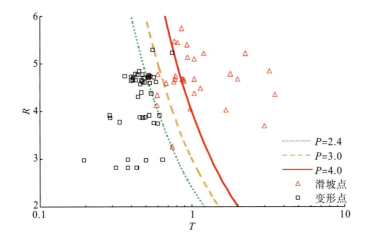

图 9-35　红层地区岩质滑坡预警模型

C_r 将滑坡发生的可能性分为 4 个区域。$P<2.4$，滑坡发生可能性很小；$2.4 \leqslant P<3.0$，滑坡发生可能性小；$3.0 \leqslant P<4.0$，滑坡发生可能性中等；$P \geqslant 4.0$，滑坡发生可能性大。

9.2.1.4 模型验证

2014 年 9 月 1 日渝东北地区的云阳、奉节等地发生大量的群发滑坡灾害。滑坡发育地层以红层为主，大量区域都为平缓岩层。

2014 年 9 月 1 日的滑坡发生时间在当日 19 时左右，而降雨过程结束的时间在当日 22 时左右。该次降雨过程的有效降雨起始时间为 2014 年 8 月 30 日 23 时～2014 年 9 月 1 日 19 时，降雨历时为 44～47h。各滑坡点的降雨数据通过附近最近的几个降雨站点数据插值获得。通过调查 36 个滑坡点和 21 变形点对模型进行验证。

通过调查研究获得了这些滑坡点和变形点的地形因子 T，以及对应的降雨因子 R（滑坡点的降雨历时 D 为滑坡暴发时的降雨历时，变形点的降雨历时 D 为降雨结束前的最大 R 值对应的降雨历时）。图 9-36 所示为预警模型在 2014 年 9 月 1 日川渝东北地区滑坡的验证图。

图 9-36 中的滑坡点的 P 值仅一个点小于 2.4(2.8%)，有 35 个点都大于 2.4(97.2%)，漏报率很低。所有变形点的 P 值都在 2.4 以下，无误报。最大临界值 C_{r3} 与最小临界值 C_{r1} 的差别 $[(C_{r3}-C_{r1})/C_{r1}]$ 为 66.7%，说明预警临界值的范围是基本合适的。

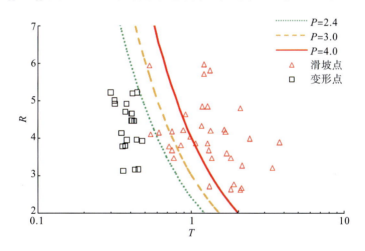

图 9-36 重庆云阳、奉节红层地区岩质滑坡验证

9.2.2 基于地形及降雨因子的浅层土质滑坡预警模型

9.2.2.1 地形因子

现场调查研究了四川省南江县红层地区 2011 年"9.16"强降雨诱发的部分浅层土质滑坡和一些在地形上有利于滑坡但却没有发生滑坡的斜坡，其中有 61 个浅层土质滑坡及附近的 111 个未滑坡点，滑坡点分布及相应的分区如图 9-37 所示。这些点用于对比研究得到地

形因子 T。调查研究如图 9-38 所示的滑坡体(或潜在滑坡体)的坡度 α 与面积 A、上部坡度 β 与面积 A_U、两侧坡度(横向坡度 θ_1、θ_2)与两侧面积(A_L、A_R)及是否有临空面($\gamma > \alpha$ 时有临空面)。

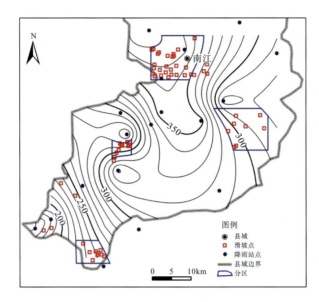

图 9-37　四川省南江县平缓浅层土质滑坡调查点分布图

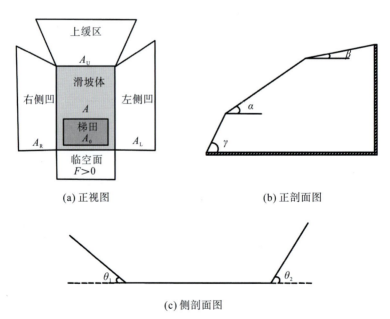

图 9-38　潜在滑坡隐患点周围地形示意图

通过对 2011 年"9.16"降雨资料进行分析,确定了在东榆镇附近降雨量比较接近的 4 个区域(图 9-37)。各区域内最大和最小总降雨量之差在 30mm 以内,近似认为各区域内的降雨条件一致,这 4 个区域就作为地形条件的研究区域。滑坡体的地形条件包括:①坡度因子(S)，表达式见式(9-6)；②上部因子(U)，表达式见式(9-7)；③两侧因子(C)，横向中间凹陷地形有利于水源的汇集，因此两侧有横向坡度时有利于滑坡的发育，表达式见式(9-8)；④临空面因子(F)，有临空面时有利于滑坡的形成。

$$S = \tan\alpha \tag{9-6}$$

$$U = \frac{A_U}{A}\tan(\alpha - \beta) \tag{9-7}$$

$$C = \frac{A_L}{A}\tan\theta_1 + \frac{A_R}{A}\tan\theta_2 \tag{9-8}$$

式(9-7)中，当 $\alpha < \beta$ 时(上陡下缓)，设 $U=0$。式(9-8)中，当 $\theta_1 < 0$ 时(左侧向下)，设 $A_L = 0$；当 $\theta_2 < 0$ 时(右侧向下)，设 $A_R = 0$。

当滑坡体上有梯田时，在梯田上的降雨入渗作用与上侧面的作用相同，因此梯田的作用可以合并得到上部因子：

$$U = \frac{A_U}{A}\tan(\alpha - \beta) + \frac{A_0}{A}\tan\alpha \tag{9-9}$$

式中，A_0 为滑坡体上的梯田面积。

临空面因子 F 通过地形条件的对比研究得到。首先在 4 个研究区域选择条件相同的点研究坡度因子 S 与上部因子 U 的关系：降雨量相同，有临空面，无横向凹陷($C=0$)，以最大程度地区分开滑坡点和未滑坡点为目标(图 9-39)，可以得到 S 与 U 的关系式：

$$T_1 = S + U \geq C_{r1} \tag{9-10}$$

式中，C_{r1} 为 0.39～0.55，临界值不同是因为降雨量存在差别。

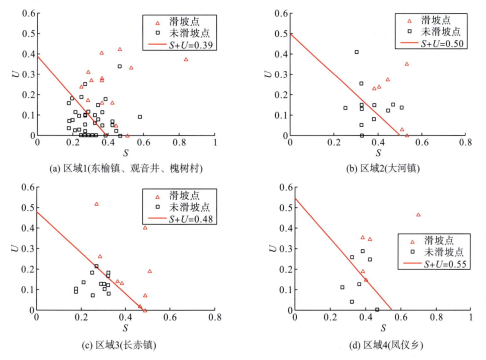

图 9-39 坡度与上侧面的关系

在坡度与上侧面的关系($S+U$)的基础上，研究 4 个区域的两侧和临空面与 $S+U$ 的关系，以最大程度地区分开滑坡点和未滑坡点为目标(图 9-40)，可以得到 $S+U$ 与 C 的关系式：

$$T_1 = S + U + 0.3C \geq C_{r2} \tag{9-11}$$

式中，C_{r2} 为 0.39~0.55，临界值不同是因为降雨量存在差别。

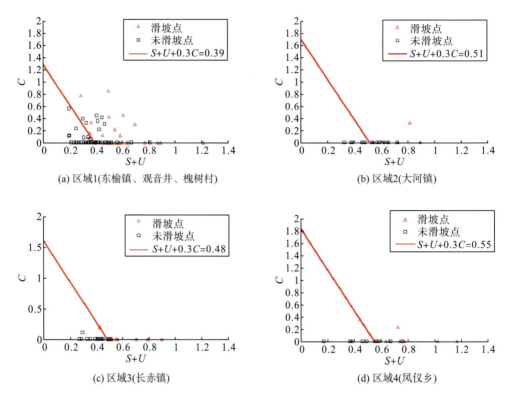

图 9-40 坡度与上侧面的关系

在坡度与上侧面及两侧的关系(S 与 $U+0.3C$)的基础上，研究 4 个区域(仅 1 个区域有对比点)的临空面的作用，以最大程度地区分开滑坡点和未滑坡点为目标(图 9-41)，可以得到：有临空面 $F=0.16$，无临空面 $F=0$。最终得到地形条件 T：

$$T = S + U + 0.3C + F \geq C_r \tag{9-12}$$

式中，C_r 为 0.55。

公式(9-12)即为红层地区浅层土质滑坡的地形因子 T 的计算公式。公式(9-12)中，坡度因子 S 非常重要；因为红层地区许多滑坡的坡度较缓，上部因子 U 同样重要；由于是浅层滑坡，横向凹陷地形对于水流的汇集作用大于横向临空面的影响，因此横向凹陷地形有利于滑坡的形成，但横向地形的作用较小，侧面因子 C 重要性较低；临空面的作用也不大，F 因子的重要性也较低。

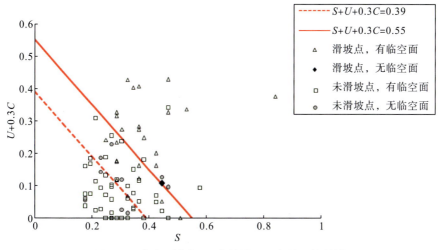

图 9-41 临空面的作用(东榆镇、观音井、槐树村)

9.2.2.2 降雨因子

研究滑坡的降雨条件，必须先把和滑坡有关的降雨与之前和滑坡无关的降雨分割开。由于研究的是浅层滑坡，因此影响滑坡的降雨时间上不会很长，如不会超过 15 天。此外，过小的降雨量在断断续续的降雨过程中有可能不会对后来的滑坡产生影响，即需要确定一个最小降雨强度。由于研究区域内植被覆盖良好，过小的降雨(如小于 1mm/h)很难有降雨入渗产生。绝大多数国内外的研究成果表明，在 I-D 模型中诱发滑坡的平均降雨强度都在 1mm/h 以上。因此本研究提出降雨的分割方法：①当降雨强度大于 1mm/h 时，开始计算降雨；②当平均降雨强度小于 1mm/h 时，则可以忽略之前的降雨，不再计入降雨量和降雨时间；③对滑坡有影响的降雨时间为 15 天，在滑坡前 15 天以上的降雨不计入降雨计算。

2011~2015 年的时间段内南江县境内经历了 3 次强降雨过程，分别是 2011 年 9 月 16~18 日强降雨(诱发大范围约 600 多处土质滑坡)、2011 年 7 月 4~6 日强降雨(诱发约 130 处土质滑坡)及 2015 年 6 月 27~28 日强降雨(无滑坡发生但有较大洪水暴发)。这 3 次降雨过程，可以粗略地将降雨诱发滑坡的可能性分别定义为发生滑坡的可能性较大、可能性中等、可能性小。根据收集的滑坡发生地点附近降雨观测站的逐小时降雨量，从图 9-42 可以研究得出降雨 I-D 模型(I 为平均小时降雨量，D 为降雨历时)，表达式见式(9-13)。

$$ID^{0.82} \geqslant C_{rD} \tag{9-13}$$

式中，I 为平均降雨强度，mm/h；D 为降雨历时，h；$C_{rD} \leqslant 120$mm/h$^{0.18}$ 时，可能性小；120mm/h$^{0.18}$ $< C_{rD} \leqslant 155$mm/h$^{0.18}$ 时，可能性中等；$C_{rD} > 155$mm/h$^{0.18}$ 时，可能性大。

考虑地区差异可能带来的影响，引入标准化方法，得到无量纲降雨因子：

$$R = \left(\frac{I}{I_0}\right)\left(\frac{D}{D_0}\right)^{0.82} \tag{9-14}$$

式中，R 为 I-D 模型降雨因子；I_0 为当地多年 1h 最大降雨均值，mm/h；$D_0 = 1$h。

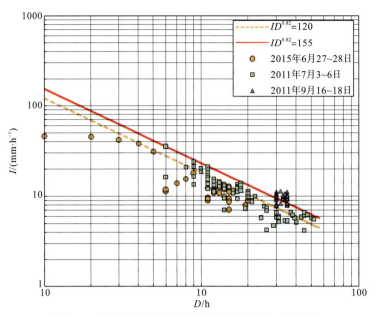

图 9-42 红层地区浅层土质滑坡降雨模型的参数关系

9.2.2.3 预警模型

由调查的 172 处滑坡和未滑坡点的 T 值与对应的 R 值的关系,最大可能地划分开滑坡和未滑坡点(图 9-43),可以获得预警模型 P:

$$P = RT^{1.2} \geqslant C_r \tag{9-15}$$

$C_{r1}=1.9$,$C_{r2}=2.8$,$C_{r3}=3.8$,分别对应警戒值、警报值和避难值,将滑坡的可能性划分为 4 个区域:$P<1.9$,可能性很小;$1.9 \leqslant P<2.8$,可能性小;$2.8 \leqslant P<3.8$,可能性中等;$P \geqslant 3.8$,可能性大。C_{r3} 比 C_{r1} 大 100%。

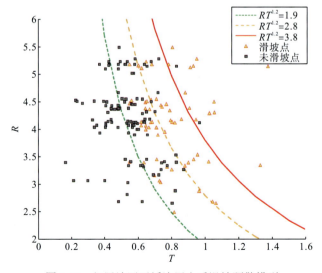

图 9-43 红层地区平缓浅层土质滑坡预警模型

预警模型中不能判断滑坡(是滑坡点但 $P<C_{r1}$)的点仅有 1 个(1.6%)，超过半数滑坡点(35 个，57.4%)的滑坡可能性在中等以上($P>C_{r2}$)；而错判为滑坡的未滑坡(为未滑坡点，但 $P>C_{r3}$)点仅有 2 个(1.8%)，绝大多数未滑坡点(101 个，91%)的滑坡可能性在中等以下($P<C_{r2}$)，表明模型的错判率和漏判率都不高。C_{r3} 比 C_{r1} 大 100%左右，表明临界值的取值范围中等，模型的适用性较好。

9.2.2.4 预警模型在其他红层地区的验证

2013 年 9 月 1 日重庆云阳、奉节等地发生大量的群发滑坡灾害。该区域以红层为主，发生的浅层土质滑坡与四川省南江县的红层地区浅层土质滑坡一样。下面通过重庆云阳、奉节等地的浅层滑坡验证模型。

2013 年 9 月 1 日的滑坡发生时间在研究区域内不完全一致，最早发生在 9 月 1 日清晨 6 时，最晚发生在 9 月 1 日 19 时，而降雨过程结束的时间在 9 月 1 日 22 时左右；计算的有效降雨时间在 8 月 31 日 4~8 时，降雨历时在 30h 左右。各滑坡点的降雨数据通过附近最近的几个降雨站点数据插值获得。验证模型时不仅调查了 34 个浅层滑坡(滑坡点，滑坡体厚度为 1~8m)，还调查了附近 64 个潜在浅层滑坡体(未滑坡点)。获得了这些(潜在)滑坡体的地形参数 T，以及对应的降雨参数 R(滑坡点的降雨历时 D 为滑坡暴发时的降雨历时，未滑坡点的降雨历时 D 为降雨结束前的最大 R 值对应的降雨历时)。图 9-44 所示为预报模型在 2013 年 9 月 1 日渝东北浅层土质滑坡的验证图。

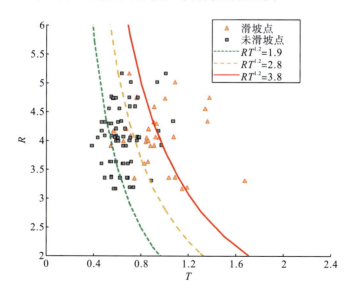

图 9-44　红层地区浅层土质滑坡预警模型验证

从图 9-44 的预警模型验证结果来看，大多数滑坡点(28 个，82.4%)的滑坡可能性均在中等以上，仅有 1 个滑坡点(2.8%)漏报；相反，大多数未滑坡点(48 个，75%)的滑坡可能性均在中等以下，仅有 4 个未滑坡点(6.3%)错报。说明预警模型漏报率和错报率都很低，可以用于无资料红层地区的浅层土质滑坡预警。

9.3　大型单体滑坡预警

红层地区平缓岩层尤其是近水平岩层滑坡，其主要诱发因素为强降雨，所以雨量观测非常重要。对于单体降雨型滑坡，国际上通用的做法是以雨量作为主要的预警指标。但我们认为，以地下水位和变形共同作为预警指标可能会大大提高预警的准确性。其原因在于：①已有的监测结果表明，不同季节和时段，岩土体的降雨入渗系数存在差别，在非汛期土体含水率较低的情况下降雨入渗系数要高于汛期，同一降雨过程在不同时期使地下水位的变幅可能会有较大差异，同时，不同地区不同物质组成和不同地形坡度，降雨入渗系数也有较大差异，因此，对单体滑坡而言，直接量测地下水位远比监测降雨量要可靠和实用得多；②地下水位直接影响滑坡的稳定性系数，结合地下水位观测成果，可直接计算出在降雨过程中滑坡稳定性的动态变化情况，若将稳定性系数 $K=1$ 作为预警判据，则很容易根据地下水监测结果建立滑坡预警判据，而通过雨量监测成果评价滑坡稳定性，不仅过程复杂，可靠性也较差；③降雨型滑坡一般具有较强的突发性，在滑坡发生之前，尤其是触发滑坡发生的那场强降雨之前，滑坡区可能并无明显的变形迹象，其往往是在降雨期间才出现变形并在短时间内失稳破坏，若在滑坡区内安设有地面变形观测点，则一定能监测到滑坡从变形到失稳破坏的过程，并提前作出预警，因此，对于降雨型滑坡，通过变形和地下水观测数据开展综合预警要比仅基于雨量预警有效得多。

对于单体滑坡，若有系统持续的雨量、地下水位和变形观测结果，则可以以滑坡稳定性系数为桥梁，通过几者的相关性分析，建立滑坡预警模型。若没有系统的观测资料，则可根据滑坡区附近雨量站的监测资料，通过理论分析计算来构建滑坡预警模型。下面结合实际滑坡典型案例来说明单体滑坡预警模型的构建方法。

9.3.1　基于实际监测结果的滑坡预警

在第 8 章已谈到，为了掌握垮梁子滑坡的变形情况和成因机制，自 2013 年开始选取代表性剖面对其进行了长期持续的观测，获取了自 2013 年以来滑坡区降雨量、变形和地下水位的观测数据(图 8-84～图 8-86)。

基于图 8-85 的观测剖面，采用极限平衡原理分析计算不同地下水位条件下的滑坡稳定性。由于已经形成了一个较完整的地下水位观测剖面(图 8-85)，因此可根据实时的地下水位观测资料，计算出任一时刻的滑坡稳定性系数。垮梁子滑坡在经历两次大规模平推式滑动后已经形成贯通的连续滑面，并且根据多年现场实时监测，计算剖面处滑带基本常年处于地下水位以下，故滑坡的稳定性计算采用环剪试验所得折减后的残余抗剪强度参数，见表 9-8。滑坡其余岩土体物理力学参数见表 9-9。

表 9-8 环剪试验成果表[58]

参数	峰值抗剪强度参数	残余抗剪强度参数	折减后的残余抗剪强度参数
c/kPa	32.6	2.9	0
φ/(°)	12.7	7.3	7

表 9-9 岩土体物理力学参数取值表

位置	天然重度 γ/(kN·m^{-3})	饱和重度 γ_{sat}/(kN·m^{-3})	滑面倾角/(°)	滑面长度/m
覆盖层	19	21	5	315
基岩	21.5	22		

图 9-45 所示为将垮梁子各段时间滑坡的稳定性系数、月平均降雨量、后缘拉陷槽水位及由 GPS 监测得到的平均位移速率放到同一坐标体系下得到的几个指标的相关关系图。图 9-45 表明，垮梁子滑坡自 2013 年监测以来，稳定性系数基本上维持在 1.05～1.10 之间，处于欠稳定至基本稳定状态，汛期尤其是降雨期间受降雨的影响坡体内地下水位升高，稳定性降低，变形速率增大。从几条曲线的形态可以明显看出，地下水位与月均降雨量、变形速率呈正相关关系，稳定性系数与地下水位、月均降雨量、变形速率呈负相关关系。

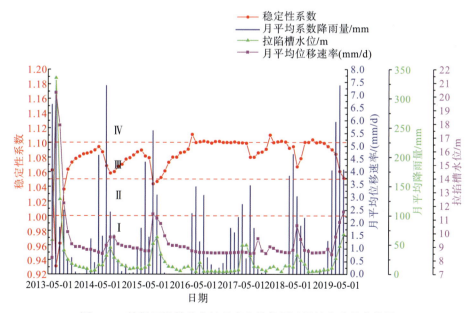

图 9-45 垮梁子滑坡稳定性月变化趋势图及累计位移量曲线图

通过对 2013～2015 年汛期拉陷槽水位变化与计算所得的垮梁子滑坡稳定性系数进行拟合分析发现，拉陷槽水位与垮梁子滑坡稳定性系数之间存在明显的线性负相关关系，拟合曲线如图 9-46 所示。

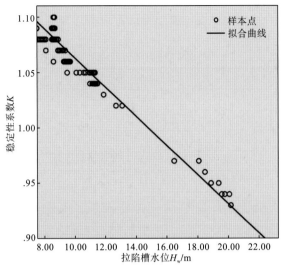

图 9-46 拉陷槽水位与稳定性系数拟合图

根据图 9-46 所示的拉陷槽水位与滑坡稳定性系数的拟合曲线,推导得到二者之间的线性方程为

$$K \approx 1.195 - 0.013 H_w$$

根据该拟合方程,令 $K=1$ 时,后缘拉陷槽临界水位 H_w 约为 15m,此时滑坡处于极限平衡状态。相比于之前得到临界水头高度时统计样本容量的增加,该拟合方程在准确度上更加可靠,敏感性分析结果表明,后缘拉陷槽水位每升高 1m,滑坡稳定性系数将降低约 0.013。

对 2013~2015 年的滑坡稳定性与变形速率之间的关系进行统计分析,发现二者呈现显著的线性关系且为负相关关系,拟合曲线如图 9-47 所示。

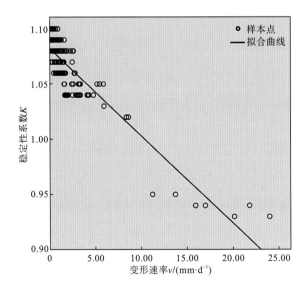

图 9-47 坡体变形速率与稳定性系数拟合图

根据图 9-47 所示的坡体变形速率与滑坡稳定性系数的拟合曲线，推导得到二者之间的线性方程为

$$K \approx 1.082 - 0.008v$$

根据该拟合方程，令 $K=1$ 时，计算得到汛期变形速率为 10.25mm/d。

综合以上分析，确定以拉陷槽内部水位、汛期变形速率、单次累积降雨量 3 个可以实时监测的指标作为预警判据，并根据多年在垮梁子滑坡的现场调查和监测成果，建立垮梁子滑坡预警级别划分表，见表 9-10。

表 9-10 垮梁子滑坡预警级别划分表

相关指标	预警等级			
	Ⅳ级	Ⅲ级	Ⅱ级	Ⅰ级
稳定性系数	$K>1.1$	$1.1 \geqslant K>1.05$	$1.05 \geqslant K>1$	$K \leqslant 1$
拉陷槽水位/m	$H_w<7.3$	$11.2>H_w \geqslant 7.3$	$15>H_w \geqslant 11.2$	$H_w \geqslant 15$
汛期变形速率 /(mm·d^{-1})	$v=0$	$4>v \geqslant 0$	$10.25>v \geqslant 4$	$v \geqslant 10.25$
单次累计降雨量/mm	$R<135$	$150>R \geqslant 135$	$180>R \geqslant 150$	$R \geqslant 180$
滑坡状态	稳定	基本稳定	欠稳定	不稳定
危险性等级	无危险性	低危险性	中危险性	高危险性
相关措施	无	垮梁子滑坡处于日常状态中，但须保持现场实时监测	必须对现场进行勘察，消除如后缘拉陷槽落石或坡体前缘小型崩塌和滑坡等安全隐患，并对周围村民进行安全警示	保持密切监测的同时，须让坡下村民，尤其是位于垮梁子滑坡前缘的各户村民搬离至对岸居住，以防持续性强降雨引起大规模的平推式滑动，造成人员伤亡

9.3.2 基于雨量站观测结果的岩质滑坡预警

平缓岩层滑坡在降雨过程中，一方面后缘裂缝中的水位及底滑面上扬压力都会随着降雨过程而发生动态变化，尤其通常因底滑面渗透性能相对较差，地下水从后缘裂缝沿底滑面向剪出口外渗往往需要一定的时间和过程(图 8-12)，甚至扬压力的分布形式还会随后缘拉裂缝水位及后缘注水和前缘剪出口排水之间的相对关系而发生一定的变化，斜坡的稳定性状况自然跟随后缘拉裂缝静水压力和底滑面扬压力的变化而变化。另一方面，在数天的降雨过程中，底部滑带将部分甚至全部处于地下水的浸泡状态，滑带抗剪强度也会随降雨过程的持续而逐渐衰减，从而进一步使斜坡的稳定性恶化。如果以斜坡的稳定性系数作为基本依据，采用解析方法或数值模拟方法，实时分析研究在整个降雨过程中，斜坡稳定性系数随水压力(包括后缘拉裂缝中静水压力和底滑面扬压力)和滑带抗剪强度的不断改变而呈现出的动态变化规律，并以稳定性系数接近或达到临界平衡状态($K=0.95 \sim 1.05$)作为预警判据，构建降雨诱发顺层岩质滑坡的物理预警模型。

下面采用极限平衡分析法计算滑坡稳定性系数，并据此建立降雨诱发缓倾岩质滑坡的

预警模型。

假设一岩层倾角为 $\theta(10°<\theta<20°)$，后缘裂缝竖直的岩质斜坡，潜在滑面总长为 L，地下水从 C 点已经入渗到潜在滑面 A 点，AC 的高度为 h，那么此时后缘裂缝内已经充水并产生了一定的水头高度 h_w，在经过时间 t_f 过后，地下水刚好渗流至 O 点贯通，t_f 为地下水由后缘向坡体前缘渗流贯通的总时间。由于该点底滑面上的地下水为持续渗流状态，AB 段的扬压力呈三角形分布，为了简化方便，本文考虑 B 点此时的水头高度为 0，在 $t_1(t<t_f)$ 时刻，地下水运移到 B 点，长度为 x，在 $t_2(t_2>t_f)$ 时刻，地下水运移到 O 点，长度为 L，假设内摩擦角为 φ，黏聚力为 c，如图 9-48 所示。

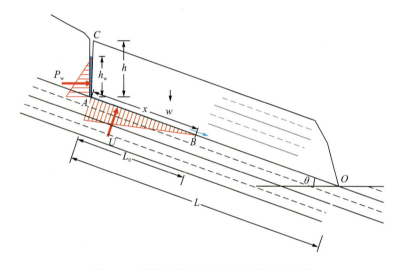

图 9-48 极限分析法滑坡稳定性模型示意图

按照传统的静态极限平衡分析法，可得滑坡体稳定性系数 K 值为

$$K = \frac{(w\cos\theta - U - P_w\sin\theta)\tan\varphi + cL}{w\sin\theta + P_w\cos\theta}$$

式中，w 为滑坡体重力；θ 为岩层倾角；U 为地下水扬压力；P_w 为静水压力等效集中荷载；c、φ 分别为滑坡体黏聚力和内摩擦角；L 为潜在滑面总长。

滑坡体重力为

$$w \approx \gamma hL$$

式中，γ 为坡体岩土体重度；h 为坡面到潜在滑面的垂直高度。

滑坡体地下水扬压力为

$$U = \frac{1}{2}\gamma_w h_w x$$

式中，γ_w 为水的重度；h_w 为裂缝充水高度；x 为地下水沿底滑面流动途径的长度，即在底滑面上产生扬压力的长度。

裂隙水作用在裂隙壁面的静水压力为

$$p_{\mathrm{w}} = \frac{1}{2}\gamma_{\mathrm{w}} h_{\mathrm{w}}^2$$

代入以上参数后可得到坡体的稳定性系数 K 值为

$$K = \frac{\left(\gamma hL\cos\theta - \frac{1}{2}\gamma_{\mathrm{w}} h_{\mathrm{w}} x - \frac{1}{2}\gamma_{\mathrm{w}} h_{\mathrm{w}}^2 \sin\theta\right)\tan\varphi + cL}{\gamma hL\sin\theta + \frac{1}{2}\gamma_{\mathrm{w}} h_{\mathrm{w}}^2 \cos\theta}$$

事实上，在降雨过程中，更准确地说是降雨影响阶段，h_{w}、x、c、φ 值是随着降雨过程的持续而不断变化的，与降雨时长有关，因此可记为 $h_{\mathrm{w}}(t)$、$x(t)$、$c(t)$、$\varphi(t)$。$h_{\mathrm{w}}(t)$ 可以通过对滑坡体的实际监测获得裂缝充水高度与时间的关系，$x(t)$ 与地下水沿底滑面渗流速度有关。若地下水沿底滑面渗流速度为 v，则在降雨初期，地下水从后缘裂缝底部沿底滑面渗流到达剪出口位置的时间 $t_{\mathrm{f}} = L/v$。显然，当渗透时间小于时间 t_{f} 时，渗透距离 $L(t)$ 是随时间的增加而逐渐增加的，扬压力在底滑面上呈三角形分布，当 $t = t_{\mathrm{f}}$ 时，达到底滑面总长度 L。当渗透时间 t 大于地下水渗流贯通的总时间 t_{f} 时，渗透距离固定为坡体总长 L。$c(t)$、$\varphi(t)$ 随降雨时间变化而变化的规律可通过试验得到，一般符合指数衰减公式，如图 8-57、图 8-65、图 8-66 所示。因此，在降雨过程中，坡体稳定性系数 K 也会因后缘拉裂面静水压力、底滑面扬压力及滑带强度随时间变化而变化，记为 $K(t)$。将以上参数代入稳定性系数公式中可得到如下公式。

当浸水时间 $t < t_{\mathrm{f}}$ 时，稳定性系数 K 值为

$$K(t) = \frac{\left[\gamma hL\cos\theta - \frac{1}{2}\gamma_{\mathrm{w}} h_{\mathrm{w}}(t)vt - \frac{1}{2}\gamma_{\mathrm{w}} h_{\mathrm{w}}(t)^2 \sin\theta\right]\tan\varphi(t) + c(t)L}{\gamma hL\sin\theta + \frac{1}{2}\gamma_{\mathrm{w}} h_{\mathrm{w}}(t)^2 \cos\theta}$$

当浸水时间 $t > t_{\mathrm{f}}$ 时，稳定性系数 K 值为

$$K(t) = \frac{\left[\gamma hL\cos\theta - \frac{1}{2}\gamma_{\mathrm{w}} h_{\mathrm{w}}(t)L - \frac{1}{2}\gamma_{\mathrm{w}} h_{\mathrm{w}}(t)^2 \sin\theta\right]\tan\varphi(t) + c(t)L}{\gamma hL\sin\theta + \frac{1}{2}\gamma_{\mathrm{w}} h_{\mathrm{w}}(t)^2 \cos\theta}$$

根据上述公式，可以计算得到降雨过程中，滑坡体稳定性系数 $K(t)$ 随时间的变化规律。当滑坡体处于极限平衡状态，即 $K(t)=1$ 时，将 γ、h、L、θ、γ_{w} 的值和 $c(t)$、$\varphi(t)$ 与时间 t 的关系式代入上式中，即可得到滑坡后缘水头临界高度 $h_{\mathrm{w}}(t)$ 的预警判据。在实际操作中，也可根据令 $K(t)$ 为不同值，如 0.85、0.95，来分别制定不同的预警级别。同时，在此预警模型中，前期降雨对滑坡稳定性的影响主要通过本次降雨前坡体内已有地下水位的情况来加以考虑。下面以南江县窑厂坪滑坡为例说明具体如何构建滑坡预警模型。

窑厂坪滑坡平面形态为不规则的簸箕状(图 6-8)，滑坡区纵长为 650m，前缘横向宽度约为 580m，前缘高程为 400m，后缘高程为 550m，相对高差为 150m，滑体平均厚度为 15m，滑体体积约为 300 万 m^3，为大型岩质滑坡。

窑厂坪滑坡滑床主要由白垩系城墙岩群剑门关组(Kj)灰白色、紫红色砂岩与泥岩互层地层组成。滑床岩层倾向坡外，倾向为330°～350°，倾角为8°～16°，前缘较缓，后缘较陡。根据勘查钻孔揭露及前缘剪出口下方陡岩区出露基岩的调查，现剪出口以下至公路内侧未发现其他的软弱夹层分布。滑坡结构特征具体见工程地质剖面图，如图9-49所示。

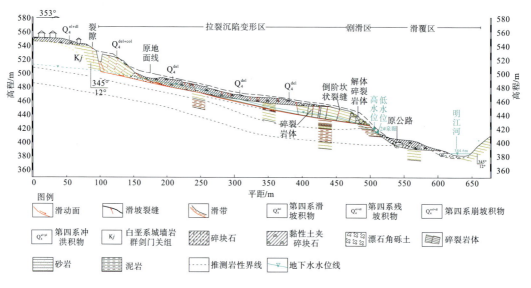

图9-49 窑厂坪滑坡工程地质剖面图

根据窑厂坪滑坡的特征参数，采用前面推导的稳定性系数公式计算出窑厂坪滑坡随"9.16"降雨过程稳定性系数K的变化，计算参数如下：滑坡体岩层平均倾角为10°，坡长L=650m，坡体重力w=122042kN。根据降雨时间假定裂隙高度随降雨量的变化而变化。黏聚力和内摩擦角随浸水时间的变化值均采用实验得到的黏聚力和内摩擦角与浸水时间的关系曲线拟合公式计算，内摩擦角 $\varphi=19.901-3.901(\ln t)$，黏聚力 $c=11.199+44.181 / \left[1+(t/6.347)^{2.550}\right]$。根据水文报告，滑动面的土体渗透速率约为50m/d。根据以上参数计算坡体在此次降雨过程中稳定性系数的变化值，见表9-11。

表9-11 窑厂坪滑坡稳定性系数计算表

日期	日降雨量/mm	裂隙充水高度/m	静水压力P_w/kPa	扬压力U/kPa	黏聚力c/kPa	内摩擦角$\varphi/(°)$	稳定性系数K
9月6日	117.9	5	125	1250	55.38	28.88	3.70
9月7日	19.9	10	500	5000	54.99	19.90	3.24
9月8日	0.5	12	720	9000	53.17	17.20	2.89
9月9日	0	12	720	12000	49.68	15.62	2.61
9月10日	4.4	12	720	15000	44.97	14.49	2.34
9月11日	53	12	720	18000	39.81	13.62	2.10
9月12日	35.9	12	720	21000	34.87	12.91	1.89

续表

日期	日降雨量/mm	裂隙充水高度/m	静水压力 P_w/kPa	扬压力 U/kPa	黏聚力 c/kPa	内摩擦角 φ/(°)	稳定性系数 K
9月13日	36.5	15	1125	30000	30.54	12.31	1.63
9月14日	0	15	1125	33750	26.95	11.79	1.48
9月15日	0	15	1125	37500	24.06	11.33	1.35
9月16日	1	15	1125	41250	21.75	10.92	1.24
9月17日	250.4	15	1125	45000	19.92	10.55	1.14
9月18日	179.1	25	3125	81250	18.47	10.21	0.74
9月19日	1.3	30	4500	97500	17.32	9.90	0.56
9月20日	6.3	30	4500	97500	16.39	9.61	0.54

窑厂坪滑坡稳定性系数随降雨时间变化的关系曲线如图9-50所示。

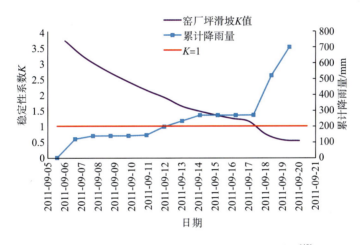

图9-50　窑厂坪滑坡稳定性系数与降雨量关系图[49]

由图9-50可见，从2011年9月6日起，随着持续降雨，滑坡体稳定性系数K呈逐渐下降趋势，并且与降雨强度有明显关联。9月6日降雨开始，期间一直断续持续到9月14日，前期过程累计降雨量达到268.1mm，滑坡稳定性系数K值也逐渐下降；9月14日至16日降雨基本停止，但由于前期降雨的渗透作用，滑坡稳定性系数K值仍然呈下降趋势，但下降幅度明显减小；9月16日21时至9月18日15时出现长历时、高强度降雨，滑坡体后缘裂隙水头高度剧增，滑坡体稳定性系数K迅速下降，最终达到极限平衡状态而失稳破坏。根据公式计算得到的稳定性系数变化过程与此次降雨滑坡体的变形破坏过程大致吻合。

9.3.3　降雨诱发土质滑坡预警

土质滑坡主要为孔隙介质，在降雨过程中，进入坡体内的雨水，将对土质斜坡稳定性产生显著的影响，具体主要体现在以下几个方面。

(1) 在潜水面以上的非饱和带，随着雨水的下渗，使非饱和带的土壤含水率发生改变，并导致土壤基质吸力发生改变。基质吸力往往会使土体抗剪强度适当地升高。因此，当滑坡的滑带土在降雨过程之前部分或全部处于非饱和状态时，在降雨的初期，坡体的稳定性反而有可能呈一定幅度的提高。

根据非饱和土力学理论，土体的抗剪强度公式可表示为

$$\tau_f = c' + (\sigma - u_a)\tan\varphi' + (u_a - u_w)\tan\varphi''$$

其中，u_a 和 u_w 分别为土体中空气压力和水压力；c' 和 φ' 为有效黏聚力和内摩擦角，可由饱和土的常规 CU 试验测定；φ'' 为由基质吸力引起的内摩擦角，其测定相对复杂，但通常 $\varphi''=\varphi'/2$。

(2) 对于浅层斜坡，如通常由残坡积物组成的斜坡，其土体深度仅数米，一般不超过 10m，其下伏为基岩，为相对隔水层。在降雨过程中，雨水入渗坡体内部，并且在相对较短的时间内便可到达基覆界面。因基岩为相对隔水层，入渗的水流在土质斜坡内不断汇聚，并使其从非饱和状态逐渐变为全饱和状态，在孔隙水压力的作用下，使斜坡稳定性急剧降低，并由此导致浅层滑坡的发生。

对于浅层滑坡，一般条件坡体内没有稳定的地下水位，常常处于非饱和状态，在降雨过程中斜坡土体逐渐由非饱和变为饱和。但前期雨量会对土体的初始含水量产生明显的影响，进而影响触发滑坡降雨过程的地下水入渗速度和斜坡全饱水时间，所以在建立滑坡预警模型时需要考虑由前期降雨引起的坡体初始含水率。

(3) 对于土质较厚的深层土质斜坡，在降雨过程中，水流从地表入渗坡体内部并逐渐向深部渗流。入渗坡体内的水流逐渐到达潜水面，将转化为地下水使原地下水位不断升高。随着地下水位的不断抬升，地下水所产生的孔隙水压力将对滑坡稳定性产生明显的影响。

(4) 诱发滑坡的降雨过程往往会持续数天，再加上前期雨量对滑坡的发生也具有显著的影响，以及滑坡往往滞后于降雨过程，因此，现在众多的降雨诱发滑坡实例及据此所建立的滑坡预警模型，一般都会考虑 5～15 天的持续时间。从图 8-59 和图 8-67 可以看出，即使是泥岩，在地下水的长期浸泡作用下，其抗剪强度也会呈指数形式急剧衰减。在降雨过程中，滑带土受地下水长时间浸泡导致抗剪强度不断衰减，并由此导致稳定性不断降低，也是降雨诱发滑坡发生的重要原因。

图 9-51 显示了某滑坡稳定性系数在降雨过程中的动态变化过程。该图表明，在降雨初期，存在一个土体从非饱和到逐渐饱和的过程，其稳定性系数反而有所升高。但随着斜坡大部分土体（尤其是滑带土）逐渐饱和，斜坡稳定性逐渐降低。因斜坡对降雨过程具有一定的滞后性，当降雨过程结束后，斜坡稳定性还会继续降低，直到经历一定时间后稳定性系数才会逐渐回升。

采用极限平衡分析法计算滑坡稳定性，并根据降雨过程中稳定性系数的动态变化规律及相关判据建立土质滑坡的降雨预警模型。假定土体为圆弧滑动面（也可根据实际情况假定为直线型），滑面总长为 L，在降雨过程中随着降雨时间 t 的变化，坡体内含水量也随之

变化，对应土体的抗剪强度参数也产生变化。假设土体滑动面的内摩擦角为 φ，黏聚力为 c，如图 9-52 所示。

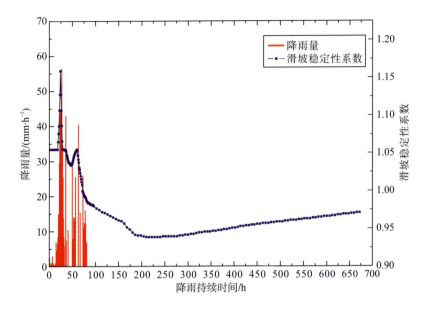

图 9-51　降雨过程中某滑坡稳定性系数的动态变化过程

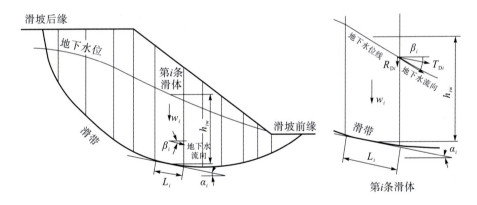

图 9-52　土质滑坡稳定性计算模型示意图

极限平衡分析法计算滑坡体稳定性系数 K 值为

$$K = \frac{\sum[(w_i \cos\alpha_i - N_{wi} - R_{Di})\tan\varphi_i + c_i L_i]}{\sum(w_i \sin\theta + T_{Di})}$$

式中，孔隙水压力 $N_{wi} = \gamma_w h_{iw} L_i \cos\alpha_i$，即近似等于浸润面以下土体的面积 $h_{iw} L_i \cos\alpha_i$ 乘以水的重度 γ_w。

渗透压力产生的平行滑面分力为

$$T_{Di} = \gamma_w h_{iw} L_i \sin\beta_i \cos(\alpha_i - \beta_i)$$

渗透压力产生的垂直滑面分力为

$$R_{Di} = \gamma_w h_{iw} L_i \sin\beta_i \sin(\alpha_i - \beta_i)$$

式中，K 为稳定性系数；h_{iw} 为第 i 条滑体浸润面高度；w_i 为第 i 条滑体的重力，kN；c_i 为第 i 条滑体的黏聚力，kPa；φ_i 为第 i 条滑体的内摩擦角，(°)；L_i 为第 i 条滑体的滑面长度，m；α_i 为第 i 条滑体的滑面倾角，(°)；β_i 为第 i 条滑体的地下水流向，(°)。

代入以上参数后可得到坡体的稳定性系数 K 的表达式：

$$K = \frac{\sum\{[w_i\cos\alpha_i - \gamma_w h_{iw} L_i \cos\alpha_i - \gamma_w h_{iw} L_i \sin\beta_i \sin(\alpha_i - \beta_i)]\tan\varphi_i + c_i L_i\}}{\sum(w_i \sin\theta + \gamma_w h_{iw} L_i \sin\beta_i \sin(\alpha_i - \beta_i))}$$

式中，稳定性系数 K 随时间的变化而变化，记为 $K(t)$；h_{iw}、c_i、φ_i 随降雨过程而变化，与降雨时长有关，记为 $h_{iw}(t)$、$c_i(t)$、$\varphi_i(t)$。

为此，降雨过程中不同时刻的稳定性系数 $K(t)$ 可表示为

$$K(t) = \frac{\sum\{[w_i\cos\alpha_i - \gamma_w h_{iw}(t) L_i \cos\alpha_i - \gamma_w h_{iw}(t) L_i \sin\beta_i \sin(\alpha_i - \beta_i)]\tan\varphi_i(t) + c_i(t) L_i\}}{\sum[w_i \sin\theta + \gamma_w h_{iw}(t) L_i \sin\beta_i \sin(\alpha_i - \beta_i)]}$$

将滑坡体处于极限平衡状态，即 $K(t)=1$，作为预警判据，即可获取降雨过程中的滑坡发生时间。

降雨过程中，斜坡中地下水位的实时动态变化规律可以通过斜坡地下水位的实际观测得到，如果没有地下水位观测，也可以利用数值模拟软件(如 **SEEP/W** 专业地下水渗流分析软件)分析计算降雨过程中斜坡地下水位的动态变化过程。降雨过程中，滑带土抗剪强度衰减规律可通过试验得到。图 9-53 显示了同时考虑降雨过程中地下水位变化及滑带土抗剪强度变化等因素后，斜坡稳定性系数的动态变化情况。

将斜坡稳定性系数 $K(t)=1$ 作为降雨型滑坡的预警判据，便可实现降雨型滑坡的动态预警。

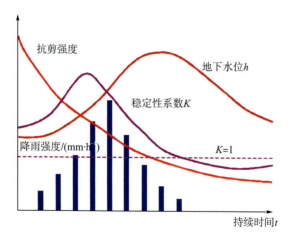

图 9-53　降雨过程中土质滑坡稳定性系数随地下水位和滑带土抗剪强度的变化而变化的示意图

目前，国内外比较常用的降雨型滑坡预警指标为降雨强度(mm/h 或 mm/d)和降雨持续时间(h 或 d)。对于一个具体的滑坡，按照上述思路，也可建立滑坡的降雨强度—持续时间通用预警模型。具体做法如下。

(1)通过滑坡勘测，获取滑坡具有代表性的工程地质剖面图。在此过程中，同时通过试验需要获取滑体及滑带土的基本物理力学参数、渗透系数及正常情况下滑坡的初始地下水位。

(2)利用 SEEP/W 分析软件模拟分析不同降雨强度的降雨过程中，滑坡地下水渗流场的动态变化，尤其是坡体内地下水位的动态变化规律，分析计算在此过程中的斜坡稳定性系数 K，找出 K 接近或处于临界稳定状态的时刻，以此确定对应降雨强度条件下的持续时间。

(3)采用不同的降雨强度，重复(2)的工作，便可得到降雨强度-持续时间曲线。如果结合不同的预警级别，给定不同的临界稳定状态条件，如 $K=0.95$，$K=1$，$K=1.05$ 等，便可得到不同对应预警级别的曲线。

图 9-54 就是利用上述思路建立的某滑坡降雨预警模型。虽然图 9-54 的建模思路与目前国内外降雨预警模型有较大差别，但该模型的预警曲线形态却与国内外学者利用统计分析方法或其他力学分析方法建立的降雨型滑坡预警模型极为相似，说明其具有科学合理性。

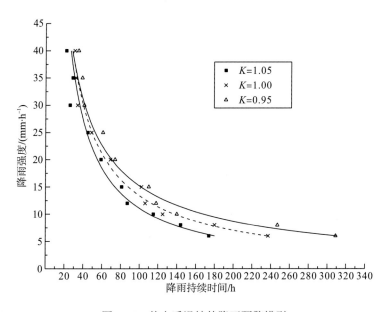

图 9-54 某土质滑坡的降雨预警模型

第10章 红层滑坡防治与利用

10.1 防治基本原则

(1)滑坡防治的首要原则是安全可靠,经济合理。滑坡的防治方案、技术手段和施工工艺都应符合成熟的理论并经过实践的检验方能实现安全可靠。同时需要通过多方面的分析权衡进行成本投入和效益对比,力求达到经济合理。

(2)滑坡防治应以预防为主,防、治结合。充分重视潜在滑坡隐患的早期识别和预测分析。在滑坡发生大规模滑动前尽早治理,将滑坡隐患消灭在萌芽状态。

(3)滑坡的防治应建立在对滑坡的形成条件、成因机制及变形破坏特征进行全面、正确的认识和深入的机理研究的基础上。例如,平推式滑坡的成因机制,主要是由于后缘裂隙充水,引起滑坡后缘静水压力和底部扬压力升高促使滑坡发生变形破坏。对这类滑坡的治理遵循"治坡先治水"的原则,以排水措施为主。

(4)滑坡的防治方案应综合考虑地质环境条件,滑坡的基本特征、危害性大小及施工难易程度等因素进行科学设计。各项防治工程措施,应结合当地滑坡治理经验和实际情况,尽量因地制宜、就地取材,采用技术可行、经济合理且施工便捷、可操作性强的工程结构。

(5)滑坡治理工程设计与施工应与山区城镇建设的社会、经济和环境发展相适应,尤其应与城镇规划、环境保护和土地资源综合开发利用相结合。

10.2 红层滑坡防治对策

10.2.1 板梁状平推式滑坡防治对策[48]

板梁状平推式滑坡是一类特殊的滑坡,针对这类滑坡应根据边坡的形态特征、所处的位置、规模大小、变形破坏特征、危害性大小及施工难易程度确定防治方案。工程上可以应用的措施主要有地表、地下排水工程,抗滑支挡工程,锚固工程,削方减载工程等。对于板梁状平推式滑坡的治理仅仅采取以上的某一种措施不能达到根治滑坡的目的,必须将这几种工程措施综合运用,制定出合理优化的治理方案。前文述及板梁状平推式滑坡的主要变形破坏模式有向内倾倒模式、近直立模式、向外倾倒失稳模式3种,对于不同的变形破坏模式,应根据它的变形破坏特征,采取不同的工程治理手段。

(1)向内倾倒模式滑坡治理方案。综合考虑,对向内倾倒模式滑坡的治理方案为地表排水+抗滑桩支挡+压力注浆(图 10-1)。

(2)近直立模式滑坡治理方案。近直立模式滑坡主要分为以下两种：①后缘拉裂缝无泥质填充(如兴马中学滑坡)；②后缘拉裂缝有泥质填充(如三台中新中学滑坡)。对于无泥质填充近直立模式滑坡的治理主要提出两种方案：方案一，地表排水+抗滑桩支挡+连梁加固+压力注浆(图 10-2)；方案二，地表排水+抗滑桩支挡+削方回填+压力注浆(图 10-3)。对于有泥质填充近直立模式滑坡，其治理方案为地表排水+抗滑桩支挡+锚索支护(图 10-4)。

图 10-1 向内倾倒模式滑坡治理示意图

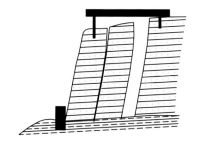

图 10-2 无泥质填充近直立模式滑坡治理(方案一)

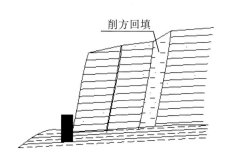

图 10-3 无泥质填充近直立模式滑坡治理(方案二)

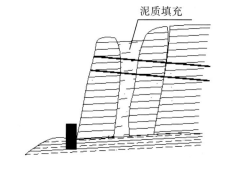

图 10-4 有泥质填充近直立模式滑坡治理

(3)向外倾倒模式滑坡治理方案。对向外倾倒模式滑坡采用地表排水+抗滑桩支挡+锚索支护+削方回填的治理措施(图 10-5)。

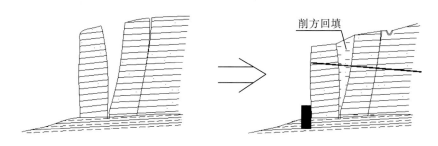

图 10-5 向外倾倒模式滑坡治理示意图

10.2.2 单级、多级平推式滑坡防治对策

10.2.2.1 单级平推式滑坡防治对策

对于平推式滑坡,其防治主要应从防止和避免张开裂缝或拉陷槽内在降雨期间水位达到一定高度方面入手,主要措施有完善地表截排水系统,封填或疏导张开裂缝、槽状地形,汛期加强堰塘放蓄水管理等。针对平推式滑坡这类成因机制十分独特的滑坡,摒弃了以往"各种措施一起上,且以支挡为主"的治理思路,提出了"以排水措施为主"的防治对策,并结合工程实践提出了地表和地下排水措施设计的一些基本原则。

1. 地表排水治理措施

地表排水工程是一种施工简单、造价较低的治理措施,对于平推式滑坡等由水诱发的滑坡,其治理效果十分显著。地表排水工程的主要作用是尽可能地将坡面径流排出滑坡体,减少降雨引起的入渗量。在滑坡体上设置地表排水沟,由于拦截了沟上游坡面汇水,可使沟下游径流水深减小,坡面上的压力势减小,从而使坡面稳定径流阶段的入渗率和总入渗量减少。当雨停后,又可减少排水疏干的时间,从而缩短坡面入渗时间,减少入渗量和入渗水流对滑坡的作用时间。此外,排水沟还可减少坡面入渗面积,起到减小入渗量的作用。地表排水沟能否有效地减少地表水入渗量和入渗水流对滑坡的作用时间,除与排水沟的截面尺寸、长度和结构设计等有关外,主要取决于排水沟的布置位置。布置位置恰当,则排水效果好;布置位置不当,则排水效果差。

通过对滑坡地表排水工程的实例研究和对施工中遇到的一些具体问题的归纳总结,可以得出进行平推式滑坡地表排水工程设计的一些基本原则,具体如下。

(1) 与所有滑坡地表排水工程的设计原则相同,平推式滑坡的地表排水工程设计也必须满足截、排水沟设计过流量大于地表水洪峰流量的要求。

(2) 根据平推式滑坡的成因机制,滑坡裂隙或拉陷槽内充水,引起静水压力和基底扬压力升高是促使滑坡产生的主要因素。而对于已经发生过滑动,在滑坡体上形成拉陷槽的平推式滑坡,拉陷槽往往是地表水汇集和入渗的天然通道。如果拉陷槽内排水不畅,造成其内水头高度达到滑坡启动的临界水头高度,坡体将产生滑动。因此,平推式滑坡地表排水工程布置的主要原则如下:①在拉陷槽内布置完善的地表排水系统,使拉陷槽内的地表水顺利排出滑坡体;②在平推式滑坡主要贯通裂隙后侧布置截水沟,拦截地表水,避免水灌入裂隙。

(3) 对于新近发生过滑动的平推式滑坡,由于滑动后滑体较为松散,沉降量较大,故在设计中一方面可通过结构设计增加沟底的柔性,具体做法是在沟底铺设一定厚度的钢筋混凝土板;另一方面也可通过改善沟底土体的力学性能,尽量减少沉降量,具体做法是对沟底做夯实处理。当沟底土体饱和或含水量较大呈流塑状时,常先将水疏干,再采用换土或沟底抛石等方法进行处理。

(4) 在排水沟通过拉陷槽和易汇水地段时，为使坡体内的浅层地下水能顺利汇入排水沟中，可在沟壁每隔一定距离设置一个一定孔径的泄水孔，泄水孔外侧设反滤层。泄水孔的孔径和间距可根据水量确定。泄水孔的位置设置十分重要，过高不易汇集地下水，过低容易引起沟内水倒灌入坡体内，应在掌握坡体的水文地质条件后，再进行有针对性的设计。

(5) 对于多级平推式滑坡，滑坡在解体过程中，局部地段滑块的运动是以沟谷为临空面滑动的，沟侧岩土体可能会对沟壁产生推挤，因此在这种地段可设计采用钢筋混凝土沟壁代替常用的浆砌石沟壁。

(6) 由于部分沟段的沟底纵坡率可能较大，为防止沟底被冲蚀，需进行消能和加糙处理。主要的消能措施为在沟底设计跌水，并加设一定数量的消能井（可以兼起沉沙池的作用）。目前对于坎下水跃的各种水力要素尚无理论计算公式，因此多级跌水阶高的确定常采取经验值，一般不小于 0.2m。加糙方式有矩形梁加糙、人字梁加糙、双人字梁加糙、棋盘式加糙等。可根据施工难易情况，考虑具体采用哪种加糙方式。不同的加糙方式效果有所不同，故在排水沟水力计算时，应先根据所选取的加糙方式计算沟底加糙后的谢才系数，再计算沟底流速和过流量。

(7) 排水沟的出水口段宜砌筑在基岩上，如放置在松散土层上，沟内排出的水很可能逐渐地掏蚀沟底，最终使沟底被局部掏空，从而导致排水沟出水口段产生局部垮塌，排水沟可能被拉断。如受实际条件所限，无法将出口段砌筑在基岩上，则需在出口段设计沟底台座。

2. 地下排水治理措施

地下排水措施是降低滑坡地下水位最直接、最有效的方法。地下排水措施种类很多，常见的有地下排水廊道（平硐）结合竖向排水井群、集水井、仰斜排水管、盲沟（排出浅层地下水）。

地下排水设计的关键是确定排水廊道的布置位置。为了使排水廊道达到良好的排水效果，排水廊道的布置需遵循以下几个基本原则。

(1) 由于地下水基本是从滑体后缘向前缘流动，故应尽量将排水廊道布置在滑体的中后部，以使地下排水廊道的影响范围增大。

(2) 由于排水廊道的作用是拦截并排出滑坡体内的地下水，尽可能地降低坡体内地下水位，因此排水廊道的方向应尽量与地下水流动方向相垂直。

(3) 在宏观上确定了地下排水廊道的位置后，需再根据地下水等水位线对其位置进行细调，最好将其布置在地下水水力梯度由大变小的地方（地下水等水位线由密集变为稀疏的地方），这样更有利于地下水的汇集。

10.2.2.2 多级平推式滑坡防治对策

对于多级平推式滑坡这类成因机制十分独特的滑坡，其防治主要应从防止和避免张开裂缝或拉陷槽内在降雨期间水位达到一定高度方面入手，主要措施有完善地表截排水系统，封填或疏导张开裂缝、槽状地形，汛期加强堰塘放蓄水管理等。

根据多级平推式滑坡的成因机制，滑坡裂隙或拉陷槽内充水，引起静水压力和基底扬压力的升高是促使滑坡产生的主要因素。因此，多级平推式滑坡地表排水工程布置的主要原则如下：在拉陷槽内布置完善的地表排水系统，使拉陷槽内的地表水顺利排出滑坡体；在多级平推式滑坡主要贯通裂隙后侧布置截水沟，拦截地表水，避免水灌入裂隙；封填或疏导已存在的张开裂缝、槽状地形，防止雨水渗入。

10.2.3 早期防治措施

10.2.3.1 早期预警

早期预警措施主要包括：区域性滑坡预警（气象预警）、单体滑坡预警（专业监测预警）和群测群防。区域性滑坡预警主要是通过气象预警来实现的。通过搜集红层地区历史上滑坡发生事件的降雨强度、有效降雨量、累计降雨量、降雨历时等参数，采用数学统计软件和多元回归方法得到川东平缓岩层滑坡发生概率与降雨阈值的关系。单体滑坡预警需要借助专业的仪器和软件平台来实现。地质灾害群测群防工作是广大基层干部群众直接参与地质灾害点的监测和预防，及时捕捉地质灾害前兆、灾体变形、活动信息，迅速发现险情，及时预警自救，减少人员伤亡和经济损失的一种防灾减灾手段。

10.2.3.2 早期防治措施

滑坡的早期防治应"对症下药"，最大限度地消除水对斜坡岩土体的不利影响，采用农田水利设施改造、土地整理、对已发生的变形（裂缝或拉陷槽）进行封填或完全敞开、修建排水系统等措施防止水渗入斜坡体或者将已经渗入斜坡岩土体的地下水顺利排出坡体。

1. 大面积农田斜坡早期防治措施

对于未发生变形的大面积农田斜坡也应做好防治措施（图10-6、图10-7），主要措施包括土地整理和修建截排水系统。

土地整理主要包括土地平整，将较为零散的土地整合成一个整体，具体包括把有陡坎或沟壑的地方填平，可以防止雨水聚集，同时对田地边缘进行加固。土地整理一定要设计好农田的出水口，出水口的位置应与排水沟连通，防止对坡体进行冲刷。降雨时，应将蓄水口完全打开，减少积水自重和形成的有压入渗对斜坡稳定性的影响。例如，南江县红层地区斜坡后缘覆盖层较薄，常能见大面积基岩出露，地表水能直接通过地表裂缝渗入坡体内部，不利于斜坡的稳定性。雨季可以在上面铺一层薄膜，防止水进入，也可以将黏土堆积在上面，并种上农作物，固定坡表，但前提是不能蓄水。

图 10-6　下两镇新桥村农田斜坡　　　　　图 10-7　赶场镇白梁村二潢坪滑坡

截排水系统应因地制宜,结合地形地貌特征,充分利用已有冲沟等进行修建。排水系统包括截水沟和排水沟。截水沟主要修建在斜坡后缘,以横向截水沟为主,防止山体后缘来水流入斜坡体。排水沟则分为纵向排水沟和横向排水沟。如在斜坡体两侧修建较大纵向排水沟,在斜坡体上修建以横向为主、纵向为辅的网状排水沟,保证降雨条件下地表水能通过排水系统顺利排出坡体。排水沟的尺寸应根据区域降雨的特点,保证在极端降雨条件下也能把地表水顺利排出坡表,不造成地表水汇集。

2. 土质滑坡早期防治措施

与岩质滑坡变形相比,土质滑坡变形量相对较小,长期处于蠕滑变形阶段,目前仍然较稳定,如南江县赶场镇白梁村二潢坪滑坡(图10-8、图10-9)。对于这类滑坡,主要是对斜坡上的裂缝进行封填,在滑坡体上修建截、排水系统。同时,在雨季,尤其是在暴雨期间,应安排专人进行巡查,出现明显变形破坏时,应组织人员撤离。

图 10-8　二潢坪滑坡坡体裂缝(1)　　　　　图 10-9　二潢坪滑坡坡体裂缝(2)

3. 岩质斜坡(滑坡)早期防治措施

1) 古滑坡早期防治措施

平缓岩层滑坡一部分是古滑坡的复活,古滑坡后缘常形成古拉陷槽,部分被土体充填后容易形成洼地(图 10-10、图 10-11),在降雨期间,低洼地区常形成汇水区域,成为天然"蓄水池",是地表水渗入坡体的重要通道,对斜坡稳定性极为不利。因此,对这类拉陷槽应引起注意。

图 10-10　南江县高桥乡窑厂坪滑坡后缘洼地　　　图 10-11　大毛院滑坡后缘拉陷槽

对于古滑坡的早期防治应坚持截水和排水的原则。在古拉陷槽的后缘修建截、排水沟,对拉陷槽进行封填。对于不能完全封填,防止地表水入渗的,应将拉陷槽两侧岩土体敞开,使之不能蓄水。

2) 板梁状平推式滑坡早期防治措施

板柱状结构岩体陡倾岩质斜坡中如果发育与临空面近平行的近竖向结构面(图 10-12 和图 10-13),则容易发生板梁状平推式滑坡。这类滑坡的早期防治可以将较窄的地表裂缝封填,对表面进行夯实,防止雨水下渗。较宽的、不能完全封填的裂缝应将两侧完全敞开,与外界相连,减少水的蓄积。没有水头的作用,这类斜坡岩体也就很难发生破坏。

图 10-12　板柱状结构岩体　　　　　　　图 10-13　被泥质充填的竖向裂缝

3) 具有早期裂缝变形的滑坡早期防治措施

红层地区平缓岩层滑坡在失稳前会存在不同变形程度的裂缝(图 10-14、图 10-15),这类裂缝由于张开度不大,常被杂草掩盖,隐蔽性极高,往往成为引起滑坡失稳的重要因素,应引起重视。

图 10-14　陈家梁滑坡后缘拉裂缝　　　　图 10-15　大毛院滑坡后缘坡表揭露裂缝

由于这类裂缝张开度不大，可以用黏土对裂缝进行封填，对表面进行夯实，并用水泥抹面。对于张开度太大，不好封填的，应在裂缝两侧修建排水沟、出水口，以能把裂缝内的蓄水完全排出为原则。在裂缝后缘修建截水沟，阻止地表水流入拉裂缝内。

4）规范人类工程活动

人类工程活动是导致质滑坡发生的另一因素。部分滑坡前缘由于修建道路或房屋，对斜坡切坡，形成高边坡，不仅为滑坡的发生提供了良好的临空面，而且改变了岩体内部的应力状态，使得岩体向临空面发生卸荷变形，形成一系列与临空面近平行的竖向陡倾裂隙。当前缘切穿岩体中存在软弱夹层时，在降雨作用下，上部岩体极易沿软弱夹层发生顺层滑动。因此，在进行边坡开挖时，应提前做好勘察工作，若开挖坡面将切穿软弱夹层时，应做好支护措施。岩体内有多层软弱夹层时，应做到预支护和分层支护，锚杆（索）和抗滑桩的嵌固段应在开挖前缘临空面最里层软弱夹层以下的岩体内。

10.3　大型红层滑坡防治与利用案例

10.3.1　四川省宣汉县天台乡滑坡防治与利用

10.3.1.1　滑坡治理工程主要措施

根据天台乡滑坡的成因机制、稳定性现状及其发展趋势，制定了坡面平整＋排水工程（地表和地下排水工程）＋支挡工程（抗滑桩和桩板墙支挡）的治理方案（图 10-16），从而实现对滑坡体的综合防治和土地的恢复与利用。

1. 坡面平整工程

滑坡发生后，滑坡区岩土体分块解体现象非常明显，滑坡陡坎（壁）、突出的山包、脊、拉陷槽和凹塘等广泛分布，这些都给地表排水工程的实施带了一定的困难，为了便于地表排水系统的实施、避免坡面积水，同时实现滑坡区土地资源的恢复与利用，需进行坡面平整工程。坡面平整工程总体方案如下：对滑坡区的脊和突出的山包做适当的削方，并就近回填到附近的拉陷槽、凹塘和大的裂缝内，同时对回填土表层和裂缝发育部位进行黏土覆盖和碾压夯实。坡面平整以保证地表排水系统能有效实施，排水顺畅，并尽量避免坡面出现积水凹地为主要原则。坡面平整工程的土体积约为 18 万 m³（图 10-17）。通过坡面平整结合地表排水工程，可大大降低地表水的入渗量，从而有效地控制坡体内的地下水位。

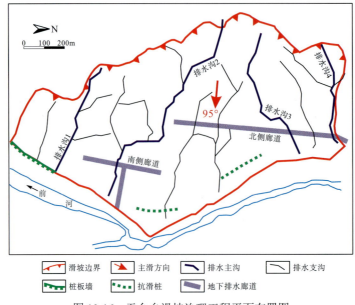

图 10-16 天台乡滑坡治理工程平面布置图

图 10-17 坡面平整工程施工

2. 地表排水工程

针对天台乡滑坡这类由水诱发的滑坡，应坚持"治坡先治水，以排水措施为主"的治理原则。合理的排水设计是确保该滑坡体能成功治理的关键。首先疏通滑坡区原有的 4 条纵向大冲沟，将其改建成大断面的 4 条排水主沟，再根据坡面平整后的地形条件，布置 16 条排水支沟，与 4 条排水主沟构成网状地表排水系统，如图 10-18 所示。

图 10-18　地表排水工程施工

3. 地下排水工程

天台乡滑坡发生后，滑体泥岩层严重解体，滑体土变得异常松散，使其与滑床砂岩层相比，反而成为相对透水层。根据勘查阶段的钻孔揭露，滑坡发生后，坡体内地下水含量非常丰富，大部分区域地下水头高度约为滑体厚度的 1/3。滑坡体的前部地下水位更是接近地表，并出现片状积水和湿地。在滑坡前缘陡坎部位滑体与滑床砂岩接触带可见大量的地下水呈散流状涌出。因此，为了尽可能地降低滑体中的地下水位，设计了地下排水工程。

在滑床砂岩层中设置南侧和北侧两条地下排水廊道，在排水廊道硐顶布置竖向排水井群。南侧排水廊道平面上布置成 T 字形，北侧廊道平面上布置成直线形(图 10-19)。排水廊道总长约 1500m，设计为高 1.8m、宽 1.5m 的矩形截面。考虑到滑床砂岩本身较完整，廊道采用毛硐，仅在局部破碎地段做适当支护。排水廊道硐顶的垂直排水井群(幕)孔间距为 15m，设计孔径为 220mm，中置 108mm 的排水花管，在孔壁与花管之间的环形空间投放砂砾石透水层。

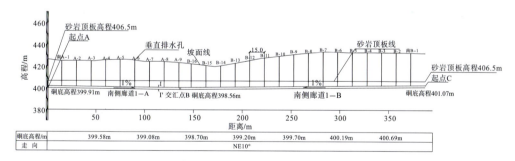

(a) 南侧排水廊道纵断面设计图

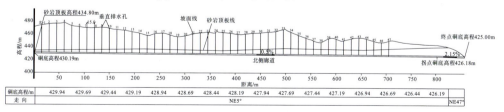

(b) 北侧排水廊道纵断面设计图

图 10-19　地下排水廊道设计图

4. 抗滑桩工程

以滑体各部位稳定性及推力计算结果为依据，并参考勘查期间的监测结果，在滑坡体前缘中部地段及滑坡体北侧各布置一排抗滑桩(图 10-20)。根据滑坡不同部位基岩埋深的不同，共设计Ⅰ型～Ⅳ型 4 种抗滑桩，桩截面尺寸均为 2m(宽)×3m(高)。Ⅰ型抗滑桩长 30m，受荷段长 21m，桩间距为 6m，共 24 根；Ⅱ型抗滑桩长 30m，受荷段长 20m，桩间距为 8m，共 6 根；Ⅲ型抗滑桩长 34m，受荷段长 24m，桩间距为 8m，共 4 根；Ⅳ型抗滑桩长 25m，受荷段长 17m，桩间距为 8m，共 32 根。各型桩共计 66 根。

图 10-20　抗滑桩工程施工

图 10-21　桩板墙工程施工

5. 桩板墙工程

虽然滑体右侧厚度较小(5m 左右)，但因滑体含水量较高，且临空条件较好，监测结果表明其前缘处于蠕滑状态。为了保证其稳定性和公路的安全，采用桩板墙(抗滑桩与桩间挡土板现浇)对其进行治理。根据滑体厚度的不同，设计了 4 种类型的抗滑桩，共 27 根。桩长分别为 6m、8m、10m 和 12m，桩截面尺寸为 1.25m(宽)×1.5m(高)。桩间挡土板采用现浇钢筋混凝土板，板高为 4～8m，板厚为 300mm。为防止板后积水，在挡土板上设置泄水孔，孔径为 6cm，水平间距为 2m，竖直间距为 1m，板后铺设砂砾石反滤层，避免泄水孔堵塞，如图 10-21 所示。

10.3.1.2　治理效果及土地恢复与利用

天台乡滑坡的治理工程主体部分于 2005 年 5 月基本完成，到目前为止，已经历了多次不同强度的暴雨和洪水的考验，证明了治理工程效果显著，其中排水工程在整个滑坡治理工程中至关重要，直接决定着整个治理工程的效果。

1. 地表排水工程效果

在 2005 年 7 月 8 日暴雨期间，地表排水系统发挥了应有的作用。据当地村民讲，暴雨过程中滑坡北侧边界处排水沟 4 的水深距沟岸仅约 0.7m，过流量较大，发挥了较好的排水作用。其他主排水沟暴雨时的过流量也较大。此外，由于滑坡堆积层中的潜水水位较高，土体的含水率很大，因此排水沟两侧壁的泄水孔常有成股地下水涌出，起到了很好的排出浅层地下水的作用(图 10-22)。

图 10-22　地表排水效果

2. 地下排水工程效果

天台乡滑坡的地下排水工程于 2005 年 8 月完工。排水效果较好，特别是北侧排水廊道，据现场估测，汛期排水量为 3～5L/s(图 10-23)。

图 10-23　地下排水工程排水效果

3. 坡面平整工程效果

经过坡面平整以后，杂乱分布山包、脊、拉陷槽和深坑等滑坡地貌变为了坡度均匀的斜坡。为了便于土地利用，将坡面进一步整理为台阶状。滑坡治理以后多年以来，当地居民在滑坡体上逐步恢复了耕种，如图 10-24 所示。

图 10-24 坡面平整工程效果

4. 天台乡滑坡土地恢复与利用现状

滑坡利用的前提是滑坡成功治理,并且已经通过了长时间的检验,有较高的安全性。其次,利用治理后的滑坡必须科学评价,合理规划。天台乡滑坡周边不宜规划大挖大填的建设工程项目,治理后多年以来,当地政府科学利用治理后的滑坡体,规划的各类产业项目对地质环境的影响均降到了最低。当地政府将天台乡滑坡与周边土地连片,打造农旅结合示范区,大力发展生态产业,如今已在滑坡体上种植核桃 600 亩、冬枣 500 亩、桃 400 亩、苗圃 300 亩、雪莲果 100 亩,修建了天台公园、羊场、养鸡场和农家乐。曾经的滑坡体如今已成为当地群众脱贫致富的产业园和风景区。天台乡滑坡现状风貌如图 10-25 所示。

图 10-25　天台乡滑坡现状风貌

10.3.2　四川省南江县断渠滑坡规划利用

10.3.2.1　滑坡概况

四川省南江县断渠滑坡为一缓倾岩层古滑坡，地层产状为 165°～171°∠14°～16°。该滑坡位于南江县城北部碾盘坝单斜山体西南角 SSE 倾向斜坡，现场地貌特征如图 10-26 所示。滑坡发育多级宽大拉陷槽，断渠因滑坡的拉陷槽而得名。20 世纪 70 年代末 80 年代初，断渠滑坡陆续发现了原始人的砾石场和生物化石，同时还出土了一大批石锄、石斧等新石器时代的石器和陶片，说明自新石器时代开始断渠古滑坡就已存在。自有文献记载以来，断渠古滑坡还未出现过大规模的变形，因而成为历史上人类的重要活动场所，留下大量历史文化遗迹，其中包括北宋"三春寨"和"四方寨"、清朝"大衙门"、二战时期红军疗养地等著名遗迹。1995 年以断渠滑坡中上部巨大拉陷槽为主体修建了断渠公园，公园内人工改造较小，基本保持了古滑坡下滑后的地形地貌。

图 10-26　滑坡区地貌特征

10.3.2.2　滑坡基本特征

1. 滑坡形态规模特征

滑坡后缘总体上以分水岭为界，后缘右侧与龙华寺下方 LXC1 拉陷槽相接，左侧与 LXC3 拉陷槽相接。右侧边界沿 LXC1 分布，向下方延伸直至南江河。左侧边界沿 LXC3

拉陷槽分布，向下方延伸直抵石船沟。滑坡前缘大部分区域进入南江河和石船沟。滑坡正射影像图如图 10-27 所示。

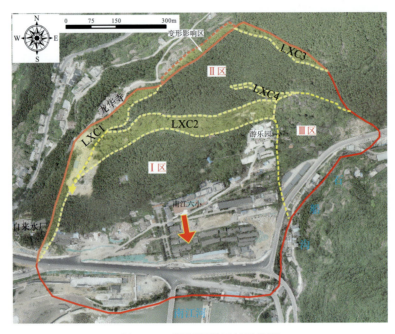

图 10-27 断渠滑坡正射影像图

滑坡主滑方向约为 171°～175°。整体上平面呈不规则五边形，上窄下宽。纵向上呈分离的块状，滑坡前缘高程大致为 480m，后缘高程为 650m，相对高差约为 170m，滑坡前缘宽度约为 920m，后缘宽度为 470m，轴向纵长为 360～580m，平均厚度为 25m，滑坡区总面积约为 36.17 万 m^2，总体积约为 904 万 m^3，为一大型岩质古滑坡。

2. 滑坡变形特征

自有文献记载以来，断渠滑坡尚未出现过明显的变形。现存的变形破坏特征是多年前古滑坡整体滑移时产生的。滑坡区内分布了 4 条拉陷槽，将滑坡分割为 3 个变形区：Ⅰ区——整体滑移区；Ⅱ区——牵引变形区；Ⅲ区——滑移拉裂变形区，如图 10-27 所示。各条拉陷槽特征统计见表 10-1。

表 10-1 拉陷槽特征统计

拉陷槽编号	延伸方向	延伸长度/m	深度/m	宽度/m	其他特征
LXC1	NE49°～24°	500	5～12	41～5	北东端宽 30m 左右，龙华寺下方宽 41m，自来水厂附近减小为 5m 左右
LXC2	NE79°	480	9～25	35～59	槽内残留大量倾倒或矗立巨石、石柱
LXC3	SE63°	230	15～20	11～23.5	北西侧深且宽阔，东南方向逐渐变窄直至湮灭
LXC4	SE80°	180	8～13	19～3	南东端宽，向北西方向逐渐变窄成裂缝直至消失

3. 滑体物质组成

滑体总体上是由侏罗系沙溪庙组二段(J_2s^2)辫状河沉积相浅黄—浅灰巨厚层长石石英砂岩组成,厚度为22~10m,底部多数含侏罗系沙溪庙组一段(J_2s^1)滨湖相—泛滥平原亚相灰绿色—紫红色粉砂质泥岩及泥质砂岩互层,厚度为1~7.5m,滑体厚度为22~30m。岩性组合特征如图10-28所示。

图10-28 断渠滑坡地层岩性组合特征

4. 软弱夹层及滑带土特征

通过调查发现在滑坡周边不同层位存在7处软弱夹层,如图10-29所示。其中,对滑坡形成演化影响最大的是分布在J_2s^2层和J_2s^1层附近的D、E、F和G层间剪切带。

从钻探揭露情况来看,在滑体中后部滑带主要沿软弱夹层D分布,在滑坡中前部总体上沿软弱夹层G分布。滑带由粉质黏土夹碎砾石组成。物质组成的变化规律是从后缘到前缘滑带黏粒含量逐渐增大,具有一定磨圆程度的碎砾石含量增大,滑带附近滑体岩芯的完整性降低。断渠滑坡滑带特征如图10-30所示。

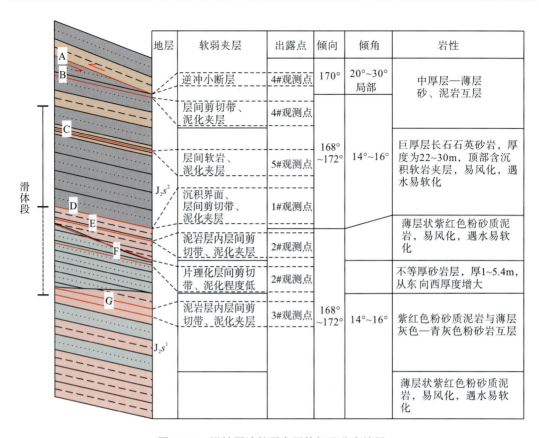

图 10-29 滑坡周边软弱夹层特征及分布地层

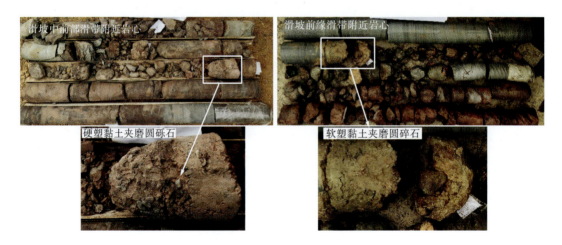

图 10-30 断渠滑坡滑带特征

10.3.2.3 断渠滑坡利用与城市规划的结合

1. 断渠滑坡与城市土地利用规划的空间关系

断渠滑坡位于南江县城市总体规划中的断渠—马跃溪规划片区中。断渠—马跃溪片区在南江县城市总体规划中定位为南江县城北入城区的一片门户型片区,是集旅游服务、生态居住、商贸商业、文化体验、滨水休闲于一体的综合片区。根据《南江县断渠—马跃溪片区控制性详细规划》,在断渠滑坡及周边将规划二类居住用地(R)、公共管理与公共服务设施用地(A)、商业服务业设施用地(B)、公用设施用地(U)、绿地与广场用地(G)、道路与交通设施用地(S)等建设用地(图10-31),属于人口密集区域。

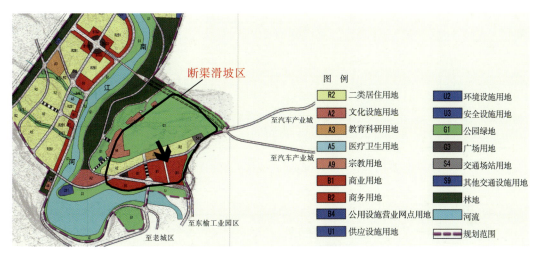

图 10-31　断渠滑坡与周边土地利用规划布局的空间关系

(参考《南江县断渠—马跃溪片区控制性详细规划》)

山区城镇建设规划的实施,应充分论证地质环境承载能力,对不良地质现象发育的区域,应严格控制城市建设,避开建设不利地段,杜绝人为活动诱发或加剧地质灾害的发生。断渠古滑坡的稳定性对整个规划片区具有举足轻重的影响,因此需要对断渠滑坡的稳定性现状、规划建设工程的实施对滑坡可能产生的影响进行分析评价,对断渠滑坡及其周边土地可利用性进行分析,提出相关建议,为该片区的土地利用规划与实施提供依据。

2. 断渠滑坡稳定性分析评价

对断渠滑坡的稳定性进行计算发现,断渠滑坡在开挖前整体处于稳定状态,部分剖面安全储备不高,在暴雨工况下处于基本稳定状态。结合规划区中即将开挖的地块,设定开挖体积逐步增加的开挖方案,进一步分析不同开挖方案下滑坡的稳定性变化趋势。选取1-1′、2-2′、5-5′、6-6′、7-7′共5个剖面作为稳定性计算剖面,各剖面不同开挖方案的计算模型见表10-2,计算剖面分布如图10-32所示。

经过计算得到各个剖面稳定性系数的变化情况,暴雨工况下不同开挖方案滑坡的稳定性系数统计如图10-33所示。

表 10-2　不同开挖方案剖面条分图

计算剖面	开挖方案 1	开挖方案 2
1-1′		
2-2′		
5-5′		
6-6′		
7-7′		

计算剖面	开挖方案 3	开挖方案 4
1-1′		
2-2′		
5-5′		
6-6′		
7-7′		

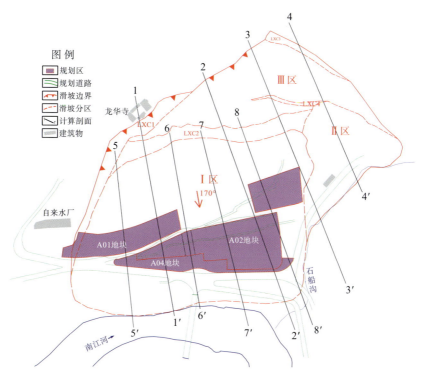

图 10-32 断渠滑坡稳定性计算剖面与规划地块分布

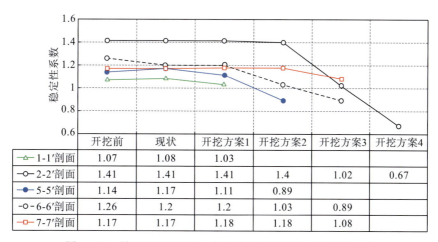

图 10-33 暴雨工况下不同开挖方案滑坡稳定性系数变化曲线

计算结果显示，若采用浅层阶梯状开挖的方式，对滑坡的稳定性影响相对较小；若增加开挖量，将整个规划区开挖至平台，对滑坡的稳定性将产生较大的不良影响。此外，当开挖量过大时，开挖面有可能导致滑体厚度过小，甚至切穿滑体，从而导致上部滑体从开挖处整体滑动剪出。

3. 场地规划利用建议

断渠滑坡为一大型顺层岩质古滑坡，原则上讲，断渠滑坡区并不适宜于作为建设用地进行规划利用，稳定性计算结果也显示，在暴雨工况下断渠滑坡的安全储备不高，部分区域仅处于基本稳定状态。因此，应尽量避免在断渠滑坡区域开展工程建设，尤其是不能进行对滑坡区稳定性产生显著影响的大挖、大填等剧烈的人类工程活动。

根据滑坡稳定性和推力计算结果，可对滑坡的抗滑段和下滑段进行分段，如图10-34所示。由此可得到抗滑段和下滑段在平面上的分布范围，如图10-35所示。图中，抗滑段分布区应严禁开挖和卸载，即为禁止挖方区；下滑段分布区应限制开挖深度，尤其是应严禁挖穿坡体中厚层砂岩，防止其切层剪断和滑出，同时应限制在此区域进行大范围堆填、修建高大建筑和荷载较大的基础设施，避免进一步增加下滑力，降低坡体的稳定性，为此将其确定为限制挖填区。

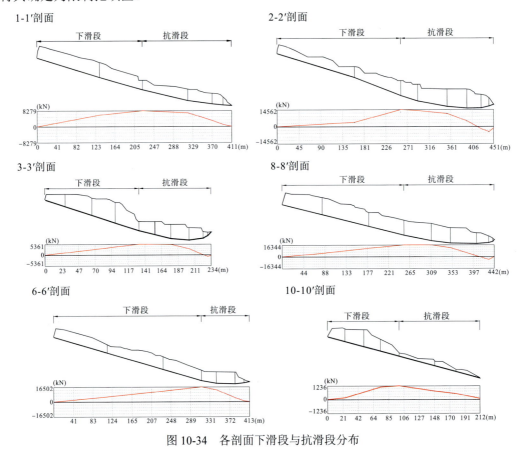

图10-34 各剖面下滑段与抗滑段分布

结合现阶段已有的土地利用规划，对断渠滑坡今后的土地利用提出如下具体建议。

(1) 限制挖填区：避免大挖、大填、修建高大建筑及荷载较大的设施。

①限制开挖深度，禁止开挖穿透砂岩层揭露下伏软弱层。已开挖区不宜继续增加开挖深度，在已开挖的基础上平整场地，规划使用。或者小规模浅层分级开挖和科学规划利用。

②应禁止堆填加载或在其上修建附加荷载较大的建构筑物，建议区内规划为公园绿地、广场用地等附加荷载较小的建设用地。

图 10-35 限制挖填区域禁止挖方区分布

(2)禁止挖方区：严禁开挖卸载。在滑坡前缘临河段挖方将显著降低滑坡的抗滑力和整体稳定性，因此应严禁在此区域内实施挖方作业。已开挖区应停止开挖，在已开挖的基础上平整场地，科学规划利用。

(3)其他建议。

①若确实因土地资源紧张，需要利用断渠滑坡区作为建设用地，建议先对断渠滑坡实施专项抗滑支挡工程，在人为提高滑坡稳定性保证安全的前提下，重新进行滑坡区土地利用规划和实施相关的挖填方工程。

②滑坡Ⅱ区、Ⅲ区及拉陷槽(LXC)区域建议维持现状。断渠滑坡Ⅰ区、Ⅲ区目前处于非常低速的缓慢蠕滑阶段，均有轻微的变形发生，其中滑坡Ⅲ区变形相对略强烈。Ⅱ区通过论证认为其整体安全储备较低，临空条件较好。

③禁止实施爆破、强夯等产生强烈振动的施工。

④加强滑坡区岩土体变形的监测预警，一旦出现明显变形，应启动应急预案。

⑤加强地表排水系统建设，减少地表水和降雨下渗。

⑥断渠滑坡及其周边场地不宜作为应急避难救助场所。

10.3.3 贵州省贵阳市南明区红岩地块滑坡分析与规划利用

10.3.3.1 场地概况

红岩地块位于贵州省贵阳市南明区，场地规划了006、007和008共3个地块，如

图 10-36 所示。006、007 地块共布置 65 个分项建筑物，其中包含高层住宅、公租房、多层洋房、住宅配置、幼儿园、小学及初级中学。008 地块布置建筑总栋数为 34 栋，其中包含高层住宅、多层住宅、酒店、商业区及幼儿园。

图 10-36　场地规划地块分布

在场地平整施工过程中，已完工的边坡支护工程和边坡斜坡表面出现了大量的变形破坏现象，并且不断发展壮大，边坡出现整体下滑失稳的趋势。相关单位立即开展了详细调查，发现在 007 和 008 地块内分布了 4 处规模不等的新滑坡(HP1～HP4)及 1 处强烈变形区(YXQ)，如图 10-37(a)所示。经过仔细分析后认为，4 处新滑坡实际上是老滑坡的局部复活，通过进一步的勘查揭露和深入研究论证，判断场地内存在 4 处老滑坡，具体分布如图 10-37(b)所示。

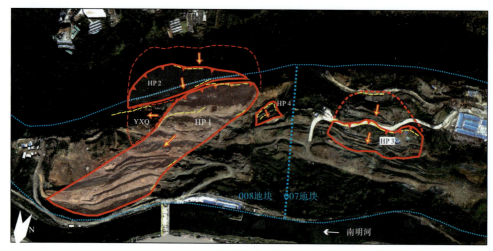

(a) 新滑坡平面分布

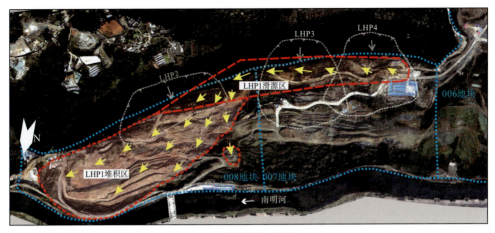

(b) 老滑坡平面分布

图 10-37　场地内滑坡分布平面图

10.3.3.2　老滑坡基本特征与分析

1. 基本地质条件

场地内基岩地层为泥盆系蟒山群（Dms）和志留系高寨田群（Sgz）。蟒山群岩性以厚层石英砂岩夹泥页岩为主，高寨田群岩性总体上为灰岩、泥灰岩、泥页岩和砂岩互层，但岩性组合变化较大。将场地内的地层进一步细分为10组岩性，见表10-3。场地内地层岩性分布如图10-38所示。经过反复对比分析判断后认为老滑体的发育地层为⑩层～⑦层顶面[图10-38(b)]。

表 10-3　地层岩性分组简表

系	地层名		代号	柱状图	岩性描述	地层划分
泥盆系	蟒山群		Dms		淡红色薄-中厚层细粒石英砂岩，夹少量页岩底部灰白、灰黄色薄-中厚层细粒石英砂岩，夹少量页岩，少量出露	⑩
志留系	高寨田群上亚段	四段	Sgz^{2-4}		灰黄色薄-中厚层细粒砂岩、粉砂岩、夹页岩或黏土岩	⑨
		三段	Sgz^{2-3}		上部为灰色薄-中厚层灰岩，中部为介壳灰岩底部为黄色砂质泥岩夹深灰色泥页岩	⑧
					顶部为灰绿、灰黄色薄层砂质黏土岩及页岩，夹钙质粉砂岩和灰岩透镜体，下部为泥灰岩夹黏土岩	⑦
					灰绿、灰黄色薄层砂质黏土岩及页岩，夹钙质粉砂岩和灰岩透镜体	⑥

续表

系	地层名	代号	柱状图	岩性描述	地层划分
志留系	高寨田群下亚段	二段	Sgz^{2-2}		灰、灰黄色薄-中厚层生物碎屑灰岩与灰绿、紫灰色泥灰岩或黏土岩不等厚互层	⑤
		一段	Sgz^{2-1}		深灰、灰绿色及灰紫色薄层含粉砂质黏土岩、页岩,夹钙质黏土岩及砂质泥灰岩	④
		三段	Sgz^{1-3}		灰绿、黄灰色薄层钙质粉砂岩,夹粉砂质黏土岩	③②
			Sgz^{1-2}		灰绿、青灰、略带紫红色薄-中厚层生物碎屑泥灰岩,夹泥质灰岩	①

场地内斜坡倾向为3°～30°,平面呈凹形。场地内基岩地层产状为140°～160°∠15°～25°。坡体结构总体上属于反倾坡。

2. LHP1 滑坡基本特征

1) 规模形态特征

LHP1 是场地内最大规模的老滑坡。滑源区主要分布于 007 地块上部,滑坡堆积区主要位于 008 地块,如图 10-37(b)所示。LHP1 滑源区总体呈沿 NEE 方向延伸的长条形,滑源区纵长约为 692m,横长为 70～100m,面积约为 6.3 万 m^2。滑源区存在少量滑体残留被 LHP2、LHP3 和 LHP4 覆盖。LHP1 堆积区纵长约为 800m,横长约为 205m,面积约为 15 万 m^2,厚度为 20～55m,体积约为 550 万 m^3。LHP1 堆积区剖面形态如图 10-39 所示;剖面分布如图 10-40 所示。

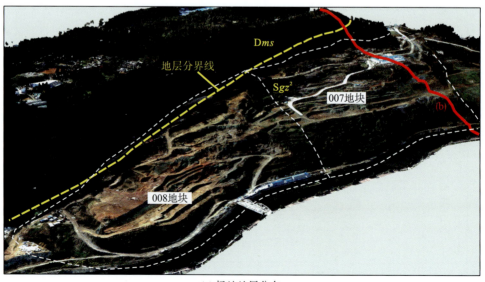

(a) 场地地层分布

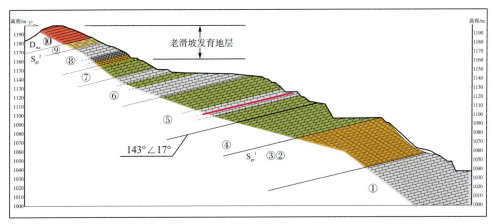

(b) 岩性分组地质剖面

图 10-38 场地内地层岩性分布

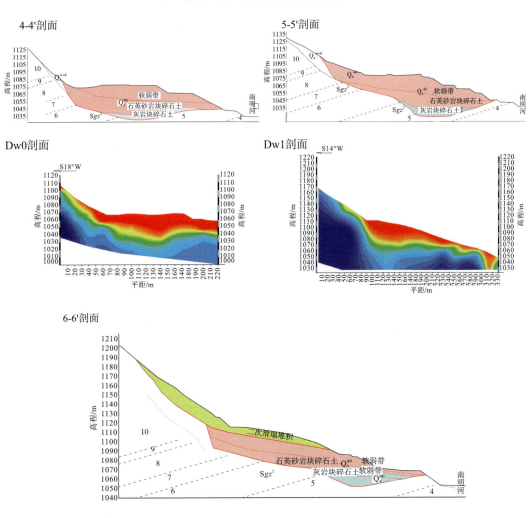

图 10-39 LHP1 滑坡堆积区工程地质剖面及物探剖面图

2)物质组成与结构特征

滑坡堆积区可分为 LHP1-1 区、LHP1-2 区和 LHP1-3 区,平面分区如图 10-40 所示。其中,LHP1-1 区主要为浅红色石英砂岩堆积区,物质来源于滑源区第⑩段地层;LHP1-2 区主要为灰黄色粉砂岩—砂质泥岩堆积区,物质来源于滑源区⑨段地层;LHP1-3 区主要为生物碎屑灰岩堆积区,物质来源于滑源区⑧段地层。

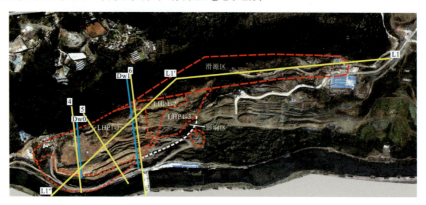

图 10-40 LHP1 滑坡堆积区分区

LHP1-1 区大量保持了原有层状结构,仅从外观难以分辨其为基岩还是滑坡堆积体,但是岩层产状与基岩产状差距较大,如图 10-41(a)所示。008 地块的边坡开挖揭露了滑坡构造特征,显示了滑坡堆积体下滑停积过程受到了从后部滑体传递而来的 NE 向的推挤作用,从后向前依次形成了层间错动逆冲破裂[图 10-41(b)]、背斜褶曲构造[10-41(c)]、向斜褶曲构造[图 10-41(d)]。在堆积区边缘因滑体停积过程中压应力集中,表现出明显的劈理化特点,如图 10-41(e)和图 10-41(f)所示。

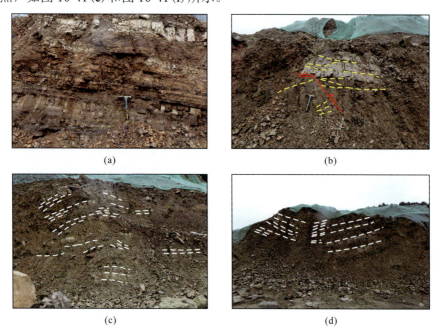

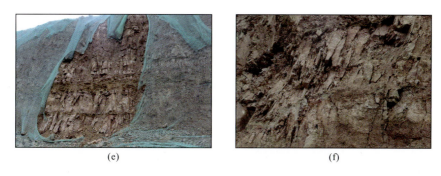

图 10-41　LHP1-1 区堆积体结构特征

LHP1-2 区为⑨段灰黄色粉砂岩—砂质泥岩堆积区。该段岩层原始厚度不大，在堆积区平面上大致呈带状分布。在堆积区中部可见部分呈层状结构，与上覆石英砂岩及下伏灰岩呈连续接触的关系，如图 10-42(a) 和图 10-42(b) 所示。⑨段岩层内含薄层状浅黄色、青灰色泥页岩或黏土岩，在长期地下水作用下形成浅黄色、青灰色交替的黏土，如图 10-42(c) 和图 10-42(d) 所示。

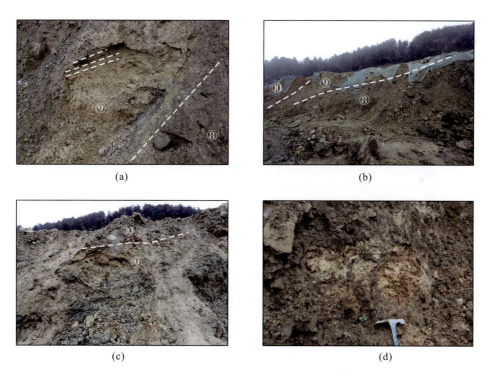

图 10-42　LHP1-2 区堆积体结构特征

LHP1-3 堆积区主要物质来源为⑧段厚层灰岩夹薄层状泥页岩。灰岩滑体保持厚层状结构，岩体产状从原始倾向 SE 向转变为倾向 NE～NEE 向，如图 10-43 所示。受堆积体下滑影响，下伏⑤段基岩受到强烈扰动，在堆积体边界形成基岩扰动带，产状产生大量偏转。

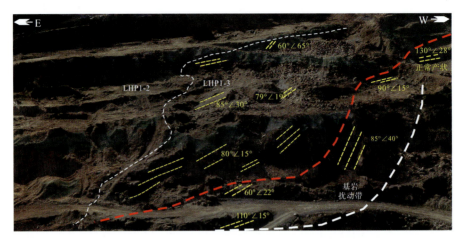

图 10-43 LHP1-3 堆积体及其周边岩体结构特征

在 LHP1 堆积体边界经过开挖揭露了两处滑坡堆积体与滑床的接触关系，滑床均为⑤段灰黄色中层—薄层灰岩与深灰色泥灰岩互层。图 10-44 位于 LHP1-2 区边界，滑体来自⑨段底部浅黄色石英砂岩。老滑坡滑动过程中强烈的摩擦作用使靠近滑体底部的滑床形成揉搓变形带，中层—薄层状岩体产生了明显的褶曲变形，局部还产生了类似于褶皱弯流作用的物质流动使岩层厚度产生了变化。

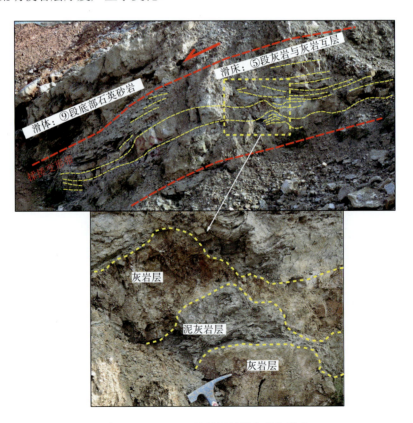

图 10-44 LHP1-2 边界滑坡堆积体与滑床

图 10-45 位于 LHP1-3 区边界，滑体来自⑧段底部黄色灰质砂岩，强度较高。滑床为深灰色泥灰岩，易于软化泥化。该处滑床顶部同样分布了一层揉皱变形带。现场可见滑动带内部的镜面擦痕及滑体底部的镜面擦痕。过长时期地下水作用滑体与滑床之间的摩擦层已泥化形成了厚度约为 20cm 的灰黄色黏土层滑动带。

图 10-45　LHP1-3 边界滑坡堆积体与滑床

3. LHP1 滑坡成因机理

LHP1 滑坡为视向滑移型滑坡，属于顺层滑坡的一类。从斜坡变形到滑坡启动下滑经历了底滑面蠕变→压缩关键块体→关键块体脆性剪切破坏→整体失稳几个阶段。

(1) 变形块体以⑦段顶面软岩为底界沿岩层倾向(140°左右)产生缓慢蠕变。随着变形向斜坡内部传递，变形受到山体阻挡，应力方向从与坡向大角度相交逐步向坡外偏转，如图 10-46 所示。

(2) 经过长时期蠕变的发展，变形块体推挤前缘关键块体，应力大量集中于前缘，关键块体产生压缩破坏。

(3) 随着下滑力的不断增大，关键块体在转角处沿节理面发生脆性剪切破坏，形成第二破裂面。

(4) 当关键块体被压碎后，滑体失去支撑，长期积蓄的能量得以释放，变形块体突破关键块体整体失稳，经过长距离运动堆积于 008 地块。

图 10-46 LHP1 滑坡运动方向偏转示意图

以图 10-46 中 L1-L1′-L1″剖面为例，LHP1 滑坡滑动前后示意图如图 10-47 所示。

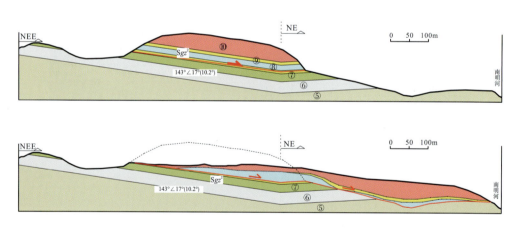

图 10-47 L1-L1′-L1″剖面滑动前后示意图

4. LHP2、LHP3 及 LHP4 形成演化过程

LHP1 滑坡产生大规模滑动后，滑源区形成长条形凹腔形态，凹腔内残留部分 LHP1 滑体，内侧形成高陡岩壁，坡面倾向坡外，如图 10-48(a)所示。陡壁一定深度范围内岩体受 LHP1 滑坡扰动，产状产生大幅偏转，倾向坡外，如图 10-48(b)所示。据大量滑源区平硐揭露，目前基岩陡壁仍然存在大量岩层产状倾向坡外的现象。受扰动后的滑源区内侧陡壁向临空面方向产生 3 处二次滑塌，滑动方向与斜坡整体坡向接近，形成了 LHP2、LHP3 及 LHP4 滑坡，如图 10-48(c)所示。

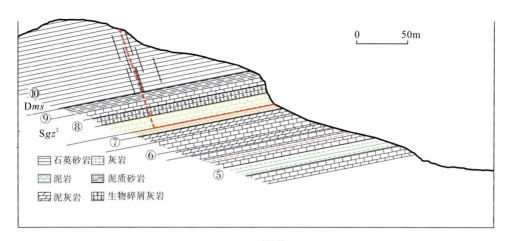

(a) LHP1下滑前

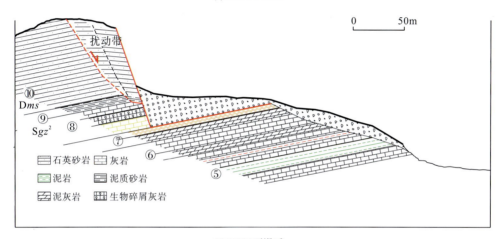

(b) LHP1下滑后

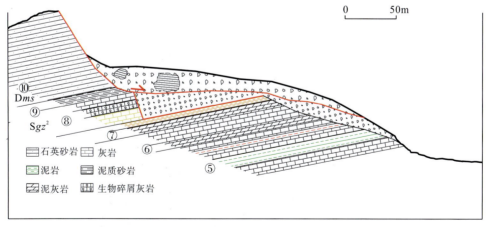

(c) 滑源区二次滑塌

图 10-48　LHP2、LHP3 及 LHP4 滑坡堆积形成演化过程示意图

10.3.3.3 新滑坡基本特征与分析

1. 新滑坡基本特征

场地内存在4处新滑坡,编号分别为HP1～HP4,平面分布如图10-37(a)所示;基本特征统计见表10-4。包括1处大型滑坡(HP1)、两处中型滑坡(HP2、HP3)、1处小型滑坡(HP4)和1处强烈变形区(YXQ)。其中,HP1、HP2和YXQ对场地内的工程建设影响最大。HP1为LHP1堆积体的局部复活,HP2是LHP2的局部复活,HP3、HP4为浅层覆盖层变形。

表10-4 新滑坡基本特征统计

编号	面积/m²	厚度/m	体积/m³	规模	主滑方向/(°)	平均坡度/(°)	变形模式
HP1	70000	12～18	100万	大型	30	19	推移式
HP2	30000	15	45万	中型	345	43	牵引式
HP3	40000	5～12	30万	中型	325	27	牵引式
HP4	1200	5	6000	小型	3	33	推移式

2. HP1滑坡、HP2滑坡及YXQ变形区成因机理

HP1滑坡、HP2滑坡及YXQ变形区的分布如图10-49所示。三者之间存在紧密的力学联系。场地内的开挖无疑是致使滑坡和变形产生的主要诱因,首先导致HP1滑坡产生变形。根据勘查揭露和深部位移监测成果显示,HP1滑坡是沿LHP1堆积体中第⑧段灰岩岩体内部的软弱层产生滑动,如图10-50所示。前文已述⑧段堆积体层面整体倾向NEE方向,即滑坡的右侧,因此HP1滑体向右侧挤压形成了YXQ影响区。随着变形的进一步发展,HP1逐步分离为HP1-1区和HP1-2区,HP1-2区表现出以沉降变形为主。HP1的变形为后部松散堆积体陡坡提供了变形空间,导致LHP2局部复活形成HP2滑坡。

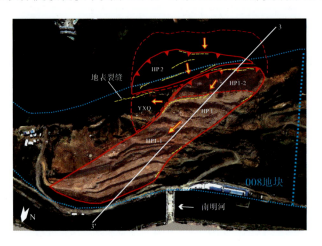

图10-49 HP1滑坡、HP2滑坡及YXQ变形区平面图

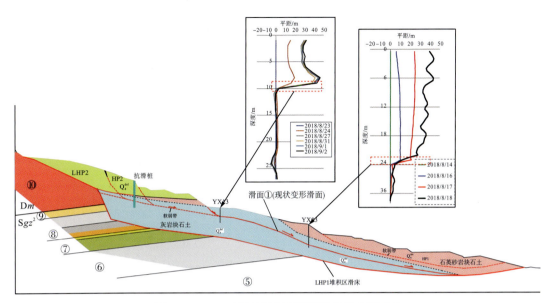

图 10-50　3-3′工程地质剖面及深部位移监测成果

3. HP1 滑坡稳定性现状分析

以 3-3′剖面作为 HP1 滑坡的稳定性计算评价剖面，选取天然工况和暴雨工况作为计算工况。除了深部位移监测探测到的滑面作为滑面①，LHP1 滑坡堆积体内部还存在多个潜在滑面：滑面②为石英砂岩块石土内部软弱层；滑面③为石英砂岩岩层与灰岩接触带的软弱层；滑面④考虑为 HP1-2 区及 HP1-1 区同时滑移；滑面⑤考虑 HP1 和 HP2 同时沿 LHP1 滑面产生滑移。3-3′剖面滑面分布与计算模型如图 10-51 所示。稳定性计算结果见表 10-5。计算结果显示 3-3′剖面滑面①及滑面④的安全储备最低，在天然工况下处于基本稳定状态。在暴雨工况下处于欠稳定状态，并且接近极限平衡状态。其他滑面计算结果显示皆处于稳定状态，沿这些滑面整体滑移的可能性较小。

表 10-5　稳定性计算结果

计算剖面		计算工况	安全系数	稳定性系数	剩余下滑力/kN	稳定性状态
3-3′	滑面①	工况Ⅰ（天然）	1.35	1.08	6252	基本稳定
		工况Ⅱ（暴雨）	1.15	1.022	3154	欠稳定
	滑面②	工况Ⅰ（天然）	1.35	1.39	0	稳定
		工况Ⅱ（暴雨）	1.15	1.38	0	稳定
	滑面③	工况Ⅰ（天然）	1.35	1.21	1985	稳定
		工况Ⅱ（暴雨）	1.15	1.16	0	稳定
	滑面④	工况Ⅰ（天然）	1.35	1.09	7137	基本稳定
		工况Ⅱ（暴雨）	1.15	1.023	3869	欠稳定
	滑面⑤	工况Ⅰ（天然）	1.35	1.236	6222	稳定
		工况Ⅱ（暴雨）	1.15	1.196	0	稳定

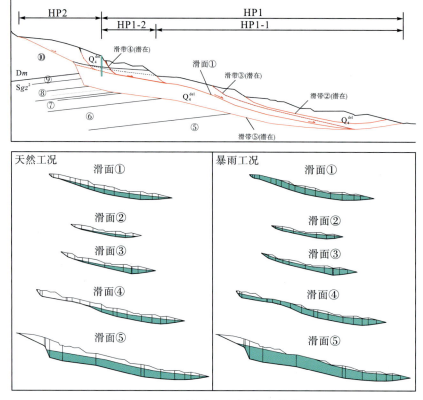

图 10-51 3-3'剖面滑面分布与计算模型

4. HP1 滑坡稳定性发展过程分析

根据场地不同的开挖阶段对应的坡体形态进一步分析地貌改变对 HP1 滑坡的稳定性变化的影响。以 3-3'剖面滑面①为例，开挖过程与暴雨工况稳定性计算结果如图 10-52 所示。计算结果显示，第一阶段在斜坡前缘开挖使暴雨工况下稳定性降低至基本稳定，第二阶段对斜坡后缘开挖降低了滑坡的下滑力，使暴雨工况下稳定性有所升高，第三阶段对斜坡中部至前缘进行了大量开挖，使暴雨工况下稳定性降低至欠稳定。

10.3.3.4 场地利用建议

红岩地块场地利用的首要原则是对 4 个新滑坡进行有效永久防治和避免诱发加剧 4 个老滑坡的进一步活动，其次是将建筑物规划布局与滑坡支护结构布局方案相结合。

根据场地的工程地质条件，针对 HP1 和 HP2 滑坡，以 3-3'剖面为例提出了 3 种场平支挡比选方案，如图 10-53 所示。

1. 方案一：整体分级支挡

在滑坡中部和后部布置两排双排抗滑桩对 HP1 和 HP2 滑坡进行支挡。

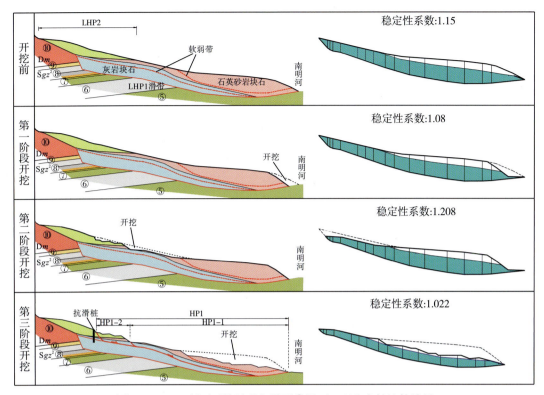

图 10-52 3-3′剖面开挖过程与滑面①暴雨工况稳定性计算结果

方案一的优点：不需要征地，对周边林地的损害最小，对现状地貌改变较小。

方案一的缺点：大部分滑坡体还存在，支挡工程是否能将滑坡的变形控制在较小范围内存在一定风险；支挡工程量大，造价最高，施工难度大且周期很长。土地利用率较低，后部平台不适宜修建附加荷载较大的建筑物。

2. 方案二：整体清除

对场地内的新滑坡和老滑坡进行整体清除，滑坡后缘清除至基岩，对后部陡坡按一定坡比放坡并支护。

方案二的优点：建筑规划设计可以不考虑滑坡的影响，滑坡体基本被清除，场地受滑坡的影响可降到最低。总体造价最低，施工难度小，工期短。能将土地利用率最大化。

方案二的缺点：对周边环境产生的消极影响最大。滑坡上部大量林地将遭到破坏。

3. 方案三：分级支挡+回填压脚

清除 HP2 滑坡体，对 HP1 下滑段大量清方，前缘回填压脚。布置 3 排桩板墙，对后部陡坡按一定坡比放坡并支护。

方案三的优点：能大量提高滑坡的稳定性，大幅降低滑坡变形带来的风险。滑坡体中前部平台布置建筑物可进一步提高滑坡的稳定性，土地利用率较高。

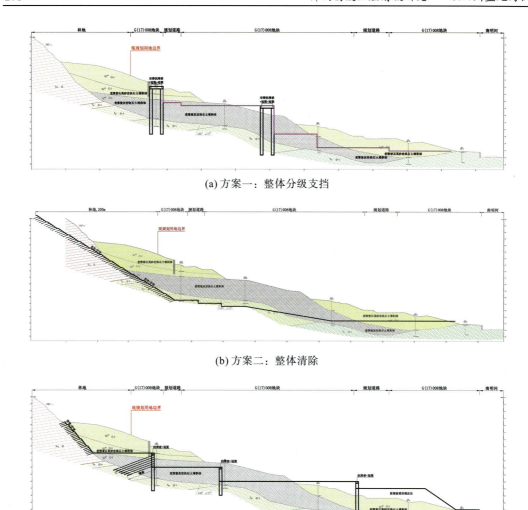

(a) 方案一：整体分级支挡

(b) 方案二：整体清除

(c) 方案三：分级支挡+回填压脚

图 10-53　场平支挡比选方案

方案三的缺点：工程量较大，工程造价偏高。对周边环境会产生一定的消极影响。滑坡上部部分林地将遭到破坏。滑坡前缘大量填方压脚工程形成的平台增加了建筑物基础产生不均匀沉降的风险。

4. 推荐方案

经过比选以后，推荐方案三。方案一由于场平支护完成后风险相对最大、造价高、土地利用率低而被淘汰。方案二由于对环境破坏最大且难以完全恢复而被淘汰。方案三利于控制滑坡变形，场平支护完成后滑坡带来的风险较小，并且土地利用率较高，对滑坡后部林地的破坏，可以通过将公园绿地布置在后部平台来恢复环境绿化，同时也减少了附加荷载，因此推荐方案三。

参 考 文 献

[1]刘江龙. 中国东南部丹霞地貌形成机理及其地学效应研究. 中南大学，2009.

[2]李滨，冯振，赵瑞欣，等. 三峡地区"14·9"极端暴雨型滑坡泥石流成灾机理分析. 水文地质工程地质，2016(04)：118-127.

[3]刘德良，宋岩，薛爱民. 四川盆地构造与天然气聚集区带综合研究. 北京：石油工业出版社，2000.

[4]郭正吾，邓康龄，韩永辉等. 四川盆地形成与演化. 北京：地质出版社，1996.

[5]关士聪，袁捷，江圣邦等. 中国中、新生代陆相沉积盆地与油气(晚三叠—第四纪). 北京：科学出版社，1991.

[6]许效松，刘宝君，徐强等. 中国西部大型盆地分析及地球动力学. 北京：地质出版社，1997.

[7]宋文海. 乐山—龙女寺古隆起大中型气田成藏条件研究. 天然气工业. 1996(S1)：13-26.

[8]罗志立. 四川盆地基底结构的新认识. 成都理工学院学报. 1998(02)：85-92.

[9]刘树根，汪华，孙玮，等. 四川盆地海相领域油气地质条件专属性问题分析. 石油与天然气地质，2008(06)：781-792.

[10]沈传波，梅廉夫，徐振平，等. 四川盆地复合盆山体系的结构构造和演化. 大地构造与成矿学，2007(03)：288-299.

[11]乐光禹，杜思清，黄继钧等. 构造复合联合原理——川黔构造组合叠加分析. 成都：成都科技大学出版社，1996.

[12]秦胜伍，刘传正，李广杰. 基于GIS改进法水系反演三峡地区新构造应力场. 世界地质，2006(02)：160-163.

[13]李煜航. 青藏高原东北横向扩展运动研究. 中国地震局地质研究所，2017.

[14]杨国臣. 四川盆地晚侏罗世至新近纪层序充填及构造——岩相古地理演化. 北京：中国地质大学，2010.

[15]童崇光. 四川盆地构造演化与油气聚集. 北京：地质出版社，1992.

[16]李朝辉. 四川盆地侏罗纪岩相古地理研究. 成都：成都理工大学，2016.

[17]王子忠. 四川盆地红层岩体主要水利水电工程地质问题系统研究. 成都：成都理工大学，2011.

[18]宋磊. 红层软岩遇水软化的微细观机理研究. 成都：西南交通大学，2014.

[19]冯强. 四川红层泥岩的分布及其路用性能研究. 成都：西南交通大学，2011.

[20]曹珂. 四川盆地晚中生代红层与古气候. 成都：成都理工大学，2007.

[21]赵景波，贺秀斌，邵天杰. 重庆地区紫色土和紫色泥岩的物质组成与微结构研究. 土壤学报. 2012(02)：212-219.

[22]邓睿. 基于XRD法对不同地质时期紫色泥岩中层状硅酸盐矿物的组合特性研究. 西南大学，2013.

[23]吕学伟. 红层泥岩崩解机理的实验研究. 西南交通大学，2013.

[24]殷坤龙，简文星，汪洋，等. 三峡库区万州区近水平地层滑坡成因机制与防治工程研究. 武汉：中国地质大学出版社，2007.

[25]卢海峰，陈从新，袁从华. 巴东组红层软岩缓倾顺层边坡破坏机制分析. 岩石力学与工程学报，2010(S2)：3569-3577.

[26]任镇寰. 第四纪地质学. 北京：地震出版社，1983.

[27]邓宾. 四川盆地中—新生代盆—山结构与油气分布. 成都：成都理工大学，2013.

[28]陈颖莉，顾阳，陈古明，等. 川西坳陷邛西构造古构造应力研究. 中国石油勘探，2008(03)：10-17.

[29]周存忠，高福晖. 川西构造应力场现今变化特征与地震活动. 西北地震学报，1985(04)：36-45.

[30]操成杰. 川西北地区构造应力场分析与应用. 北京：中国地质科学院，2005.

[31]梅庆华. 四川盆地乐山—龙女寺古隆起构造演化及其成因机制. 北京：中国地质大学，2015.

[32]程强. 红层软岩开挖边坡致灾机理及防治技术研究. 成都：西南交通大学，2008.

[33]刘宗祥. 红层区顺层岩质边坡扇状滑坡机制研究. 成都：成都理工大学，2011.

[34] 孙东. 米仓山构造带构造特征及中—新生代构造演化. 成都：成都理工大学，2011.

[35] 卢远航. 南江县红层地区两面临空型滑坡成因机理与早期识别研究. 成都：成都理工大学，2016.

[36] 章志峰. 四川省通江县永安中学滑坡复活机制及防治措施研究. 成都：成都理工大学，2010.

[37] 王兰生，等. 浅生时效构造与人类工程. 北京：地质出版社，1994.

[38] 周强. 均质土坡变形破坏过程及其变形破坏特征的大型离心机模拟研究. 成都：成都理工大学，2015.

[39] 王一超. 四川红层地区岩质斜坡降雨入渗特征研究. 成都：成都理工大学，2017.

[40] 常宗旭，赵阳升，胡耀青. 裂隙岩体渗流与三维应力耦合的理论与实验研究. 岩石力学与工程学报.2004(S2):4907-4911.

[41] 仵彦卿，张倬元. 岩体水力学导论. 成都：西南交通大学出版社，1995.

[42] 郑少河，赵阳升，段康廉. 三维应力作用下天然裂隙渗流规律的实验研究. 岩石力学与工程学报.1999(02)：15-18.

[43] 李新平，米健，张成良，等. 三维应力作用下岩体单个裂隙的渗流特性分析. 岩土力学.2006(S1)：13-16.

[44] 刘光廷，叶源新，胡昱，等. 单裂隙砂砾岩体变形规律研究. 水力发电学报，2007(05)：25-30.

[45] 胡昱，叶源新，刘光廷，等. 多轴应力作用下砂砾岩单裂隙渗流规律试验研究. 地下空间与工程学报，2007(06)：1009-1013.

[46] 周新. 基于蠕变和软化特性分析的平推式红层滑坡机理研究. 成都：成都理工大学，2016.

[47] 范宣梅. 平推式滑坡成因机制与防治对策研究. 成都：成都理工大学，2007.

[48] 许强，范宣梅，李园，等. 板梁状滑坡形成条件、成因机制与防治措施. 岩石力学与工程学报，2010(02)：242-250.

[49] 胡泽铭. 四川红层地区缓倾角滑坡成因机理研究. 成都：成都理工大学，2013.

[50] 张群. 强降雨诱发红层地区缓倾角浅层土质滑坡发育分布特征与预警研究. 成都：成都理工大学，2015.

[51] 张倬元，王士天，王兰生等. 工程地质分析原理(第四版). 北京：地质出版社，2016.

[52] 李伟，吴礼舟，肖蓉. 平推式滑坡中承压水的敏感性研究. 工程地质学报，2017(02)：480-487.

[53] 任天培. 水文地质学. 北京：地质出版社，1986.

[54] 翟国军. 中江冯店垮梁子滑坡基本特征与变形机理研究. 成都：成都理工大学，2011.

[55] 李文辉. 岩质滑坡地下水动态演化规律及对滑坡稳定性影响研究. 成都：成都理工大学，2014.

[56] 唐然. 内外动力作用对四川盆地红层近水平岩层滑坡形成与演化的影响研究. 成都：成都理工大学，2018.

[57] 王淼. 红层地区软弱夹层形成演化规律及泥化特征研究. 成都：成都理工大学，2017.

[58] 陈思娇. 四川中江垮梁子滑坡滑带土强度特性及滑坡变形机理研究. 成都：成都理工大学，2014.

[59] 唐然，许强，吴斌，等. 平推式滑坡运动距离计算模型. 岩土力学，2018(03)：1009-1019.

[60] 杜常见，易庆林，张明玉，等. 后缘裂缝充水对裂口山滑坡稳定性的影响. 中国地质灾害与防治学报，2017(01)：13-21.

[61] Zhao Y, Xu M, Guo J, et al. Accumulation characteristics, mechanism, and identification of an ancient translational landslide in China. Landslides，2015，12(6)：1119-1130.

[62] 徐刚. 重庆市万州区近水平岩层滑坡发育分布规律及防治对策研究. 成都：成都理工大学，2011.

[63] 易靖松. 川东红层滑坡的形成条件与早期识别研究. 成都：成都理工大学，2015.